BEAUTÉS
ET MERVEILLES DU CIEL,

ou

COURS D'ASTRONOMIE

EN VINGT-QUATRE LEÇONS,

MIS A LA PORTÉE DE LA JEUNESSE,

Orné de 14 planches et d'une carte polaire;

PAR THOMAS SQUIRE,

TRADUIT DE L'ANGLAIS SUR L'ÉDITION DE 1823,
PAR UN ASTRONOME FRANÇAIS.

PARIS,

A LA LIBRAIRIE D'ÉDUCATION D'ALEXIS EYMERY,
rue Mazarine, n° 30.

1825.

BEAUTÉS

ET

MERVEILLES DU CIEL.

Cet ouvrage se trouve aussi à BRUXELLES, *chez*
Brunet *et Ch. Fruger, libraires.*

OUVRAGES NOUVEAUX.

BEAUTÉS DES ARABES ET DE LEUR DOMI-
NATION EN ESPAGNE, 1 vol. in-12, orné de
grav.   4   0

BEAUTÉS DE LA GRÈCE MODERNE, par
Mme Dufrenoy, 2 vol. in-12, avec cartes et grav.   8   0

BEAUTÉS DE LORD BYRON, 1 vol. in-12.   3   0

BEAUTÉS DE TACITE, par Boinvilliers de l'Ins-
titut de France, 1 vol. in-12, avec le portrait de
Tacite.   5   0

BEAUTÉS DE PLATON, par le même, 1 vol.
in-12.   5   0

BEAUTÉS ET MERVEILLES DE LA NATURE
DANS LES QUATRE PARTIES DU MONDE,
par le même, 10 vol. in-12, ornés de figures,
cartes et vues.   24 0

BEAUTÉS DU NOUVEAU TESTAMENT, par
Nougaret, 1 vol. in-12, avec gravures.   4   0

BEAUX TRAITS DE L'HISTOIRE MILITAIRE
DES FRANÇAIS, 2 vol. in-12 avec 50 portraits.   8   0

DICTIONNAIRE D'ASTRONOMIE, 1 vol. in-12,
avec grav.   6   0

GRAMMAIRE ANGLAISE-FRANÇAISE, 1 vol.
in-12, par Boinvilliers.   5   0

GUIDE DES PARTICIPES, in-12.   1   25
    Ouvrage adopté par l'université de France.

GÉOGRAPHIE DE LA JEUNESSE, par Depping,
2 vol. in-12, avec cartes.   10 0

LE MEXIQUE EN 1823, 2 vol. in-8., avec atlas.   20 0

PETITE GALERIE MORALE DE L'ENFANCE,
4 vol., in-18, figures.   8   0

PETIT VOYAGEUR EN GRÈCE, 4 vol. in-18,
figures.   8

PLUTARQUE MORALISTE, 2 vol. in-12.   6   0

IMPRIMERIE DE E. POCHARD,
RUE DU POT DE FER, N° 14.

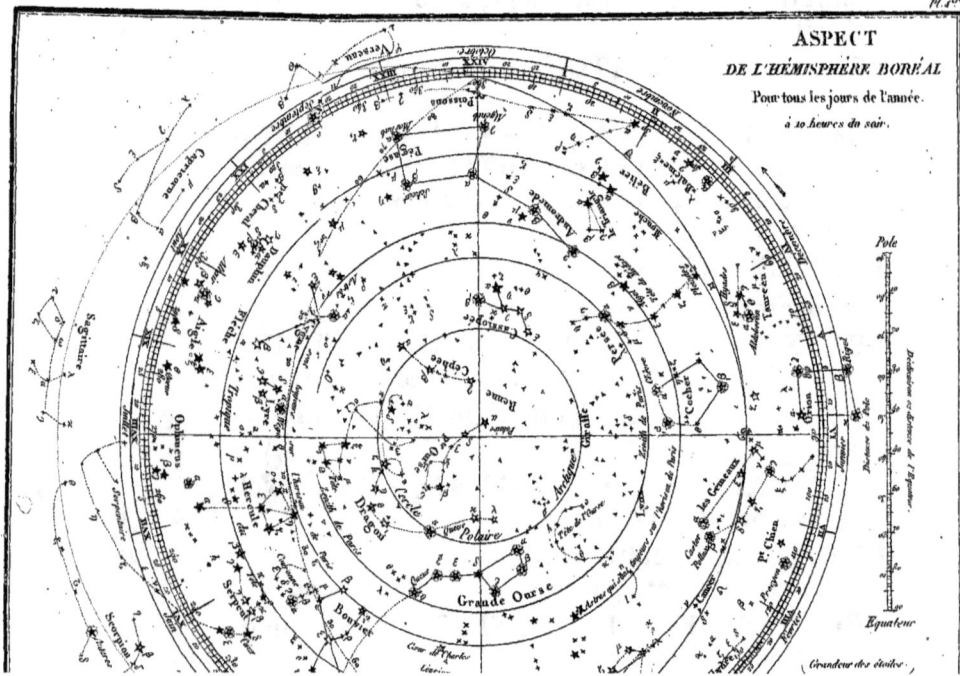

ASPECT
DE L'HÉMISPHÈRE BORÉAL
Pour tous les jours de l'année.
à 10 heures du soir.

(Grandeur des étoiles.)

PRÉFACE

DE L'AUTEUR.

L'ESSOR donné depuis quelque temps à toutes les branches des études, et particulièrement la faveur accordée par le public aux ouvrages élémentaires d'astronomie, parle évidemment en faveur de cette jeunesse studieuse que l'on se complaît à regarder comme devant être un jour les soutiens de notre gloire littéraire.

Cette faveur accordée à l'astronomie, est d'autant plus louable, que cette science conduit non-seulement aux spéculations hardies, aux courses dangereuses et honorables des marins, mais encore à l'admiration de ce grand *tout* qui constitue l'univers; à la puissance sans bornes du créateur de toutes choses; à notre faiblesse ou plutôt notre néant; et par conséquent, à cet état de vertu où nous conduit l'impossibilité de comprendre le Dieu de l'univers, si grand, si sublime dans ses œuvres, comparativement à notre condition, si pauvre, si humble, qui nous réduit à ramper, et à avouer notre ignorance.

Il n'est peut-être point de livre qui mérite davantage l'estime publique que celui qui traite de l'astronomie, puisqu'il conduit au beau résultat d'avouer notre nullité et d'admirer les travaux du créateur tout-puissant, qui nous forcent à reconnaître sa grandeur suprême.

C'est dans ce dessein que ce volume a été entrepris; on n'y trouvera point de formules algébriques qui effrayent l'imagination, qui rebutent les personnes déjà instruites comme elles éloignent, pour ainsi dire, le plus grand nombre de lecteurs. Mettre à profit les belles découvertes faites par les hommes dont s'honore cette haute science; les faire comprendre par une explication facile et à la portée de la jeunesse, produire enfin un ouvrage qui puisse faire prononcer avec certitude sur la plupart des phénomènes et servir au développement de l'intelligence, voilà encore un des motifs qui ont fait désirer cet ouvrage, demandé et attendu par un grand nombre de lecteurs.

C'est donc pour mettre l'étude du ciel à la portée des personnes peu versées dans les sciences mathématiques que je publie aujourd'hui ce traité élémentaire. Tout lecteur intelligent pourra, en le parcourant, apprendre à connaître les mystères de l'astronomie et acquérir des preuves irrécusables de ses lois.

Un grand nombre d'écrivains célèbres ont traité de cette science, avec l'exactitude propre aux mathématiques ; parmi les modernes les plus célèbres, on doit citer feu MM. Delambre et Lalande; leurs leçons du collège de France, offrent les meilleurs élémens de cette science, traités d'une manière qui ne laisse rien à désirer, mais chargés souvent de formules qui ne permettent pas à beaucoup de personnes de les suivre avec le même intérêt.

Les ouvrages de MM. Laplace et Biot seront les livres qui constitueront après, le principal fonds de toute bibliothèque d'astronomie, avec quelques éphémérides, qui donnent les tables des principaux élémens.

C'est avec justice qu'il a été observé, que les auteurs anciens étaient versés dans les sciences astronomiques, puisqu'ils n'avaient d'autres savans que leurs philosophes, leurs orateurs ou leurs poètes. Homère, Socrate, Platon, Aristote, Virgile, Cicéron, etc., etc., étaient aussi instruits qu'on pouvait l'être de leur temps, en astronomie, en physique et en histoire naturelle.

De nos jours, on semble négliger ces sortes de ressources, qui pourraient cependant offrir des comparaisons brillantes et des sujets poétiques. Des honorables exceptions cependant, se montrent avec gloire sur notre horizon littéraire, et l'on cite avec quelque orgueil national, des noms semblables à ceux des Pascal, des Buffon, des Bailly, des Cuvier, des Laplace, etc: le style élégant de ces auteurs, orné du fruit de leur génie, les place à jamais au premier rang des hommes célèbres.

Loin de vouloir approfondir toutes les sciences, le littérateur doit se contenter de les effleurer en quelque sorte, s'il n'est point par un instinct particulier, porté exclusivement vers l'une d'elles. Il doit pour comprendre les auteurs anciens, avoir les notions nécessaires de la science dont il y est fait mention, et alors le livre élémentaire qu'on lui présente ici, lui sera utile sous le rapport de l'astronomie. Si la nature l'a doué des facultés nécessaires et que son esprit soit porté à cette science, alors il est possible que ce livre décide sa vocation, et c'est encore par ce double motif, que sa publication, ses formes et ses élémens, rassemblés tels qu'on les trouve ici, ont été jugés nécessaires, pour les offrir

au public, sous le format le plus avanta-
geux et le prix le moins élevé.

J'ai eu soin d'éloigner tout ce qui appartient à la théorie de Richard Philips, sur
le *mouvement*; cette théorie, toute savante
qu'elle paraît être, est contraire à nos
principes reçus sur la gravitation et l'attraction; elle est d'ailleurs trop nouvelle
pour pouvoir être admise dans nos écoles,
et offre des idées improbables fondées sur
les mouvemens de la matière.

L'ouvrage donne le détail des dernières
découvertes d'Herschel et des principaux
astronomes modernes, et sous ce rapport,
il se trouve parfaitement au niveau de la
science.

Cette dernière édition a été corrigée des
différentes fautes d'impression qui se trouvaient dans les précédentes, et peut être
consulté avec la plus grande confiance.

BEAUTÉS

ET

MERVEILLES DU CIEL.

LEÇON PREMIÈRE.

Notions préliminaires et introduction aux études astronomiques.

Avant de parler des phénomènes célestes, que l'homme est parvenu à bien observer, à calculer ou à prédire, il est essentiel d'occuper son esprit des règles établies et des moyens par lesquels on a été conduit à obtenir ces beaux résultats. Ces principes honorent ceux qui les ont établis, et procurent une douce contemplation à ceux qui veulent quelquefois en occuper leur esprit.

L'homme, qui se croit le souverain de la terre, et cette terre qu'il croit être le centre des mondes, autour duquel tous les autres globes accomplissent leurs révolutions, se trouvent, par l'étude de l'astronomie, tous les deux remis à leur véritable rang, particulièrement quand

1

on vient à comparer la puissance du premier, qui ne saurait l'empêcher de ramper sur
le ménisque qu'il habite, ou la masse si considérable de la seconde, qui reste imperceptible
à la distance de l'étoile la plus rapprochée de
nous.

Les principes fondamentaux de l'astronomie
se tirent de la géométrie : les notions suivantes
feront juger de la liaison naturelle qui existe
entre ces deux études ; leur définition, sans entraîner à trop de complication, mettra le lecteur
à même de mieux concevoir et juger le peu de
difficultés qu'il pourrait rencontrer dans la suite
de ce livre.

Le *point* peut se définir comme étant un
corps imperceptible, qui n'a aucune des qualités mathématiques de hauteur, de largeur ou de
profondeur. Nous aurons, par la suite, occasion
de démontrer que la terre est un point, en
comparaison de l'espace qui la sépare des autres
corps célestes.

Une *ligne* est le tracé que laisse un point
glissé le long d'un corps solide, quelle que soit
la forme de ce dernier.

On distingue plusieurs sortes de lignes :

La ligne droite, qui est sans cesse dirigée vers
un même point, ou rhumb de vent. (*Fig.* 1.)

La ligne est courbe, lorsqu'elle incline sur
elle-même, changeant toujours sa direction
primitive. (*Fig.* 2.) Parmi les lignes courbes,

on distingue la circonférence, l'ellipse, la spirale, etc.

Les lignes parallèles sont deux ou plusieurs lignes, rectilignes ou courbes, qui sont également éloignées dans tous leurs points correspondans : ainsi, les lignes droites ou courbes, et les circonférences, peuvent être parallèles à d'autres lignes droites ou courbes, ou à d'autres circonférences. (*Fig.* 3 et 4.)

Les lignes perpendiculaires tombent à plomb sur d'autres lignes, formant avec elles des angles droits. (*Fig.* 5.)

Un *angle* est l'inclinaison de deux lignes ou de deux plans qui se rencontrent en un point ou en une ligne : leur mesure se prend sur l'arc de grand cercle compris et décrit du sommet de l'angle, comme centre de circonférence ; cette mesure est toujours moindre de 180°, car dans ce dernier cas, les deux lignes se joindraient en une seule pour former un diamètre.

Les lignes qui forment l'angle se nomment les *côtés de l'angle*, et le point où ces lignes se rencontrent se nomme le *sommet*.

On nomme *angle droit* celui qui a pour mesure le quart de la circonférence entière, ou 90°. (*Fig.* 6.)

L'*angle aigu* comprend un arc qui a moins de 90° (*fig.* 7), et l'*angle obtus* est plus grand qu'un angle droit. (*Fig.* 8.) Il suit donc de ce qui précède, qu'un angle ne se mesure pas sur

la longueur de ses côtés, mais bien par leur ouverture, ou l'arc compris entre ces côtés.

Les notions précédentes s'appliquent aux
angles dont les côtés sont des lignes droites, et
aux angles dont les côtés sont des courbes ; les
premiers sont du domaine de la trigonométrie
rectiligne, les autres de la trigonométrie sphérique.

Trois lignes qui s'entrecoupent de manière à
laisser un espace vide entre elles *forment tou-*
jours un triangle. Les triangles que l'on considère principalement sont :

Le *triangle rectangle,* dont un des angles est
droit (*fig.* 9 et 12) ;

Le *triangle équilatéral,* qui a les trois côtés
égaux (*fig.* 10 et 13) ;

Le *triangle obtusangle,* dont un des angles
est obtus, ou plus grand que 90°. (*Fig.* 11
et 14.)

Les trois angles d'un triangle ont toujours
pour mesure 180°, ou la demi-circonférence ;
ainsi un triangle ne saurait avoir deux angles
droits, parce que la valeur du troisième ajoute-
rait à ces 180°; il peut avoir les trois angles
égaux, comme dans le triangle équilatéral, ou
les trois angles entièrement différens, comme
dans certains triangles obtusangles, ou rec-
tangles, etc.

Les notions précédentes conviennent aussi
bien aux triangles sphériques, dont les trois

côtés sont des portions de grand cercle, qu'aux triangles rectilignes, dont les côtes sont des lignes droites, ainsi qu'on le voit aux figures.

Il est bon d'observer qu'en géographie, en sphère et en astronomie, toutes les notions, tous les principes, s'appliquent presque génélement à des arcs, non à des lignes droites : c'est un arc qui mesure la différence de latitude, de longitude ; ce sont des arcs que les planètes décrivent dans leurs orbites autour du soleil, etc.

Les côtés et les angles des triangles ont donc des valeurs, puisque les corps célestes décrivent des circonférences (ou à peu près) dans l'espace, et que les côtés de ces mêmes triangles ne sont que des portions de ces mêmes circonférences, qui mesurent les angles. Ces valeurs, que la géométrie apprend à déterminer, ont conduit à connaître tous les mouvemens célestes avec une rigueur telle, qu'ils ont mis les astronomes à même de publier deux, trois, etc., années d'avance, les phénomènes qui doivent avoir lieu, et l'époque précise où l'on pourra les observer.

La *circonférence* doit être supposée divisée en 360 parties égales qu'on nomme degrés. Elle borde de toutes parts une figure plane qu'on appelle le *cercle ;* tous les points de cette circonférence sont également distans d'un point intérieur qu'on désigne sous le nom de *centre*

de la circonférence ; toutes les lignes tirées de
ce centre à la circonférence sont par conséquent égales ; on les nomme *rayons*. (*Fig.* 15.)

De même que la circonférence a été partagée en 36o parties égales, on a divisé le degré
en 6o autres parties égales : ce sont les minutes
de degrés ; celles-ci à leur tour ont été divisées
en 6o parties, qu'on nomme *secondes*.

Il est facile maintenant de comprendre que
chaque arc de cercle, chaque angle, doit avoir
pour mesure un certain nombre de degrés, de
minutes, de secondes, et même de tierces.

Lorsqu'un arc ou un angle ont moins de 9o°,
le nombre de degrés manquans se nomme alors
le *complément* : on verra par la suite que l'on
dit souvent le *complément de la hauteur d'une
étoile*, qui est égal à sa distance zénithale ; le
complément de la déclinaison, etc.

Dans le cercle, on nomme *corde* la ligne
AB (*fig.* 15), qui se termine à deux points de
la circonférence, sans passer par le centre ;
tandis que le *diamètre* BCD, tout en se termi-
nant à deux points de la circonférence B et D,
passe par son centre C. Les deux points extrêmes
sont donc à 18o° de distance ; c'est ce qu'on
nomme *diamétralement opposés*.

Après ces notions sur le cercle et la circonférence, il faut considérer l'*ellipse*, qui n'est
autre chose qu'un cercle allongé, un ovale.
(*Fig.* 16.) La ligne PA, qui partage cette figure

dans sa longueur , se nomme *grand axe ;* celle
BO, qui lui est perpendiculaire , et qui partage
la figure dans sa largeur , se nomme *petit axe.*
Le point où ces deux lignes se rencontrent est
le centre de l'ellipse. Les *foyers* F, E de l'ellipse,
sont deux points intérieurs de cette figure , également distans des deux extrémités de sa longueur, et placés sur le grand axe , de telle manière que si l'on tire de ces deux points deux
lignes FG , EG, à un point quelconque G de
l'ellipse , leur somme sera égale à la longueur
du grand axe. La distance FE qui sépare ces
foyers s'appelle l'*excentricité.* L'ellipse se divise comme le cercle, mais la différence considérable qu'il faut remarquer dans ces deux
figures géométriques se déduit des distances
du centre à la circonférence : dans le cercle
elle est toujours la même ; dans l'ellipse , par
exemple, celle décrite par la terre dans son
mouvement annuel , elle est de plusieurs millions de lieues de plus dans un point que dans
un autre : il en est de même des autres planètes,
qui décrivent toutes des ellipses.

La *spirale,* qui n'est ni une circonférence ,
ni une ellipse, est une ligne courbe qui fait plusieurs révolutions autour de son centre , soit en
s'éloignant , soit en s'allongeant. (*Fig.* 17.)

Dans le cercle , on connaît encore deux autres
lignes , qui sont la *sécante* AB (*fig.* 18), coupant la circonférence du cercle en un seul point,

et appuyant une de ses extrémités sur un des
points de cette circonférence ; l'autre extrémité
se prolonge au dehors du cercle. La *tangente*
CD rase et touche la circonférence en un seul
point à l'extérieur, sans le couper.

Une *intersection* se dit lorsque deux lignes,
deux arcs ou deux plans, se coupent ; l'angle
d'intersection se mesure par l'arc compris et décrit du sommet d'intersection, comme centre de
grand cercle.

La figure 19 présente une intersection de lignes
droites, comme la figure 20 en offre une de
lignes courbes.

La figure 21 présente deux plans PNAL et
DLCN mutuellement inclinés l'un sur l'autre de
toute la valeur de l'angle DTP : l'intersection
LN se nomme aussi la ligne des nœuds. On peut
concevoir que ces deux plans sont ceux de l'é-
cliptique et de l'équateur célestes ; l'angle d'inclinaison DTP = ATC sera alors de 23° 28′,
comme on verra ci-après.

Le *cône* (*fig.* 22), engendré en faisant tourner un triangle SCA sur un de ses côtés SC, a
pour base la circonférence d'un grand cercle
ADB, et pour axe une ligne droite SC, perpendiculaire sur tous les diamètres de la base.
C'est cette figure qu'affecte l'ombre que projette
un corps sphérique, lorsqu'on place une lumière à une certaine distance de ce corps ; ainsi,
les planètes, les satellites et tous les corps cé-

lestes, qui ne sont pas éclairés par eux-mêmes, projettent une ombre qui affecte la forme conique, comme nous dirons ci-après, à l'article des éclipses. La forme de cette ombre serait cylindrique, si le corps éclairant n'était pas plus volumineux que le corps éclairé ; ce qui n'a jamais lieu pour les planètes du système solaire, puisque le soleil est beaucoup plus considérable qu'aucune des planètes.

En avançant dans l'étude de l'astronomie, on s'apercevra bientôt que d'autres notions mathématiques sont nécessaires pour approfondir cette science. Comme le but de ce livre n'est que de servir d'introduction, en quelque sorte, à cette haute science, on s'est borné ici à entrer dans de plus grands détails mathématiques, en engageant celui à qui les principes algébriques seraient utiles, de les puiser dans les ovrages des Delambre, des Biot, et des Laplace.

Explication des termes astronomiques le plus généralement usités.

A.

Aberration, mouvement apparent de tous les corps célestes, produit par le mouvement progressif, mais en sens contraire, de la lumière, concurremment avec le mouvement annuel de la terre dans son orbite. C'est au célèbre astronome anglais Bradley que nous en devons la connaissance.

Accélération diurne des étoiles fixes, temps que les étoiles, dans une révolution diurne, anticipent sur la révolution diurne moyenne apparente du soleil, qui est de 3′ 55″ 9. Voyez l'explication de ces signes, article *Signes.*

——— *d'une planète.* On dit qu'une planète se trouve accélérée, lorsque son mouvement diurne réel excède son mouvement diurne moyen.

——— *de la lune.* Ce terme est employé pour exprimer l'augmentation du mouvement moyen de la lune dans son écart du soleil ; ce mouvement est un peu plus grand maintenant qu'il ne l'était jadis, suivant feu Delambre.

Acronique, se dit d'une étoile ou d'une planète, lorsqu'elle est au côté opposé du ciel par rapport au soleil. Une étoile se *lève acroniquement*, lorsqu'elle se lève avec le soleil couchant ; et se *couche acroniquement*, lorsqu'elle se couche avec le soleil levant.

Aire, se dit de l'espace parcouru par le rayon vecteur, en un temps donné ; les aires sont toujours proportionnelles aux temps.

Almicantarah, nom arabe qui indique de petits cercles de hauteurs, parallèles à l'horizon.

Amplitude, arc de l'horizon, compris entre les

vrais points de l'orient ou de l'occident, et le
centre du soleil ou d'une étoile, à son lever
ou à son coucher.

L'amplitude est de deux sortes, ortive ou
orientale, et occidentale ou occase. Les amplitudes orientale et occidentale sont tantôt
septentrionales, tantôt méridionales, selon
qu'elles tombent dans les signes septentrionaux ou méridionaux. Les signes septentrionaux sont le Bélier, le Taureau, les Gémeaux, l'Écrevisse, le Lion, la Vierge. Les
signes méridionaux sont la Balance, le Scorpion, le Sagittaire, le Capricorne, le Verseau,
les Poissons.

Angle de commutation. Il est formé au soleil,
par deux lignes, dont l'une est menée de la
terre, et l'autre du lieu de l'écliptique où la
planète a été réduite; elles se rencontrent
toutes les deux au centre du soleil.

Angle d'élongation, angle formé par deux lignes
tirées de la terre, l'une vers le centre du soleil, et l'autre vers une planète; c'est donc
la différence entre le lieu du soleil et le lieu
géocentrique de la planète.

Angle d'évection, inégalité dans le mouvement
de la lune, par laquelle elle est, près de ses
quadratures, attirée hors de la ligne menée
du centre de la terre à celui du soleil, comme
lorsqu'elle est dans les syzygies; la plus grande
valeur de cet angle est de 1° 20'. C'est à Pto-

lémée que nous en devons la première observation.

Annuel, ce qui revient ou se renouvelle au bout
de l'année.

——— (argument), arc de l'écliptique compris
entre le lieu du soleil et celui de la lune
apogée.

——— (épacte), excès de l'année solaire sur
l'année lunaire ; sa valeur est de 10^j 21^h
11^m, ou près de 11 jours, ce qui montre
que le changement de la lune avance de cette
quantité sur l'époque de son changement de
l'année précédente, quel que soit le mois où
cela ait lieu.

Anomalistique (année), temps qui s'écoule depuis le départ du soleil de son apogée jusqu'à
son retour apparent au même lieu ; cette
année est de 365^j 6^h $13'$ $58''$.

Anomalie, distance d'une planète exprimée en
degrés, minutes et secondes, du lieu de son
aphélie ou apogée, c'est-à-dire l'angle que
forme, avec la ligne de l'apogée, une autre
ligne à l'extrémité de laquelle la planète se
trouve réellement.

Anses, parties proéminentes de l'anneau de
Saturne, que l'on voit des deux côtés du
corps de cette planète. Aujourd'hui que l'on
connaît la véritable cause de leur formation,
on ne se sert plus de cette expression ; on y
substitue les *bords oriental* ou *occidental* de

l'anneau. Dans l'origine de l'invention du télescope, ces anses ont occupé, pendant près
d'un siècle, tous les astronomes de l'Europe,
pour en déterminer la nature.

Antarctique. Voyez leçon 2.

Antécédent, terme dont on se sert pour signifier
qu'une planète se meut d'une manière rétrograde, ou contraire à l'ordre des signes,
c'est-à-dire de l'est à l'ouest.

Antipodes, peuples qui habitent deux lieux diamétralement opposés ; la différence de leur
longitude est de 180°, et les uns ont la même
latitude vers le nord que les autres vers le
sud.

Aphélie, point de l'orbite de la terre ou d'une
planète, qui est à la plus grande distance du
soleil.

Apogée, point de l'orbite de la lune où ce satellite se trouve à la plus grande distance angulaire de la terre.

Apparent. On se sert de ce terme toutes les
fois qu'un objet est visible à l'œil ou évident
à l'esprit.

——— (conjonction des planètes). Elle a lieu
lorsqu'elles ont la même longitude géocentrique. La conjonction apparente de la lune avec
tout autre corps céleste est leur conjonction
vue de la surface de la terre.

——— (diamètre des corps célestes), est leur
diamètre angulaire, vu de la terre, et mesuré

au moyen d'un instrument nommé micromètre, que l'on adapte aux lunettes.

Apparente (distance). Lorsqu'on se sert de cette
expression en parlant de deux corps célestes,
on indique leur distance angulaire, vue de
la terre.

Apparent (horizon), cercle qui sert de borne à
notre vue, et dont le plan est parallèle à l'horizon vrai, passant par le centre de la terre.

Appulse, approche angulaire de deux corps
célestes l'un de l'autre, de manière à être
vus, par exemple, dans le champ d'une même
lunette.

Apsides, deux points des orbites des planètes ou
des satellites, qui sont à la plus grande et à
la plus petite distance du centre de leurs mouvemens ; la ligne qui joint ces deux points, et
qui passe par conséquent par ce centre, se
nomme la ligne des apsides. On a donné des
noms particuliers à ces points : celui qui est
le plus rapproché du centre se nomme *périhélie*, et celui qui en est le plus éloigné,
aphélie.

Arc, portion de cercle dont les divisions sont
toujours correspondantes à celles de cette
courbe : par exemple, la latitude et la déclinaison sont des arcs du méridien et du
vertical, et la longitude est l'arc de l'équateur compris entre les deux cercles de déclinaison.

Arc de direction, arc qu'une planète paraît décrire lorsque son mouvement est direct ou progressif.

—— *de rétrogradation*, celui que la planète décrit dans son mouvement contraire à l'ordre des signes, ou de l'est à l'ouest.

Arctique. Voyez leçon 2.

Argument, arc donné, par lequel on trouve un autre arc qui lui est proportionnel.

—— *de latitude*, arc de l'orbite d'une planète, compris entre le nœud ascendant et le lieu de la planète vue du soleil, suivant l'ordre des signes.

Armillaire. Voyez leçon 2.

Ascendant, étoile, degré, ou lieu quelconque du ciel qui s'élève au-dessus de l'horizon.

—— (latitude), latitude de la lune, ou d'une planète, lorsqu'elle passe vers le nord.

—— (nœud), point de l'orbite d'une planète où elle fait intersection avec l'écliptique. Lorsque ce nœud monte vers le nord, il est marqué ☊; quand il passe au sud, on le marque par le caractère ☋.

Ascension. Voyez *Oblique* et *Droite*.

Ascensionnelle (différence), différence qui existe entre l'ascension droite et l'ascension oblique, ou la descension; ou bien encore, intervalle de temps qui s'écoule entre le lever et le coucher du soleil, avant ou après six heures.

Astrolabe, projection sténographique de la sphère sur le plan d'un de ses grands cercles. L'astrolabe marine est un instrument avec lequel on mesure la hauteur du soleil et des autres étoiles. Il est hors d'usage.

Astronomie, vient du mot grec *astron*, étoile, et *nomos*, loi ; c'est la science par laquelle on enseigne les mouvemens, les grandeurs, les distances, etc., des corps célestes.

Atmosphère, nom de ce fluide élastique invisible qui environne notre globe de toutes parts, et qui cause les réfractions de la lumière ; elle est composée de nuages qui interceptent la plus grande partie des rayons solaires.

Attraction. Suivant la philosophie newtonienne, c'est ce principe inné de la matière, par lequel les corps sont supposés tendre naturellement les uns vers les autres.

Aurore boréale, sorte de météore de couleur pâle, que l'on voit souvent dans les parties boréales du ciel ; on pense avec raison que ce phénomène est dû à l'électricité.

Austral ou *méridional*, nom donné aux six signes du zodiaque qui sont au midi de la ligne équinoxiale.

Automne, troisième quartier de l'année, qui commence lorsque le soleil entre dans la Balance, ce qui a lieu vers le 21 ou le 22 de septembre, lorsque les jours sont égaux aux nuits.

Pl. 2.

Fig. 1.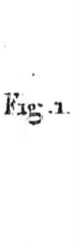

Fig. 2.

Fig. 3.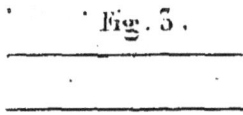

Fig. 4.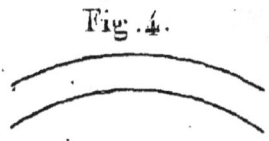

Fig. 5.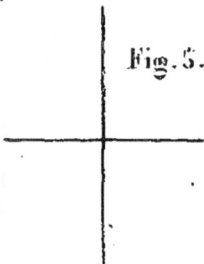

Fig. 6.

Fig. 7.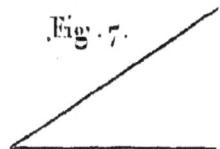

Fig. 8.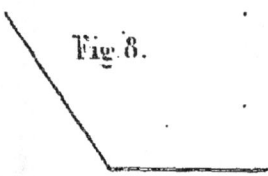

Fig. 9.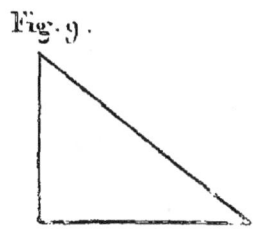

Fig. 10.

Fig. 11.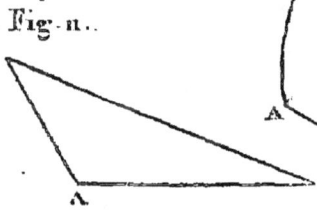

Fig. 12.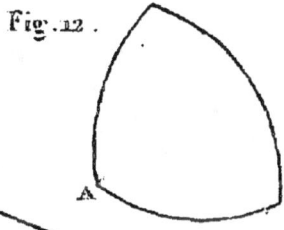

Fig. 13.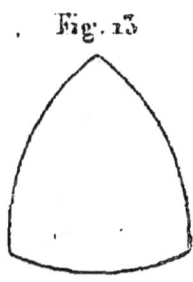

Pl. 3.

Fig. 14.

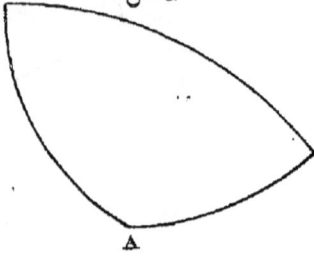

A

Fig. 15.

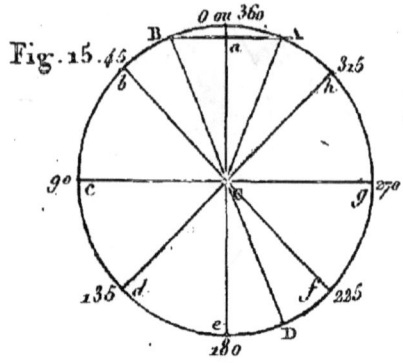

Fig. 16.

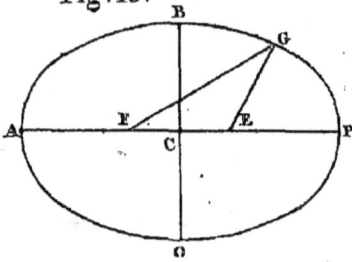

Fig. 17.

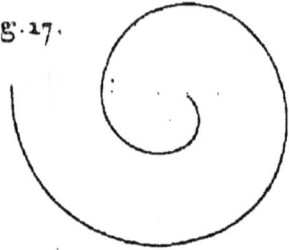

Fig. 18.

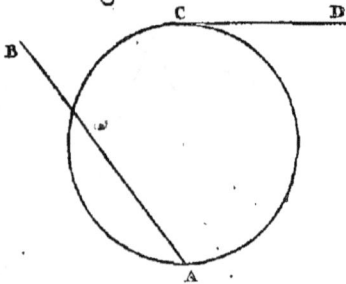

Fig. 19.

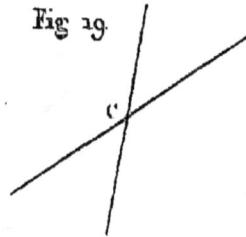

Fig. 20

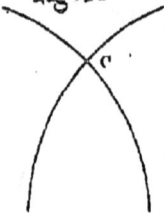

Fig. 21.

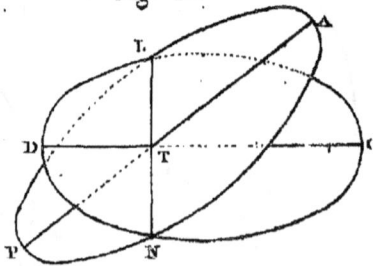

Fig. 22.

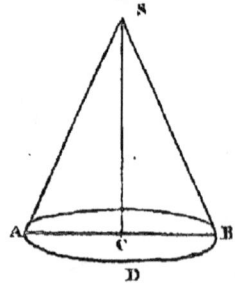

Automnal (équinoxe). Cet équinoxe a lieu vers le temps où le soleil entre dans la Balance, ou le point descendant de l'écliptique appelé aussi le *point d'automne.* Les signes de la Balance, du Scorpion et du Sagittaire, sont nommés les signes de l'automne.

Axe du monde, ligne imaginaire qui passe par le centre de la terre, et s'étend des deux côtés vers la sphère des étoiles fixes, autour duquel celles-ci paraissent décrire leurs révolutions diurnes, par suite du mouvement de la terre sur cet axe en sens contraire.

Axe des cercles de la sphère, lignes droites que l'on suppose menées par leurs centres, perpendiculairement à leurs plans.

Azimut des corps célestes, est l'arc de l'horizon compris entre le méridien et le cercle vertical passant par le corps dont il est question.

Azimutal (compas), instrument qui sert à trouver l'azimut magnétique, ou l'amplitude d'un corps céleste.

B.

Baromètre. Cet instrument sert à mesurer le poids de l'atmosphère, et ordinairement à prédire les changemens du temps ; on l'emploie avec le plus grand avantage pour mesurer la hauteur des montagnes, et pour corriger la variation de la réfraction, qui provient du

changement de densité dans les couches atmosphériques.

Bissextile (année). Cette année est composée
de 366 jours, et arrive tous les quatre ans.
On ajoute un jour tous les quatre ans, parce
que *l'année tropique* excède l'année civile de
six heures à peu près. Pour trouver l'année
bissextile, on divise le nombre qui exprime
l'année donnée par 4, et s'il n'y a aucun
reste, cette année sera bissextile : par exemple,
1822 divisé par 4 donne le quotient 455,
le reste 2 indique que 1822 est la seconde
année après l'année bissextile, et que cette
dernière s'est renouvelée en 1824.

Boréal, nom que l'on donne aux objets qui se
trouvent au nord de la ligne équinoxiale, par
exemple, aux signes du Bélier, du Taureau,
des Gémeaux, du Cancer, du Lion et de la
Vierge.

C.

Cadran, instrument qui sert à marquer l'heure,
au moyen de l'ombre d'un style projetée par
soleil.

Calendrier, catalogue qui indique le retour de
toutes les fêtes, tant mobiles qu'immobiles.
Il y a différentes espèces de calendriers adaptés aux usages variés de la vie, savoir : le
calendrier romain, le *calendrier julien*,
le *grégorien*, le *réformé*, et le *calendrier
français* ou *perpétuel*.

Cardinal. On nomme plus particulièrement *points cardinaux,* ceux du nord, de l'est, du sud, et de l'ouest, de l'horizon.

———— On nomme encore *signes cardinaux* ceux du Bélier, du Cancer, de la Balance et du Capricorne. Les commencemens de ces signes se trouvent dans les points cardinaux de l'écliptique.

Carré d'un nombre, nombre multiplié par lui-même; ainsi 100 est le carré de 10, puisque 10 fois 10 font 100.

Centrifuge, force par laquelle tous les corps qui se meuvent autour d'un corps central tendent à s'échapper par la tangente.

Centripète, force par laquelle un corps en mouvement autour d'un autre, tend à y tomber et à s'unir à lui; cette dernière force et la force centrifuge, agissant toutes les deux sur les planètes, les obligent à décrire des courbes elliptiques, et non circulaires. Ces ellipses sont, si l'on peut s'exprimer ainsi, le moyen mécanique que la nature a employé pour maintenir la marche constante dans les mouvemens des corps célestes.

Charles (cœur de), nom donné à une étoile de 4ᵉ grandeur, placée sous le grand carré de la Grande Ourse, en l'honneur du roi anglais Charles II.

Cercle de hauteur. Voyez *Vertical.*

———— *d'illumination,* cercle imaginaire qui

1*.

partage l'hémisphère éclairé de la terre, de l'autre hémisphère qui est dans l'obscurité.

Cercles de latitude ou *cercles secondaires de l'écliptique céleste*, grands cercles perpendiculaires à l'écliptique, et qui font intersection à ses pôles.

———— *de longitude.* Voyez ce dernier mot.

Cercle d'apparition perpétuelle, petits cercles parallèles à l'équateur, et touchant l'horizon visible à un point donné.

———— *d'occultation perpétuelle*, petits cercles egalement parallèles à l'équateur, mais qui touchent l'horizon inférieur, et ne se montrent jamais à nos yeux.

———— *de position*, grands cercles de la sphère, passant par l'intersection commune du méridien et de l'horizon, et par un degré de l'écliptique, au centre de la planète ou de l'étoile.

Ciel, étendue considérable où les étoiles, les planètes et les comètes, semblent fixées, et dans laquelle elles accomplissent leurs révolutions immenses.

Circulaire (vélocité), rapidité d'un corps mis en mouvement, et mesurée par un arc d'écliptique.

Circompolaires (étoiles). Ce sont celles qui semblent tourner journellement autour du pôle nord, sans s'abaisser au-dessous de l'horizon, pour les différens pays de l'Europe.

Civil (jour) , espace de temps accordé pour les usages ordinaires de la vie civile ; ce temps est différent parmi les nations : il est le plus ordinairement divisé en vingt-quatre parties égales qu'on nomme heures.

———— (mois). C'est celui qui est donné par les almanachs ordinaires.

———— (année), On nomme ainsi l'année marquée par le gouvernement , pour servir à l'usage général des peuples.

Colures. Voyez leçon 2.

Comète , corps céleste qui se meut dans toutes les directions possibles des cieux , et dans une orbite excessivement allongée ; de là la cause de sa disparition pendant un espace de temps plus ou moins considérable , suivant la distance à laquelle ce corps se trouve , lorsqu'il parcourt l'apogée de son orbite.

Conjonction de deux corps célestes; elle a lieu lorsque ces deux corps ont le même degré de longitude. Pour que deux astres soient en conjonction , il n'est pas nécessaire que leur latitude soit la même ; il suffit qu'ils aient la même longitude.

Si deux astres se trouvent dans le même degré de longitude et de latitude , une ligne droite tirée du centre de la terre par l'un des astres passera par le centre de l'autre. La conjonction alors s'appellera *centrale* ou *vraie*, et il y aura éclipse. Lorsqu'une ligne droite, que l'on suppose passer par le centre des deux astres, ne passe pas par le centre de la terre, mais par l'œil de l'observateur, l'on dit que la conjonction est *apparente*.

Constellation. On indique ainsi un nombre donné d'étoiles contenues dans une même figure, comme le Lion, l'Aigle, l'Ourse, etc.

Cosmiques (lever ou coucher). Ils ont lieu lorsqu'une étoile se lève ou se couche au moment du coucher du soleil.

Coucher d'une étoile, se dit de sa disparition au-dessous de l'horizon occidental.

Crépuscule et *aurore.* Ces expressions servent à indiquer la fin et le commencement du jour, que l'on voit avant le lever ou le coucher vrais du soleil; ils sont dus à la réfraction des rayons solaires par l'atmosphère terrestre.

Cube d'un nombre, est un nombre multiplié deux fois par lui-même; ainsi 1000 est le cube de 10, puisque 10 fois 10 font 100, et que 10 fois 100 font 1000.

Culmination, transit ou passage d'une étoile sur le méridien.

Cycle, certaine période de temps, pendant laquelle les mêmes mouvemens, les mêmes révolutions recommencent; c'est donc un espace périodique de temps.

Cycle d'indiction ou *indiction romaine.* Ce cycle n'a aucun rapport avec les mouvemens célestes; c'est une période de 15 jours. Pour

trouver ce cycle, on ajoute 3 à l'année donnée, et on divise la somme par 15 ; le reste
est l'indiction.

Cycle de la lune, ou *cycle lunaire*, période de
19 ans, pendant laquelle les nouvelles et pleines lunes reviennent à peu près aux mêmes
jours que 19 ans auparavant : ce cycle est
appelé *nombre d'or*, parce que, lors de son
invention, les Grecs, assemblés aux jeux olym-
piques, décidèrent que les chiffres qui l'expriment seraient gravés en caractères d'or. Voyez *Nombre d'or*.

————*solaire*, période de 28 ans, après laquelle
les jours des mois reviennent encore aux
mêmes jours des semaines. Voyez *Solaire*.

D.

Déclinaison, distance du soleil, de la lune ou
des étoiles, au point équinoxial nord ou sud.

———— (cercles de), grands cercles perpendiculaires à l'équateur et passant par les pôles.

Deneb, terme arabe qui signifie queue ; c'est le
nom de plusieurs étoiles fixes.

Dépression du pôle, indique les quantités dont il
avance vers l'équateur.

————*du soleil ou d'une étoile*, distance verticale de ces corps au-dessous de l'horizon.

Descendant (nœud), point de l'orbite d'une planète où elle coupe l'écliptique, en passant vers
le sud ; on marque ce nœud par le caractère ☋.

Disque, surface visible du soleil ou de la lune.

——— *de la terre*, différence qu'il y a entre la parallaxe horizontale du soleil et de la lune ; on se sert de ce terme dans les calculs des éclipses solaires.

Distance du soleil, de la lune et des planètes, distances réelles de ces corps ; elles sont trouvées par les parallaxes.

——— *accourcie*, d'une planète à la terre ou au soleil ; distance de la terre ou du soleil, au point où une perpendiculaire, passant par la planète, coupe l'écliptique.

Diurne, ce qui appartient ou est relatif au jour.

——— (arc), l'arc décrit par les corps célestes, depuis leur lever jusqu'à leur coucher apparens.

Diurne (mouvement). Ce mouvement est indiqué par le nombre de degrés, de minutes et de secondes, qu'un corps céleste parcourt en 24 heures.

——— (mouvement) *de la terre*, se dit de sa rotation journalière sur son axe.

Doigt, douzième partie du diamètre du soleil ou de la lune ; on se sert de cette expression dans les éclipses de ces corps, pour en marquer la grandeur.

Dominicales (lettres). On a l'habitude, dans les almanachs, de marquer les dimanches de toute l'année par une lettre majuscule prise dans une des sept premières lettres de l'alphabet ;

voici comment il faut s'y prendre pour trouver la lettre dominicale d'une année : par
exemple, pour 1820, $20 + \frac{20}{4} + 2 = 27$; ce
nombre divisé par $7 = 3 + \frac{6}{7}$, et $7 -$
$6 = 1$, ce qui donne la lettre A ou la première lettre ; comme 1820 est une année
bissextile, cette lettre est la dominicale depuis
la fin de février jusqu'à la fin de l'année ; mais
depuis le commencement de l'année jusqu'à
la fin de février, la lettre dominicale est B ;
de sorte que cette année 1820 a les deux lettres dominicales A et B.

Droite (ascencion d'un astre). C'est la distance
comptée selon l'ordre des signes, depuis le
point de l'équateur qui est au commencement
du Bélier, jusqu'au point de l'équateur qui se
lève en même temps que l'astre. L'ascension
droite est donc l'intervalle compris entre le
commencement du Bélier et le point de l'équateur qui se lève dans la sphère droite, ou qui
passe par le méridien en même temps que le
soleil ou une étoile. Cet intervalle étant connu
et converti en temps à raison de 15 degrés
par heure, si l'étoile a 30 degrés d'ascension
droite de plus que le soleil, elle passera deux
heures après, c'est-à-dire à deux heures de
l'après-midi.

——— (sphère), celle ou l'équateur et
ses parallèles coupent l'horizon à angles
droits.

E.

Éclipse, phénomène occasioné par l'interposition d'un corps opaque entre notre œil et un un corps qui nous envoie ses rayons de lumière; les différentes espèces d'éclipses sont expliquées dans le courant de cet ouvrage, comme on peut s'en convaincre par l'inspection de la table des matières.

Écliptique. Voyez leçon 2.

Élévation du pôle ou d'une étoile, hauteur exprimée en degrés et parties de degrés, au-dessus de l'horizon.

Émersion d'un corps céleste, se dit lorsqu'après avoir été éclipsé, ce corps paraît de nouveau en se dégageant de l'ombre ou du corps qui le cachait; c'est le cas où se trouvent les satellites de Jupiter, de Saturne et d'Herschel. La lune, dans ses occultations d'étoiles, cause aussi leur émersion en s'éloignant d'elles, par suite de son mouvement propre combiné avec celui de la terre.

Éphémérides, nom donné aux tables astronomiques qui contiennent les calculs des lieux des corps célestes, de leurs mouvemens, etc., jour par jour.

Épicycle, petit cercle inventé par les anciens astronomes, et dont le centre est en un point de la circonférence d'un plus grand cercle : il servait à expliquer les stations et les rétrogradations des planètes. Le grand cercle dans la circonférence duquel l'épicycle a son centre est *l'excentrique de la planète.* Le système naturel de Copernic a fait tomber entièrement celui des épicycles.

Équation du centre. Voyez *Annuel.*

—————*du moyen mouvement de la lune.* Cette équation dépend de la situation de l'apogée lunaire et de ses nœuds, relativement au soleil.

—————*du temps,* est la différence entre le temps vrai ou apparent, et le temps moyen ou égal.

Il y a plusieurs sortes d'équations :

Équation du temps, différence entre le temps vrai ou apparent et le temps moyen ou uniforme, c'est-à-dire la réduction du temps inégal apparent, mesuré par le mouvement inégal du soleil, à un temps qui serait mesuré par un mouvement moyen, égal et uniforme. L'équation du temps est d'environ une demi-heure 16′ 14″ en avance, et 14′ 37″ en retard. Les variations du mouvement apparent ou journalier du soleil, qui rendent les jours astronomiques inégaux, proviennent de deux causes : l'inégalité du mouvement propre du soleil dans une orbite elliptique dont cet astre occupe un des foyers, et l'obliquité de l'écliptique, produisent leurs différences. Le temps vrai est donc inégal comme le mouvement du soleil; c'est celui marqué par une méridienne ou un bon cadran solaire; et le temps moyen ou uniforme est celui marqué par une excel lente pendule bien réglée ; de sorte que le midi de la pendule sera tantôt en avance sur celui du soleil, et tantôt il sera en retard ; mais l'équation sera nulle le 15 avril, le 16 juin, le 31 août et le 25 décembre.

Équation, en astronomie, exprime souvent la différence entre le mouvement réel d'une planète et celui qui est mesuré par un mouvement moyen et uniforme. On l'appelle quelquefois équation du centre. Képler la divisait en équation optique et en équation physique ; il démontra, en 1619, que le mouvement des planètes dans leurs orbites ne devait pas seulement paraître inégal à cause de leur différente distance du soleil, mais qu'il l'était en effet. A l'apogée la planète va moins vite, au périgée elle est plus rapide.

L'équation du centre n'est pas la seule inégalité à laquelle le mouvement des planètes soit sujet ; il est encore d'autres inégalités qui viennent principalement de l'action mutuelle que les planètes exercent les unes sur les autres, ou de celle que le soleil exerce sur les satellites. C'est principalement dans la lune que ces équations sont sensibles.

Équatorial (cercle), instrument très utile en astronomie pour prendre les hauteurs, l'azimut, l'ascension droite, etc., des corps célestes.

Équinoxial, nom donné au cercle céleste qui, sur la terre, répond à l'équateur ; c'est un des grands cercles de la sphère, dont les pôles sont les pôles du monde.

Équinoxial (colure). Voyez *Colures*.

———— (points). Ces points sont le Bélier et la Balance : lorsque le soleil paraît décrire ces deux signes, il est nommé équinoxial.

Ère ou *Époque,* point fixe du temps d'où l'on part pour compter les années suivantes ou celles qui ont précédé.

Est, nom d'un des points cardinaux ; c'est ce point où le soleil paraît se lever aux équinoxes.

Étendue. La *ligne* est une étendue en longueur ; la *surface* est une étendue en longueur et en largeur ; et le *corps* est une étendue en longueur, largeur et profondeur. (*Pl. 3, fig.* 20.)

Étoiles, corps lumineux la nuit et fixes, qui paraissent attachés à la voûte céleste.

———— *informes* , nom ancien des étoiles qui n'étaient pas comprises dans les différentes constellations et qui n'en faisaient pas partie ; les astronomes modernes en ont fait des constellations nouvelles.

Évection. Voyez *Angle d'évection*.

Excentrique. Voyez *Annuel* et *Anomalie*.

Excentriques, deux ou plusieurs circonférences engagées les unes dans les autres, et qui n'ont pas le même centre.

F.

Facules, nom donné à certaines taches plus éclairées, que l'on voit souvent sur le disque du soleil.

Fixes. On donne le nom de signes fixes du zodiaque au Taureau, au Lion, au Scorpion et
au Verseau, parce que les saisons paraissent
plus fixes lorsque le soleil passe dans ces signes
que dans tout autre temps de l'année.

——— (étoiles), celles qui ne paraissent pas
changer leur position relative, ou leurs situations les unes à l'égard des autres; le nom
d'*étoiles fixes* leur a été donné pour les distinguer des planètes et des comètes.

G.

Galaxie, nom de cette grande trace blanchâtre
qui paraît environner le ciel de toutes parts; on
l'appelle aussi *voie lactée* : on l'aperçoit très
bien pendant les nuits obscures, lors de l'absence de la lune. Le docteur Herschel a trouvé
que cette voie lactée consistait en un nombre
considérable de petites étoiles et de matières
nébuleuses, qu'il est impossible de distinguer
sans le secours de très fortes lunettes.

Géocentrique, se dit de la latitude géocentrique
d'une planète, c'est-à-dire de sa latitude telle
qu'elle paraît, vue de la terre.

Cette latitude est la distance à laquelle une
planète nous paraît de l'écliptique; c'est l'angle que fait une ligne qui joint la planète et la
terre avec le plan de l'orbite terrestre, qui
est la véritable écliptique : ou, ce qui est la
même chose, c'est l'angle que la ligne qui

joint la planète.et la terre forme avec une
ligne qui aboutirait à la perpendiculaire
abaissée de la planète sur le plan de l'é-
cliptique.

Géocentrique (longitude), ou le lieu géocentrique d'une planète, est le lieu de l'écliptique auquel on rapporte une planète vue de
la terre; c'est la distance prise sur l'écliptique,
et suivant l'ordre des signes, entre le lieu
géocentrique et l'équinoxe, ou le premier
point du Bélier ♈.

Gibbeux (bossu), terme dont on se sert en parlant de la figure des parties éclairées de la
lune, depuis le temps du premier quartier
jusqu'à la pleine lune, et depuis celui de la
pleine lune jusqu'au dernier quartier.

Gnomon, instrument fort employé par les anciens, pour trouver les hauteurs et les déclinaisons des corps célestes.

Grandeur. Les étoiles fixes, suivant leurs grandeurs apparentes ou leur éclat, sont divisées
en grandeurs : les plus brillantes sont dites
étoiles de 1re grandeur; puis celles de 2e et 3e
grandeurs; chacune d'elles et marquée d'une
lettre de l'alphabet grec.

Grégorien (calendrier), nom donné au calendrier julien réformé, maintenant en usage
dans presque toute l'Europe; il vient du pape
Grégoire XIII, qui ordonna ce changement.

———— (époque), temps où le calcul grégorien

se fit en premier lieu, c'est-à-dire de l'année 1582.

Grégorien (télescope). L'ouverture de ce télescope réflecteur se trouve dans le centre du grand miroir, par lequel l'image est renvoyée à l'œil par le petit réflecteur. Les objets vus au moyen de ce télescope ne peuvent pas être aussi distincts que dans les autres instruments, et la cause en doit être attribuée à l'ouverture qui est pratiquée dans le grand miroir, qui en diminue par conséquent la force.

Grégorienne (année). On la nomme aussi *année du nouveau style*; elle est maintenant en usage : cette année consiste en 365 jours pendant trois ans consécutifs, et en 366 jours le quatrième, de même que dans la computation julienne; mais comme celle-ci excède l'année tropique de près de $11'\frac{1}{20}$, qui, au temps du pape Grégoire XIII, s'élevait à dix jours, il ordonna de retrancher ces 10 jours de l'almanach; et, pour prévenir une anticipation semblable pour le futur, il fut convenu que les siècles dont le nombre ne serait pas divisible par 4 seraient des années communes; elles étaient bissextiles d'après le calendrier julien.

H.

Hauteur d'un corps céleste, arc du cercle vertical qui se trouve entre ce corps et l'horizon.

Halo, nom du cercle lumineux dont le diamètre est quelquefois de 45°, et qui environne le soleil ou la lune ; il est plus que probable que cette apparence doit son origine à la réfraction de la lumière occasionée par notre atmosphère : on voit souvent ce phénomène pendant les temps orageux.

Héliaque (lever ou coucher). On se sert de ce terme pour indiquer lorsqu'une étoile se lève ou se couche avec le soleil. On dit donc le lever héliaque d'une étoile, lorsqu'on la voit immédiatement après sa conjonction avec le soleil ; et coucher héliaque, lorsqu'elle est comprise dans les rayons solaires jusqu'à en être cachée.

Héliocentrique, est le nom que les astronomes donnent au lieu d'une planète vue du soleil, c'est-à-dire au lieu où paraîtrait la planète si notre œil était dans le centre du soleil ; ou, ce qui revient au même, le lieu ou la longitude héliocentrique est le point de l'écliptique auquel nous rapporterions une planète, si nous étions au centre du soleil.

La latitude héliocentrique d'une planète est la distance de la planète à l'écliptique, telle qu'on la verrait si l'on était dans le soleil ; c'est l'angle de la ligne menée par le centre du soleil et le centre de la planète, avec le plan de l'écliptique.

Hémisphère, moitié d'un globe ou d'une sphère

divisée par un plan passant par son centre.
L'équateur ou la ligne équinoxiale divise la
sphère en deux parties égales, appelées suivant la dénomination des pôles vers lesquels
elles sont tournées.

Horizon, nom d'un grand cercle de la sphère qui
divise les cieux en deux parties égales, appelées hémisphères supérieur et inférieur. Voyez
Apparent.

Horizontal, ce qui a du rapport à l'horizon, ou
bien qui lui est parallèle.

——— (parallaxe), se dit de la parallaxe d'un
corps lorsqu'il se trouve dans l'horizon. Voyez
Parallaxe.

I.

Immersion, commencement d'une éclipse; on
s'en sert particulièrement en parlant des éclipses des satellites de Jupiter. Lorsqu'un satellite
entre dans l'ombre de la planète, on dit qu'il est
en immersion, par opposition à l'émersion, qui
est sa sortie de l'ombre. Lorsqu'une étoile ou
une planète est près du soleil jusqu'à en être
invisible, on la dit alors en immersion.

Inclinaison de l'orbite d'une planète, angle que
forme le plan de l'orbite de cette planète avec
le plan de l'écliptique ou l'orbite de la terre.

J.

Jour, partie du temps comprise entre les lever
et coucher apparents du soleil.

Jour astronomique. Ce jour commence à midi
et se compte en 24 heures d'un midi à l'autre.

——— *civil.* Voyez ce dernier mot.

L.

Latitude, en géographie, est la hauteur du pôle,
ou bien c'est un arc du méridien compris
entre l'équateur et le zénith ; elle est nord ou
sud, suivant que le lieu se trouve au nord ou
au sud de l'équateur.

——— *de la lune,* distance perpendiculaire
de ce satellite du plan de l'écliptique ; cette
latitude est nord, quand la lune est au
nord de l'écliptique ; et sud, lorsqu'elle
est au sud de ce grand cercle. La lune est
donc en *ascension septentrionale* depuis son
nœud ascendant jusqu'à ses limites nord, et
en *descension septentrionale* depuis ce dernier point jusqu'au nœud descendant. De
même, elle est en *ascension méridionale*
depuis ses limites sud jusqu'au nœud ascendant, et en *descension méridionale* depuis le nœud descendant jusqu'à ses limites
sud. On peut en dire autant de toutes les
autres planètes.

Lever d'un corps céleste, se dit de son apparition
au-dessus de l'horizon oriental.

Libration de la lune, s'entend des irrégularités
apparentes et périodiques de son mouvement ;
cette libration est cause que la même surface

de la lune ne nous est pas constamment opposée, ou tournée vers la terre.

Limites d'une planète. On indique ainsi sa plus
grande latitude héliocentrique.

Longitude des astres, distance au premier point
du Bélier, prise selon l'ordre des signes. Pour
la mesurer, on conçoit un grand cercle perpendiculaire à l'écliptique, qui passe par le
centre de l'astre dont on cherche la longitude;
le point où le cercle coupe l'écliptique détermine sa longitude.

Lunaire (distance), terme dont on se sert en
astronomie nautique, pour exprimer la distance de la lune au soleil ou à une étoile fixe;
on se sert beaucoup de cette distance dans le
calcul des longitudes.

M.

Macules, nom des taches noires que l'on voit fréquemment sur le disque du soleil.

Marées, flux et reflux périodiques des eaux de
la mer; il est généralement reconnu aujour-
d'hui que les marées sont causées par l'action
luni-solaire sur la masse liquide de notre globe.

Méridien, nom du grand cercle de la sphère qui
passe par les pôles du monde. Ce cercle,
perpendiculaire à l'équateur, sert à mesurer
les latitudes des divers pays, en géographie;
car ces latitudes sont les arcs de ce méridien
compris entre l'équateur et le parallèle qui
passe par le lieu.

Micromètre, instrument adapté aux lunettes, et dont l'usage est de mesurer des angles très-petits, tels que les diamètres des corps célestes.

Milieu du ciel, point ou degré de l'écliptique qui se trouve au méridien en tout temps.

Mois, douzième partie de l'année.

Mois lunaire, temps que la lune emploie à décrire tout le cercle de l'écliptique ; sa longueur est de 27^j 7^h 43'.

——*synodique*, temps qui s'écoule entre deux conjonctions du soleil et de la lune ; il est de 29^j 12^h 44' 3".

—— *solaire*, temps moyen du passage du soleil dans un signe entier de l'écliptique, qui est de près de 30^j 10^h 29'.

Mouvement angulaire, mouvement qu'ont les planètes autour du soleil ; on le dit encore du mouvement des satellites autour des centres de leurs planètes primaires.

Moyenne (anomalie) *d'une planète*, est sa distance angulaire de l'aphélie ou du périhélie, en supposant que ce corps se meut dans un cercle.

——(conjonction) *du soleil et de la lune*, se dit de la conjonction de leurs orbites.

——(distance) *d'une planète*, est le diamètre transversal de son orbite.

N.

Nadir, point des cieux qui est opposé au zénith, directement sous nos pieds.

Nébuleuses, nom donné à ces étoiles télescopiques qui ont une apparence de petits nuages.

Nocturne (arc), arc décrit par un corps céleste pendant une nuit entière.

Nonagésimal (degré), le plus haut point de l'écliptique au-dessus de l'horizon; il est par conséquent égal à l'angle que forme l'écliptique avec l'horizon.

Nœuds, nom de deux points opposés où l'orbite d'une planète fait intersection avec l'écliptique.

Nombre de direction, nombre qui n'excède pas 35; il forme la limite du jour de Pâques, qui tombe toujours entre le 21 mars et le 25 avril.

Nombre d'or, ou *cycle lunaire*. Pour trouver le nombre d'or, par exemple, pour 1819 : d'abord, $1819 + 1 = 1820$; ce dernier nombre divisé par 19 donne 95 et un reste 15, qui est le nombre d'or demandé.

Nord, nom d'un des quatre points cardinaux du monde, opposé au sud; on détermine facilement ce point, puisqu'à midi le soleil se trouve à peu près au sud vrai de l'horizon. En traçant, à cette heure, une méridienne, au moyen d'un fil à plomb, on aura une ligne nord et sud parfaite.

Nutation de l'axe de la terre, espèce de mouvement de libration, qui est cause que l'inclinaison de l'axe sur le plan de l'écliptique est sujette à de petites variations.

O.

Oblique (ascension), point de la ligne équinoxiale qui se lève avec un corps céleste, dans
une sphère oblique.

——— (descension), point de la ligne équinoxiale qui se couche avec un corps céleste,
dans une sphère oblique.

———(sphère), position de la sphère, où l'é-
quateur et ses parallèles coupent l'horizon
obliquement.

———(ligne), est celle qui est inclinée sur une
autre, avec laquelle elle forme deux angles,
dont l'un est aigu et l'autre obtus.

Observatoire, nom du lieu ou de l'édifice où se
font d'ordinaire les observations célestes.

Occident, nom de la partie du monde où le soleil et les étoiles semblent se coucher.

Occidentale. On dit qu'une étoile est occidentale,
lorsqu'elle se couche après le soleil.

Occultation, éclipse momentanée d'une étoile
ou d'une planète, par l'interposition du corps
de la lune.

Opposition, aspect des corps célestes, lorsqu'ils
se trouvent à 180° de distance les uns des
autres.

Orbite, ligne courbe, suivant laquelle chaque
planète fait son mouvement autour du soleil.
Les différentes orbites ne sont pas toutes dans
le même plan ; elles sont inclinées plus ou

moins, de manière à faire des angles plus ou moins grands dans leurs intersections. Comme on a l'abitude de tout rapporter à la terre, on mesure l'inclinaison des orbites des différentes planètes de notre système, sur celle de la terre, qu'on nomme écliptique : c'est cette mesure qui est exprimée dans tous nos livres d'astronomie. Ces angles d'obliquité réciproque des orbites ne sont pas constamment les mêmes.

Orient, nom de la partie du monde où le soleil et les étoiles semblent se lever.

Orientale. On dit qu'une planète est orientale, lorsqu'elle se lève avant le soleil.

Ortive (amplitude), amplitude orientale d'un corps céleste.

P.

Parallaxe, angle formé au centre d'une étoile, par deux lignes, dont l'une est tirée du centre de la terre, et l'autre d'un point quelconque de sa surface.

————*de hauteur*, différence qui existe entre la hauteur vraie d'un corps et sa hauteur apparente ; en d'autres termes, c'est la différence qu'il y a entre sa hauteur, vue de la surface terrestre, et cette même hauteur, vue du centre de la terre.

———— *horizontale.* (Voyez ce dernier mot.) Comme la parallaxe affecte la hauteur d'un corps, elle affecte en même temps son ascension droite, sa déclinaison, sa latitude et sa longitude.

Parallèle (sphère). On appelle ainsi la sphère où l'équateur est parallèle à l'horizon.

Parhélie, nom donné à ce faux soleil qui, dans les régions du nord, est souvent observé se placer à quelque distance du soleil véritable : on présume que ce phénomène est produit par la réflexion de l'image du soleil par les glaces du pôle, ou par les nuages.

Passages (instrument des), nom donné au télescope, fixé sur un axe horizontal et monté sur un pied, au moyen duquel l'instrument se met exactement dans la méridienne du lieu de l'observation : il doit être assez fixe pour pouvoir suivre les mouvemens diurnes des corps célestes sur le plan du méridien, et pouvoir déterminer par là le mouvement journalier des pendules ; l'usage de cet instrument est habituel aux astronomes observateurs, pour déterminer les ascensions droites, les déclinaisons, le temps, etc.

Pénombre. En général, ce mot indique cette ombre faible qui environne l'ombre vraie : on la distingue particulièrement dans les éclipses de la lune ; le pénombre occasione la difficulté qu'il y a à prendre exactement l'ombre de l'extrémité d'un gnomon. Ce qu'il y a de mieux à faire en pareil cas, c'est de surmonter le gnomon d'une boule, de dessiner l'image entière de cette boule et d'en prendre le centre, ce qui donnera exactement l'extrémité du style.

Périgée, point de l'orbite lunaire qui est le plus rapproché de la terre.

Périhélie, point de l'orbite d'une planète qui est le plus rapproché du soleil.

Phases, apparences diverses que nous montrent la lune, Vénus et Mercure, dans leurs parties éclairées.

Phénomène, se dit de toute apparence singulière qui a lieu ou qui se produit dans les cieux; une éclipse, une comète, etc.

Place d'un corps céleste, est simplement sa position dans les cieux; ce lieu est ordinairement exprimé par sa latitude et sa longitude, ou son ascension droite et sa déclinaison.

Planètes, nom donné aux corps célestes dont les mouvemens s'exécutent autour du soleil, en un temps plus ou moins considérable, et qui est en rapport avec le carré de leurs distances. On distingue les planètes des étoiles fixes, en ce qu'elles changent constamment de position dans le ciel, et qu'elles n'ont point de scintillation apparente.

Pôles, ou extrémités de l'axe du monde, dont l'un est nommé *pôle nord*, l'autre *pôle sud*.

Précession des équinoxes, mouvement extrêmement lent des points équinoxiaux, qui se fait

de l'est à l'ouest ; ce mouvement n'est que de
5o″ par an , à peu près.

Primaires (planètes). On distingue ainsi les corps
célestes qui ont le soleil pour centre de leurs
mouvemens.

Q.

Quadrant, la 4ᵉ partie d'un cercle , ou 90°. C'est
aussi le nom d'un instrument dont la construction est assez variée , et qui sert à prendre
la latitude et la distance angulaire des corps
célestes.

Quadrature, position de la lune , lorsqu'elle est
à 90° du soleil , par rapport à la terre.

Queue, nom de ce nuage blanchâtre qui suit ou
précède presque toujours les comètes.

R.

Rayon, se dit de la ligne droite menée du centre
d'un cercle à la circonférence.

—————— *vecteur*, ligne imaginaire qui joint la planète au soleil, et qui décrit des aires égales en
des temps égaux , pendant le mouvement de
la planète autour du soleil.

Réduction, différence qui existe entre l'orbite
d'une planète , le lieu ou l'argument de latitude , et le lieu de l'écliptique.

Réfraction, courbure particulière à laquelle sont
assujettis les rayons lumineux , en passant
dans notre atmosphère ; la réfraction fait pa-

raître les corps célestes plus élevés au-dessus
de l'horizon qu'ils ne le sont réellement.

Réticule, instrument inventé pour déterminer
avec précision les grandeurs des éclipses et
le temps vrai du passage d'une étoile dans le
champ d'une lunette.

Révolution, période de temps qu'emploie un
corps céleste à tourner autour d'un autre.

S.

Saison. Les saisons sont au nombre de quatre :
le printemps, l'été, l'automne, et l'hiver. La
première commence lorsque le soleil paraît
entrer dans le Bélier ; la seconde, quand il décrit le Cancer ; la troisième se détermine par
son entrée dans la Balance ; et l'hiver, lorsqu'il entre dans le Capricorne.

Saros, appelé aussi *saros chaldéen*, est une période de 223 lunaisons, après laquelle la même
éclipse revient de nouveau, à une heure ou
deux de différence, mais non point avec le
même degré d'obscurcissement.

Satellites ou *planètes secondaires*, corps célestes
qui tournent autour de quelques planètes primaires ; la lune est une planète secondaire,
ainsi que les petites étoiles qui accompagnent
Jupiter, Saturne et Herschel.

Secondaires (cercles), sont tous ces cercles qui
font intersection à angle droit avec un des six
grands cercles de la sphère.

Secondaires (planètes). Voyez *Satellites*.

Sextant, sixième partie d'un cercle ; c'est aussi le nom d'un instrument d'astronomie, dont l'usage est le même que celui du *quadrant* ou *quart de cercle*.

Sidéral (jour), temps qu'une étoile met à revenir au même méridien ; il est nécessairement égal à celui qu'emploie la terre à accomplir une révolution entière sur son axe, ou 23^h 56' 41" du temps solaire moyen.

—— (année), temps que la terre emploie à accomplir une révolution entière dans son orbite, de manière à revenir à la même étoile.

Signe, douzième partie du zodiaque ou de l'écliptique ; chaque signe est divisé en 30 degrés.

Signes, certaines marques dont on se sert en astronomie, pour désigner plus particulièrement les objets dont on parle ; ces signes s'expriment ainsi : le Bélier ♈, le Taureau ♉, les Gémeaux ♊, le Cancer ♋, le Lion ♌, la Vierge ♍, la Balance ♎, le Scorpion ♏, le Sagittaire ♐, le Capricorne ♑, le Verseau ♒, les Poissons ♓.

Pour les différentes planètes, leurs caractères ou figures sont :

Le Soleil ☉, Mercure ☿ Vénus, ♀, la Terrre ♁, Mars ♂, Vesta ⚶, Junon ⚵, Cérès ⚳, Pallas ⚴, Jupiter ♃, Saturne ♄, Herschel ♅.

Les autres caractères principaux sont :

Les nœuds ascendant ☊ et descendant ☋.

Le mouvement et le temps sont marqués par degrés°, minutes′, secondes ″.

Les signes de mathématiques + (plus), — (moins), × (de multiplication), ÷ (de division), = (d'égalité) et plusieurs autres, ne paraissent pas devoir mériter une plus grande explication, en ce qu'ils sont donnés dans tous les livres habituellement entre les mains de la jeunesse.

Solaire (année). Elle est de deux espèces ; l'année tropique et l'année sidérale. Voyez chacun de ces mots.

Solstices, temps où le soleil paraît entrer dans les points des tropiques du Cancer et du Capricorne. Les jours y sont alors les plus longs ou les plus courts de l'année.

Solsticiaux (points), noms donnés aux deux points dont il est question dans l'article précédent.

Sphère. Voyez leçon 2.

Stationnaire. On dit qu'une planète est stationnaire, quand elle paraît n'avoir aucun mouvement entre les étoiles fixes.

Sud, un des quatre points cardinaux du monde; lorsque le soleil paraît entrer au méridien, dans les latitudes boréales du globe, il se trouve alors directement au sud.

Syzygie, conjonction ou opposition d'une planète avec le soleil.

T.

Télescope, nom d'un instrument dont on se sert généralement en astronomie pour observer les mouvemens des corps celestes.

Télescopiques (étoiles), étoiles qui ne sont pas visibles à l'œil nu, et qui ne s'aperçoivent qu'à l'aide d'un télescope.

Temps, mesure de durée qui dépend du mouvement des corps célestes.

Terre, nom de la planète que nous habitons; son orbite se trouve placée entre celles de Vénus et de Mars, qu'elle parcourt en 365 jours à peu près; ce qui constitue notre année.

Thermomètre, nom d'un instrument qui indique les degrés de chaleur ou de froid. On en fait usage conjointement avec le baromètre, pour corriger les variations de réfraction provenant de changement de température et de gravité spécifique de l'atmosphère.

Transit, passage d'une planète devant ou sur le disque d'une autre étoile ou planète; tels sont les passages de Mercure et de Vénus sur le disque du soleil, qu'on nomme ainsi. On s'exprime de même en parlant du passage d'une étoile sur le méridien.

Tropiques. Voyez leçon 2.

V.

Vertical (cercle), grand cercle perpendiculaire à

l'horizon , et qui passe par le zénith et le nadir de tout lieu quelconque.

Z.

Zodiacale (lumière), apparence de lumière que
l'on voit particulièrement au mois de mars,
vers le coucher et le lever du soleil ; on pense
que cette lumière doit son origine à la réfraction des rayons solaires, produite par l'atmosphère de cet astre.

Zodiaque. Voyez leçon 2.

Zones. On nomme ainsi les cinq grandes divisions
du globe, qui sont : la *zone torride* , comprise
entre les deux tropiques ; les *deux zones tem-
pérées*, comprises entre les deux cercles polaires ; et les *deux zones glaciales* , qui se
trouvent entre les deux cercles polaires et les
pôles.

LEÇON II.

De la Sphère.

La sphère armillaire est ainsi nommée parce qu'elle est composée d'un certain nombre de cercles de métal, que les Romains désignaient sous le nom d'*armillæ*, à cause peut-être de leur ressemblance avec leurs bracelets.

Cet instrument est très propre à donner des notions sur ces cercles imaginaires que les astronomes ont appliqués à la sphère concave des cieux. Au moyen des cercles dont nous parlons, on peut étudier de la manière la plus exacte les mouvemens des corps célestes, et se faciliter ainsi les moyens d'étudier une science sublime.

Dans la sphère, on doit considérer en premier lieu l'*axe*, qui est une ligne imaginaire, traversant la terre dans le sens de ses pôles (ou de son mouvement diurne), et s'étendant de chaque côté jusqu'au ciel. Ses deux extrémités se nomment les pôles.

C'est sur cette ligne que notre globe accomplit une révolution entière d'occident en orient, en vingt-quatre heures à peu près, qui, par l'illusion des sens, nous paraît produire une révolution de tout le ciel d'orient en occident dans le même espace de temps.

Il y a dans la sphère six grands cercles qui exigent une attention particulière ; ces cercles sont :

L'*horizon* ; il divise le ciel et la terre en deux parties égales, appelées hémisphères supérieur et inférieur. Ses pôles sont le zénith et le nadir de chaque lieu.

L'*horizon sensible* se dit d'un petit cercle qui termine la vue, où le ciel et la terre semblent se toucher ; ils diffèrent donc beaucoup l'un de l'autre : le premier, ou l'*horizon vrai astronomique*, est un grand cercle de la sphère ; le second ne comprend qu'un très petit espace.

Dans la sphère armillaire, l'horizon est gradué suivant la division du grand cercle en degrés, et, pour rapporter les objets célestes à à l'horizon, on y marque aussi les aires du compas ou rhumbs de vent. Cette disposition facilite beaucoup pour prendre l'amplitude (ou la distance des corps célestes aux points d'orient ou d'occident vrais), et leur azimut (ou leur distance au méridien).

Le *méridien* passe par les pôles du monde et par le zénith du lieu. Ce cercle est perpendiculaire à l'équateur, et il partage le ciel en deux hémisphères, *oriental* et *occidental*. Tous les méridiens se réunissent et se coupent aux deux pôles, et ils se trouvent tous coupés en deux parties égales par l'équateur.

On appelle premier méridien celui d'où l'on part pour compter les longitudes ; le choix en est entièrement arbitraire et de pure convention, chaque peuple comptant les longitudes terrestres à partir du méridien de la capitale de son pays, qu'on dit alors être le *premier méridien*.

Les différences des méridiens donnent celles des heures que l'on compte en même temps dans différens pays. En avançant vers l'orient, on gagne sur le temps ; et en procédant vers l'occident, on compte un jour de plus, en supposant que l'on fasse le tour entier du globe.

L'équateur ; ce grand cercle est perpendiculaire au méridien et incliné de 23° 28′ à peu près, sur l'orbite terrestre ou l'écliptique. Si l'on conçoit par le centre de la terre un plan perpendiculaire à l'axe de rotation du ciel, ce plan se nomme l'*équateur ;* la courbe de section qu'il forme sur la terre se nomme *ligne équinoxiale.* Dans tous les lieux de la terre, l'étoile qui décrit l'équateur reste douze heures au-dessus et douze heures au-dessous de l'horizon.

Les graduations que l'on marque sur l'équateur servent à déterminer l'*ascension droite* (ou la distance à l'équinoxe ♈ du printemps) d'un corps céleste, ou la *longitude* d'un objet terrestre.

L'équateur céleste est élevé à Paris de 41° 10′ ;

le soleil l'éclaire au-dessus depuis l'équinoxe du printemps jusqu'à celui d'automne, et l'astre reste au-dessous pendant l'autre espace de temps. Le jour des équinoxes, le soleil décrit l'équateur même.

Le *zodiaque*, dont la largeur est de 16°; il est coupé par le milieu, par l'*écliptique* qui est incliné sous l'équateur de 23° 28'. Son nom vient de ce que les éclipses n'arrivent que lorsque la lune est dans ce cercle, ou du moins très près.

Le soleil ne sort jamais de ce grand cercle, qu'il semble parcourir annuellement de signe en signe; ceux-ci sont au nombre de douze, exprimés par les deux vers latins suivans :

Sunt Aries, Taurus, Gemini, Cancer, Leo, Virgo,
Libraque, Scorpius, Arcitenens, Caper, Amphora, Pisces.

Sur les cartes géographiques, on décrit ordinairement la trace de l'écliptique, et on la fait passer par les points où l'équateur coupe le premier méridien. Cet usage, qui porterait à faire croire que la trace de ce cercle est fixe aux points marqués sur le globe, est un très grand inconvénient, car cette trace varie sans cesse. L'équateur, qui est perpendiculaire à l'axe de rotation, en tournant avec la sphère céleste, ne change pas de position par rapport à la terre; mais l'écliptique, qui est fixe dans le ciel, est mobile sur la terre, par rapport au mouvement de cette dernière. Ce cercle, en tournant avec

la sphère céleste , coupe nécessairement la
terre dans des points différens , et la trace qu'il
y forme est sans cesse variable , quoique cependant cette trace ne sorte jamais des bornes fixées
par les tropiques.

Les graduations marquées sur l'écliptique
indiquent dans la sphère armillaire les latitude
et longitude des corps célestes.

Les *deux colures*. (Le colure équinoxial et le
colure solsticial.) Ces deux grands cercles coupent l'équateur et le zodiaque en quatre parties
égales : celui des équinoxes passe par les points
équinoxiaux du Bélier et de la Balance; l'autre,
le *colure des solstices*, par les points solsticiaux de
l'Écrevisse et du Capricorne. Ils passent tous les
deux par les pôles de l'équateur , et ils sont perpendiculaires l'un sur l'autre dans l'axe du
monde.

Les deux colures sont en quelque sorte les
limites de l'année , en marquant les saisons par
leurs deux points opposés dans l'écliptique. Ce
sont deux méridiens auxquels on a donné des
noms particuliers , très remarquables en ce
qu'ils servent à mesurer l'obliquité de l'écliptique , et qu'ils sont à la fois cercles de déclinaison et cercles de latitude.

Indépendamment de ces six grands cercles,
on compte dans la sphère quatre petits cercles ,
savoir :

Les deux *tropiques*, qui sont parallèles à l'équateur, et que le soleil, par son mouvement apparent, atteint dans sa plus grande déclinaison, soit australe, soit boréale. Le tropique au nord de l'équateur se nomme tropique du *Cancer*, l'autre est celui du *Capricorne*; leur distance à l'équateur est de 23° 28' à peu près, égale à l'inclinaison de l'équateur sur l'écliptique.

Sur le globe terrestre, l'espace renfermé entre ces deux petits cercles se nomme la zone torride; ces cercles marquent sur l'horizon quatre points collatéraux, qui sont l'orient et l'occident d'été, et l'orient et l'occident d'hiver; enfin, ils indiquent les plus grandes amplitudes solaires.

Les deux *cercles polaires*. Celui qui est près du nord se nomme *cercle polaire arctique;* l'autre, par opposition, se nomme *cercle polaire antarctique*. Leur distance aux pôles est de 23° 28', égale à la plus grande déclinaison de l'écliptique.

Ces deux cercles sont engendrés par la trace que laissent les pôles de l'écliptique, pendant le cours journalier de la terre.

Les cercles que l'on vient de décrire forment un assemblage ou une espèce de charpente qui tourne sur son axe.

On place aussi sur la sphère une *rosette*, un cadran ou un petit cercle divisé en vingt-quatre heures, qui sert à résoudre différens problèmes avec la sphère, d'une manière commode et sans aucun calcul. Cette rosette est fixée sur le méridien ; elle a son centre au pôle de la sphère, et l'extrémité de l'axe traverse le pôle au centre de la rosette, et porte une aiguille qui tourne à mesure qu'on fait tourner la sphère, mais sans que le cadran ou la rosette change de place.

L'invention de la sphère est très ancienne : on l'attribue à Atlas, que l'on croit avoir vécu seize cents ans avant notre ère : il est naturel de croire cependant qu'elle nous est venue d'Égypte. La sphère d'Archimède, qui fut dans la suite si fameuse, ne se bornait pas à représenter les cercles de la sphère ; c'était un *planétaire* ou une machine propre à représenter les mouvemens des planètes dans un globe de verre.

De la sphère droite, oblique et parallèle.

Trois positions différentes de la sphère armillaire représentent trois situations dans les différens pays de la terre, suivant que l'équateur coupe l'horizon à angles droits, qu'il le coupe obliquement, ou qu'il lui est parallèle. Les apparences du mouvement diurne sont fort différentes dans ces trois positions.

1° La sphère droite est celle où l'équateur est perpendiculaire à l'horizon, et le coupe à angles droits ; elle a lieu pour ceux qui habitent sous l'équateur ou sous la ligne équinoxiale ; les deux pôles sont toujours dans l'horizon. Tous les parallèles à l'équateur sont coupés par l'horizon

en deux parties égales, que le soleil paraît parcourir en douze heures chacune. Ainsi, les
jours sont égaux entre eux et égaux aux nuits
pendant l'année entière.

Le soleil passe deux fois l'année par le zénith,
le 20 mars et le 22 septembre, lorsqu'il décrit
l'équateur même. On peut en conclure que les
habitans des contrées équatoriales ont comme
deux étés et deux printemps. Lorsque le soleil
se trouve au nord, l'ombre se porte vers le midi;
c'est ce qui arrive pendant toute une moitié de
l'année; l'autre moitié voit produire le même
phénomène dans un sens contraire. L'ombre est
nulle et ne se porte vers aucun des côtés, aux jours
cités ci-dessus, puisque le soleil est au zénith.

Dans cette position, on voit toutes les étoiles
du ciel monter sur l'horizon dans l'espace de
vingt-quatre heures, puisqu'elles se trouvent,
comme le soleil, faire leur révolution entière
dans un plan perpendiculaire à l'axe du monde
ou de rotation diurne. Dans les autres pays, le
cas n'est pas le même : il y a toujours une partie
des étoiles qui ne se lève jamais, comme il y en
a une autre qui ne se couche jamais.

2° La sphère oblique a lieu pour tous les pays
de la terre qui ne sont situés ni sous l'équateur,
ni sous les pôles. L'équateur y est situé obliquement par rapport à l'horizon : les parallèles à cet
équateur sont coupés inégalement par l'horizon;
le jour n'est égal à la nuit que le 20 mars et le 22

septembre, jours des équinoxes, le soleil décrivant alors l'équateur, qui est coupé en deux parties égales par l'horizon, suivant la propriété des grands cercles de la sphère, qui passent tous par le centre, et y sont coupés de tous sens en deux parties égales.

Dans les pays septentrionaux, on a les plus longs jours dans le temps que le soleil est dans les six premiers signes, le Bélier, le Taureau, les Gémeaux, l'Écrevisse, le Lion et la Vierge, parce qu'alors sa déclinaison est septentrionale, et qu'il décrit des parallèles dont la plus grande portion est au-dessus de l'horizon. Dans les pays méridionaux, les plus longs jours arrivent quand le soleil est dans les six derniers signes, parce qu'alors le soleil décrit des parallèles dont la plus grande portion est au-dessous de notre horizon ou au-dessus de celui des pays méridionaux. Les arcs diurnes pour ces pays sont plus grands que les arcs nocturnes, dans la même proportion que nos arcs nocturnes sont plus petits que les arcs diurnes, à la même date, puisque ces arcs sont supplémens les uns des autres.

Les arcs supérieurs ou les arcs diurnes des parallèles sont d'autant plus grands par rapport à leurs arcs nocturnes, qu'ils approchent davantage du pôle élevé. L'arc diurne du tropique du Cancer est donc le plus grand de tous les arcs diurnes du soleil pour les pays septentrionaux, puisque le tropique du Cancer est de tous les

parallèles celui qui est le plus avancé vers le
nord ; c'est pourquoi le jour le plus long de l'année est celui où le soleil décrit le tropique du
Cancer ; c'est le jour de solstice d'été : par la
même raison, la nuit la plus longue est celle du
solstice d'hiver, le 21 décembre, dans nos régions boréales.

Pour nos contrées, le soleil monte depuis le
21 décembre, jour du solstice d'hiver, jusqu'au
21 juin, jour du solstice d'été, parce qu'il se
rapproche du nord tous les jours d'une petite
quantité : les jours croissent et les nuits dimi-
nuent, parce que les arcs diurnes des parallèles
deviennent de plus en plus grands. On appelle
signes ascendans ceux que le soleil semble parcourir alors : ce sont le *Capricorne*, le *Verseau*,
les *Poissons*, le *Bélier*, le *Taureau* et les *Gémeaux*.

Les jours également éloignés du même solstice sont égaux : ainsi, le 20 mai et le 23 juillet,
le soleil se couche également à 7 h. 43' à Paris,
parce que sa déclinaison est d'environ 20° dans l'un
comme dans l'autre, c'est-à-dire, le soleil étant
éloigné de 20° de l'équateur, il décrit le même
parallèle se trouvant à la même distance de l'é-
quateur, soit le 20 mai lorsqu'il s'en éloigne pour
monter vers le tropique, soit le 23 juillet en se
rapprochant de l'équateur après le solstice d'été.

Quand le soleil, au lieu d'avoir 20° de déclinaison boréale, comme dans le cas ci-dessus, a
20° de déclinaison australe, ce qui arrive le 21

novembre et le 20 janvier, à peu près, la longueur du jour est de la quantité qu'était la longueur de la nuit dans le premier cas, et la durée
de la nuit est égale à la durée qu'avait le jour
quand le soleil décrivait le parallèle semblable
au nord de l'équateur ; parce qu'à 20° de part et
d'autre de l'équateur, les parallèles sont égaux
et également coupés par l'horizon, mais dans un
ordre renversé : on conclut avec raison que l'arc
diurne de l'un des parallèles est égal à l'arc nocturne de l'autre, et que le jour du 20 mai est
égal à la nuit du 20 janvier. Il en est de même
de tous les autres jours du printemps et de
l'automne qu'on peut comparer à des jours correspondans de l'été et de l'hiver ; et l'on trouvera
la même égalité quand il y aura égale distance
du soleil à l'équateur.

Deux pays situés à des latitudes égales, l'un au
nord de l'équateur, l'autre au midi, ont des saisons
toujours opposées : le printemps de l'un est
l'automne de l'autre, l'été du premier fait
l'hiver du second, parce que les arcs diurnes du
côté du nord sont égaux aux arcs nocturnes du
côté du midi, si l'on prend les mêmes jours.

Les pays situés sous le même parallèle du
même côté, par rapport à l'équateur, ont la même
durée du jour, la même saison, à quelque distance qu'ils soient les uns des autres, parce
qu'ayant la même hauteur du pôle et l'axe du
monde étant placé dans le même plan sur l'ho-

rizon de chacun, tous les parallèles y sont coupés de la même manière.

3° La *sphère parallèle* est celle qui a lieu quand
l'horizon est parallèle à l'équateur, c'est-à dire
quand l'équateur même sert d'horizon : c'est cette
sphère que nous avons représentée dans la
planche n° 4. Il n'y a sur la terre que deux
points où cette position ait lieu, ce sont les
deux pôles ; et comme ces deux points sont
inhabités ou inhabitables, il est difficile de vérifier les notions suivantes, que cette situation
suggère.

Le pôle céleste se trouve dans ce cas au zénith ; l'année y est composée d'un jour et d'une
nuit, tous les deux à peu près de six mois : tant
que le soleil est dans les six signes septentrionaux, le pôle boréal est éclairé sans interruption ;
tous les parallèles que le soleil décrit depuis l'é-
quateur jusqu'au tropique du Cancer, sont au-
dessus de l'horizon, et lui sont parallèles : ainsi,
chaque jour le soleil fait le tour du ciel sans
changer sensiblement de hauteur. Dès que le
soleil, après l'équinoxe d'automne, passe dans
les signes méridionaux, il ne reparaît plus sur
l'horizon ; les parallèles qu'il décrit sont en entier
dans l'hémisphère inférieur et invisible, et l'on
est pour six mois dans l'obscurité ; puisqu'on ne
doit excepter que le crépuscule qui commence
environ 52 jours avant que le soleil arrive à l'é-
quateur et paraisse sur l'horizon, et qui ne cesse

Fig. 4.

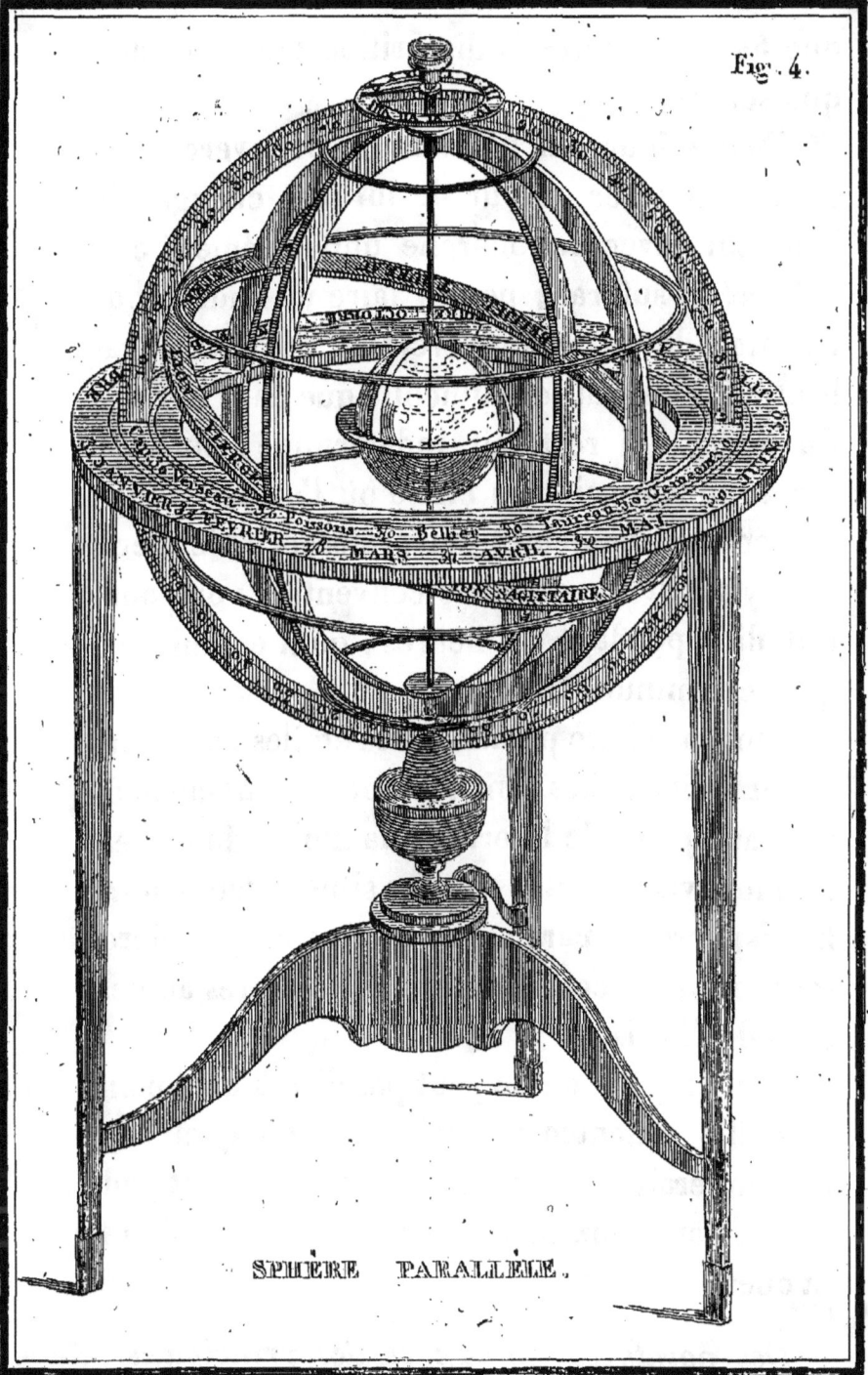

SPHERE PARALLELE.

Gravé par Berthe.

que 52 jours après la disparition totale du disque solaire.

Chaque jour, un habitant du pôle verrait les ombres tourner autour de lui sans changer de longueur, avec une marche uniformément circulaire. Il suffirait, pour y faire un cadran horizontal, de diviser un cercle en 24 parties égales, qui n'offrirait de difficulté que dans le tracé du midi, qui resterait indéterminé, puisqu'il n'y a aucun point du ciel d'où l'on soit obligé de compter les heures par préférence; le méridien y serait une chose de convention; on pourrait dire pendant 24 heures, qu'il est midi ou qu'il est minuit.

Dans la sphère parallèle, les étoiles ne se couchent jamais, elles sont toujours à la même hauteur au-dessus de l'horizon, la moitié du ciel est toujours visible, et les étoiles situées dans l'autre hémisphère ne paraissent jamais; les premières tournent sans cesse au-dessus, les autres au-dessous de l'horizon.

Sous le pôle, on ne peut pas dire à quel point l'aiguille aimantée se dirigerait, ou quel nom on donnerait aux vents, car ces noms sont pour nous relatifs aux points célestes nord, sud, est et ouest.

Des points cardinaux et des principales positions célestes.

En observant les cieux pendant la nuit, il

est essentiel de bien classer leurs différentes
parties en divisions distinctes. Le lever du soleil, ou l'orient, son passage au méridien à
midi, ou le sud, et son coucher, ou l'occident,
déterminent les principaux points de l'horizon.
Le nord, se trouvant en opposition au sud, ne
requiert pas une plus longue explication. Ces
quatre régions sont nommées les *points cardinaux.*

Un principe qu'il faut nécessairement connaître, c'est que, au-dessus de son horizon,
on voit la moitié de tout le firmament, c'est-
à-dire que la moitié des corps célestes est visible, tandis que l'autre moitié reste cachée par
la terre : pour plus de précision et de méthode,
les géographes ont divisé la terre en 360 degrés,
et les astronomes ont étendu ces degrés aux
cieux, de sorte que toute la circonférence de
l'horizon des cieux est supposée divisée en 360
parties proportionnelles, dont 180 restent par
conséquent exposées à notre vue, et qui sont
elles-mêmes divisées en deux parties égales par
le zénith, qui répond verticalement au-dessus
de notre méridien (ou de notre tête), à 90° d'é-
lévation au-dessus de l'horizon.

En observant les cieux, on découvre bientôt
le mouvement apparent en occident, surtout
lorsqu'on compare une étoile quelconque à un
objet terrestre et immobile, tel qu'un clocher :
ce mouvement apparent et général de tous les

cieux est occasioné par la rotation de la terre,
sur son propre axe, dans un direction *contraire*,
c'est-à-dire de l'ouest à l'est : le lever et le
coucher des corps célestes en sont la conséquence naturelle. Ce mouvement de rotation,
qui s'accomplit à peu près en vingt-quatre heures,
porte le spectateur vers les corps qui sont en
dehors de la terre; de là le lever et le coucher
du soleil, la succession du jour à la nuit, et tous
les phénomènes qui en dépendent.

L'observation du mouvement progressif de tous
les cieux de l'orient en occident, le lever des étoiles
à l'est et leur coucher à l'ouest, sont des objets
qui, vus de cette manière, laisseront des impres-
sions plus fortes que les petites représentations des
mêmes phénomènes sur un globe factice. L'immensité de la voûte céleste, le mouvement continuel, uniforme et solennel, l'idée des distances
incommensurables, le nombre infini des étoiles,
ne manquent jamais de remplir l'esprit d'admiration et de reconnaissance envers le créateur
de ces merveilles.

Après s'être familiarisé avec le mouvement
des étoiles de l'orient à l'occident, ou plutôt
avec le mouvement de la terre en une direction
contraire, il est nécessaire de faire attention à
une autre circonstance qui est une conséquence
du mouvement de la terre.

Une seule observation suffira pour prouver que
les étoiles, qui sont immédiatement au-dessus

de l'axe sur lequel on suppose que la terre tourne,
paraîtront stationnaires aux deux extrémités de
cet axe. L'expérience démontre qu'en faisant
tourner un rouage sur un axe fixe, toutes les parties de la circonférence se présentent d'elles-
mêmes aux objets placés à l'extérieur, tandis que
l'axe reste toujours présenté au même objet. Si
l'on suppose un globe tournant sur un axe, l'effet
sera identique; le point de cet axe que l'on appelle
pôle du globe, marquera continuellement le
même endroit, tandis que les autres parties ac-
compliront des circonférences plus ou moins
grandes, suivant qu'elles se trouvent plus ou
moins éloignées de ces pôles.

Il est donc impossible de déterminer les points
des cieux opposés aux pôles de la terre; ceux-ci
paraissent toujours en repos, tandis que les autres
étoiles semblent accomplir une circonférence
journalière autour d'eux. Cependant, comme on
ne peut voir que 90° du ciel, à partir du zénith,
il n'est pas de lieu sur la terre d'où l'on aperçoive
les deux pôles à la fois, excepté à l'équateur, et
alors ils se confondent avec l'horizon : à un seul
degré de l'équateur, vers le nord, de manière à
se trouver à 89° du pôle nord, on verra un
degré au-delà de ce pôle nord, et un degré en
deçà du pôle sud. En France on peut toujours,
eu égard à la latitude, voir 40 à 50° au-delà du
pôle nord, c'est-à-dire que l'élévation moyenne
du pôle nord des cieux, ou bien des étoiles qui

répondent immédiatement au-dessus du pôle nord de la terre, est de 45° pour ce pays.

C'est vers le milieu entre l'horizon et le zénith, dans la partie nord des cieux, que l'on trouve le pôle nord, ou le point qui ne paraît jamais se mouvoir. Il y a une étoile si près de la verticale de l'extrémité de l'axe de la terre, que l'on peut la considérer, pour les usages ordinaires, pour le pôle nord lui-même.

Ayant déterminé le pôle nord, il sera facile d'observer que les autres étoiles se meuvent tout autour, suivant leurs distances, tandis que celle du pôle reste constamment au même lieu. D'autres points remarquables sont les *Pléiades* ou les *sept étoiles*, au sud-est; au-dessous, un peu vers l'est, la grande constellation d'*Orion*, et plus bas *Sirius* ou le Grand-Chien, la plus brillante des étoiles fixes. Les trois étoiles brillantes qui se trouvent en ligne, et qu'on nomme la *ceinture d'Orion* ou les Trois Rois, sont à peu près à distances égales des Pléiades et de Sirius, c'est-à-dire à près de 25° de distance de chacun de ces deux points. Pour être à même de comparer, il est nécessaire de savoir que la plus septentrionale des trois étoiles de la ceinture d'Orion est exactement placée sur l'équateur, de sorte que de cette étoile à l'étoile polaire il y a 90°.

Les Pléiades se trouvent dans le zodiaque, du côté austral, ainsi que l'étoile rouge d'*Aldé-*

3*

baran, placée à côté d'elles : les deux étoiles brillantes à près de 40° vers la gauche, appelées *Castor et Pollux*, ou les Gémeaux, sont également dans le zodiaque et à peu près à 5° au nord de l'endroit où est le soleil le 12 de juillet.

La voie lactée paraît à l'occident, comme un nuage formé de groupes d'étoiles découvertes par les astronomes modernes; on croit que notre soleil et les étoiles isolées que l'on aperçoit de la terre forment une voie lactée à part, puisque tout l'espace est rempli de pareils assemblages d'étoiles innombrables ou de soleils, dont les distances, les uns à l'égard des autres, sont infiniment plus grandes.

Il résulte de ce qui précède qu'un globe céleste rectifié pour marquer les objets, des éphémérides qui indiquent les noms et les lieux des planètes qui se trouvent alors au-dessus de l'horizon, et un télescope pour découvrir ces phénomènes, forment presque la totalité des instrumens dont on ait rigoureusement besoin.

Les étoiles du soir et du matin sont les planètes Vénus et Mercure, ainsi nommées parce qu'elles se couchent et se lèvent avec le soleil. Mars est rouge; Jupiter très-brillant; Saturne est de couleur de plomb; Herschel se trouve à une distance si considérable et Mercure si près du soleil, qu'on ne peut que rarement es distinguer à l'aide d'un télescope.

Des constellations du zodiaque, de leur configu-
ration, du nombre d'étoiles qu'elles contien-
nent, et de leurs grandeurs apparentes.

Les anciens eurent de bonne heure l'idée de
diviser le firmament en constellations, en grou-
pant un nombre d'étoiles sous la forme de
certaines figures, pour aider l'imagination et la
mémoire à concevoir et retenir leur nombre,
leur ordre, et leurs dispositions particulières.

La division primitive des cieux en constellations est donc très ancienne; on voit qu'elle
était connue des premiers auteurs sacrés et
profanes de l'antiquité. Le livre de Job contient
le nom de quelques-unes de ces constellations.

Il est évident que, dans cette première division, ils n'ont pu comprendre que les étoiles
visibles à l'œil nu. La première de ces divisions
est contenue dans le catalogue de Ptolémée,
compris dans le livre septième de son *Almageste*;
elle était préparée, à ce qu'il assure lui-même,
d'après ses propres observations comparées à
celles d'Hipparque, et à celles des autres grands
astronomes de l'antiquité.

C'est sur ce catalogue que Ptolémée a formé
ses 48 constellations, savoir : 12 qui sont dans
l'écliptique, et qu'on nomme communément
les douze signes; 21 constellations qui se trouvent au nord de ce grand cercle, et 15 au midi.
Les constellations boréales sont : la Petite Ourse,

la Grande Ourse, le Dragon, Céphée, le Bouvier, la Couronne boréale, Hercule, la Lyre, le Cygne, Cassiopée, Persée, le Cocher, Ophiucus ou le Serpentaire, le Serpent, la Flèche, l'Aigle, le Dauphin, Pégase, Andromède, et le Triangle.

Les constellations de l'écliptique sont : le Bélier, le Taureau, les Gémeaux, le Cancer, le Lion, la Vierge, la Balance, le Scorpion, le Sagittaire, le Capricorne, le Verseau, et les Poissons.

Les constellations méridionales sont : la Baleine, Orion, l'Éridan, le Lièvre, le Grand Chien, le Petit Chien, le Navire, la Coupe, le Corbeau, le Centaure, le Loup, l'Autel, la Couronne australe, et le Poisson austral.

Les autres étoiles qui ne sont pas comprises dans ces constellations, quoique très visibles à l'œil, étaient désignées sous la dénomination de *sporades*, ou étoiles informes; quelques-unes de ces dernières ont été classées en constellations par les astronomes modernes : on observe cependant que, sur les globes célestes, les figures des constellations ont été dessinées de manière à les comprendre toutes.

Les poètes grecs et romains de l'ancienne théologie imaginèrent des fables sur l'origine des constellations; ces fables donnèrent probablement naissance aux hiéroglyphes égyptiens, et ensuite furent transmises à l'Europe par le cana des Grecs, avec les changements ou alté-

rations qui convenaient le mieux à ces peuples,
qui les arrangèrent d'ailleurs sur les sujets de
leurs propres fables. Il est probable que l'invention des signes du zodiaque, ainsi que ceux du
plus grand nombre des autres constellations de
la sphère, doit être attribuée à un peuple anti-
que, vivant dans quelque climat au nord de la
zone torride, peut-être dans cette partie que
l'on connaît aujourd'hui sous le nom de Tartarie, ou dans les climats qui se trouvent vers
le nord de la Perse et de la Chine. De là, ces
idées ont pu être transmises à la Chine, l'Inde,
Babylone, l'Arabie, l'Égypte, et la Grèce.

Du Zodiaque.

Ce mot est formé du grec ζωον (zôon), *animal*, en raison des constellations qui le composent; d'autres font dériver ce nom de ζωη
(Zôé), *vie*, par suite de l'opinion assez généralement reçue, à certaines époques, que les
planètes avaient une grande influence sur la vie
animale et physique.

Le soleil ne s'écarte jamais du milieu du
zodiaque, c'est-à-dire de l'écliptique; les planètes au contraire s'en écartent toutes plus ou
moins; leur plus grande déviation, appelée leur
latitude, est mesurée par la largeur du zodiaque,
qui par conséquent est tantôt plus, tantôt
moins large, suivant que les latitudes des planètes sont plus ou moins grandes : il en résulte

que plusieurs astronomes font ce cercle de 16°,
de 18°, et d'autres de 20° de largeur.

Le zodiaque se trouve divisé en douze parties
qu'on nomme *signes*; ces divisions ou signes
prennent les noms des constellations qui autrefois occupaient chacun d'eux : mais comme le
zodiaque reste immobile et que les étoiles ont
un mouvement apparent de l'ouest à l'est, ces
constellations ne répondent plus à leurs signes
correspondans; cette rétrogradation se nomme
la *précession des équinoxes*.

Il résulte de ce qui précède que lorsqu'on
dit qu'une étoile se trouve dans tel signe du
zodiaque, on ne doit pas entendre par là que
ce soit la constellation dont il s'agit, mais seulement cette douzième partie du zodiaque qui
comprend l'étoile.

Il est très probable que les figures des signes
du zodiaque sont relatives aux saisons de l'année, ou aux mois de la marche solaire; ainsi,
le premier signe (le Bélier ♈) indique que
vers le temps où le soleil entrait dans l'écliptique,
les agneaux commencent à suivre leurs mères.
La relation fabuleuse de cette constellation,
telle qu'elle nous est venue des Grecs, a du rapport avec l'histoire du bélier d'or de Phryxus,
offert en sacrifice à Jupiter, et qui fut en-
levé, dit-on, par ce dieu, pour être placé
au ciel.

D'après Flamstead, cette constellation contient 66 étoiles, dont une de la deuxième grandeur, deux de la troisième, et les autres beaucoup plus petites.

Le Taureau ♉ a sans doute été placé par les Égyptiens et les Babyloniens dans cette partie du zodiaque que le soleil semble parcourir vers le temps où les vaches mettent bas leurs veaux. On a cru cependant y reconnaître le temps où commençaient les travaux du labourage.

Les fables des Grecs nous apprennent que ce taureau était celui qui transporta Europe vers l'île de Crète, à travers les mers; et que Jupiter, pour récompenser ce service signalé, plaça l'animal, dont il avait lui-même pris la forme, parmi les étoiles.

Le catalogue de Flamstead indique que le Taureau contient 141 étoiles, une de la première grandeur, une de la deuxième, quatre de la troisième, et les autres beaucoup plus petites. La plus considérable, placée à l'œil gauche, porte aussi le nom d'*Aldébaran*.

Le troisième signe, ou les Gémeaux ♊, était autrefois représenté par deux chevreaux; il indiquait la saison où les chèvres mettent bas leurs petits, qui sont toujours au nombre de deux.

Le nombre des étoiles de cette constellation est de 85, une de la première grandeur, deux de la deuxième, cinq de la troisième, et les autres plus petites. Castor et Pollux en sont les plus remarquables.

Le Cancer ♋ est représenté par une écrevisse;
le soleil, en arrivant dans ce signe, semble avoir
donné lieu à cette représentation, par sa marche
rétrograde vers l'équateur : on pourrait également croire que la disposition particulière des
petites étoiles de la constellation correspondante
a fait imaginer cette figure. Les Grecs préten-
dent que lorsque Hercule combattait l'hydre
de Lerne, une écrevisse, qui rampait à terre,
mordit le pied de ce héros; elle fut cependant
écrasée sous le talon de ce demi-dieu; mais
Junon, en reconnaissance de ce service, quoique peu considérable, plaça cet animal au ciel.

D'après le catalogue de Flamstead, le nombre des étoiles de cette constellation est de 83;
elles sont toutes petites, une seule étant de
troisième grandeur.

Le Lion ♌ est le cinquième signe du zodiaque.
Les fables grecques disent que c'était le lion de
Némée, qui tomba de la lune; mais, ayant été
tué par Hercule, il fut placé au ciel par Jupiter,
en commémoration de ce terrible combat, et en
honneur du héros. Il est probable que les Égyptiens n'entendaient rien autre chose que la
grande chaleur produite lors du passage du
soleil dans ce signe; comme, vers le solstice
d'été, les lions sont très nombreux et très dangereux en Éthiopie, cette circonstance donne
la raison pour laquelle les Égyptiens placèrent
ce signe dans une partie de leur zodiaque. On

doit observer aussi que l'emblême du lion servait d'enseigne à la tribu de Juda.

Le nombre d'étoiles de la constellation du Lion, d'après le catalogue de Flamstead, **est** de 95 ; une est de première grandeur, appelée *Régulus* ; trois sont de deuxième grandeur, quatre de troisième, et les autres plus petites.

La Vierge ♍ est représentée comme une fille moitié nue, tenant un épi de blé ; ce qui marque évidemment la saison des récoltes, parmi les peuples qui inventèrent ce signe. Les Grecs nous racontent que cette vierge était autrefois fille d'Astrée et d'Ancora ; elle vivait dans l'âge d'or, et enseignait aux hommes leurs devoirs ; mais, leurs crimes augmentant toujours, elle fut obligée de les abandonner, et alla prendre sa place dans les cieux. Il n'y a point de doute que les Égyptiens ne représentassent leur déesse Isis par cet emblême.

Flamstead compte 110 étoiles dans cette constellation : une de première grandeur, l'Épi ; il n'y en a pas de la deuxième grandeur, mais il s'en trouve six de troisième ; les autres sont beaucoup plus petites.

La Balance ♎ est marquée ainsi, parce que, lorsque le soleil arrive à ce point, vers l'equinoxe d'automne, les jours sont égaux aux nuits, et semblent être pesés à la balance.

Cette constellation n'a aucune étoile de première grandeur ; deux sont de la deuxième grandeur seulement ; elle ne contient que 51 étoiles.

Le Scorpion ♏. Les Égyptiens placèrent probablement cet insecte venimeux dans cette
partie du ciel, pour marquer que lorsque le
soleil y arrive, il hâte le développement de
beaucoup de maladies : ce fléau ne pouvait en
effet être mieux représenté que par un animal
dont la piqûre en occasione plusieurs. Le
nombre des étoiles contenues dans cette constellation est de 44 ; la plus remarquable est *An-
tarès*, le Cœur, de première grandeur ; cinq
sont de troisième grandeur, et les autres beaucoup plus petites.

Le Sagittaire ♐ est représenté sous la forme
d'un centaure, au moment où il tire. Il est probable que le Sagittaire a du rapport avec la
chasse, car c'est en effet dans la saison de cet
exercice que le soleil parcourt ce signe.

Le catalogue britannique donne 79 étoiles au
Sagittaire, qui toutes sont au-dessous de la
deuxième grandeur.

Le Capricorne ♑ est représenté par un bouc
à queue de poisson : c'est une des quarante-huit
constellations dont les noms passèrent de l'Égypte
en Grèce. Quant à sa figure, les Grecs préten-
dent que Pan, pour se soustraire au géant Ty-
phon, se jeta dans le Nil et fut changé en cette
figure ; ce fut en commémoration de cet exploit
que Jupiter l'éleva au ciel. Il est cependant
plus probable, d'après l'observation de Macrobe,

que les Égyptiens marquèrent ainsi cette partie du zodiaque, parce qu'alors le soleil commence à monter vers le nord; le bouc se complait en effet à grimper sur les côtés des montagnes, Le signe du Capricorne amène le solstice d'hiver, relativement à notre hémisphère; mais, les étoiles ayant avancé de tout ce signe vers l'est, le signe du Capricorne correspond maintenant à la onzième constellation, et c'est aujourd'hui lorsque le soleil paraît décrire le signe du Sagittaire qu'arrive le solstice d'hiver.

Suivant le catalogue britannique, la constellation contient 51 étoiles, toutes petites; deux seulement sont de deuxième grandeur.

Le Verseau ♒ est représenté par un courant d'eau sortant d'un vase. Le coucher héliaque du Verseau a lieu vers la fin de juillet, et les anciens prétendaient que les débordemens du Nil provenaient de la *position penchée* qu'avait alors le vase de la constellation.

Cette constellation contient 108 étoiles, toutes petites, et au-dessous de la troisième grandeur.

Le signe des Poissons ♓ est représenté par deux poissons liés ensemble par la queue; l'approche du printemps avertissait alors l'homme que la saison de la pêche allait commencer.

Les anciens prétendaient que ce signe avait toujours une influence funeste. Les Syriens et les Égyptiens se sont long-temps abstenus de

manger du poisson ; et lorsqu'ils avaient à représenter quelque chose d'odieux, ils lui don-
naient l'emblême du poisson.

Suivant le catalogue de Flamstead, cette
constellation contient 113 étoiles, toutes très
petites, et ne dépassant pas la quatrième
grandeur.

Pl. 5.

QUART DE-- CERCLE

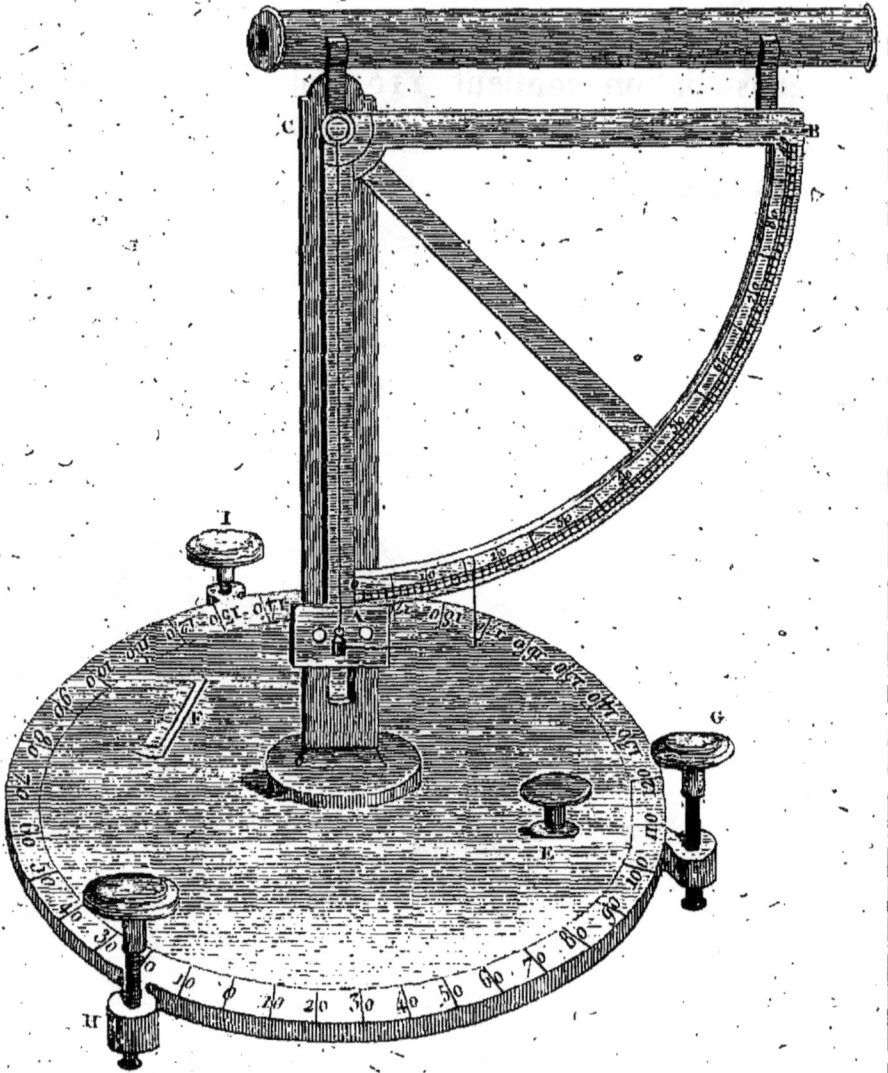

Gravé par Berthe

LEÇON III.

Description des instrumens indispensables au jeune astronome.

Du Quart de cercle.

CET instrument est un des principaux de l'astronomie; il sert à prendre les hauteurs (des petits cercles parallèles à l'horizon, imaginés à des hauteurs différentes, et auxquels correspondent les bords ou le centre du soleil, de la lune, etc., dont on veut mesurer l'élévation au-dessus de l'horizon); c'est là ce qu'on appelle *hauteurs correspondantes.* Le quart de cercle mobile est en même temps un des instrumens les plus anciennement mis en usage; c'est aussi le plus général, le plus indispensable et le plus commode.

Le quart de cercle portatif ne nous rend pas seulement capables de résoudre une foule de problèmes intéressans, mais son usage peut contribuer à faire un bon observateur pratique.

Le quart de cercle A B C (*planche 5*) est monté sur un axe et un pied. L'axe permet de placer l'instrument dans toutes les positions verticales, et le pied mobile dans l'axe du cercle EF, de la base, permet de le placer dans la direction de l'azimut, ou tout autre point du compas.

Le limbe A B, à partir de A, est gradué en degrés et en minutes. Sur le rayon C B se trouve une lunette pour observer les objets. Ce limbe est susceptible d'être élevé ou abaissé, au moyen d'un pignon en C.

Le cercle horizontal est gradué en quarts de cercle de 90 degrés chacun, ceux-ci en minutes et secondes.

Le point *zéro* de ce cercle correspond avec le zéro du vernier Z.

Le quart de cercle, uni à son pied, se meut autour du limbe au moyen de l'engrenage en F, et montre ainsi la position du quart de cercle et par conséquent de l'objet.

Cela posé, on concevra facilement comment on peut mesurer la distance angulaire d'un corps céleste, du zénith, ou toute espèce de hauteur ; ou bien la distance d'un objet terrestre quelconque à tout autre point de l'horizon. On obtient la solution du premier problème au moyen du quart de cercle gradué A B ; et le cercle horizontal gradué E F donne la solution du second. Enfin, ces graduations nous mettent à même de déterminer la hauteur et l'azimut d'un objet céleste quelconque, puisque, au moyen d'une aiguille et d'un compas de variation, on peut placer l'instrument dans le nord et le sud vrais.

Nous supprimons ici une foule de détails sur cet instrument, que l'on rend quelquefois très

Pl. 6.

LUNETTE DE DOLLOND

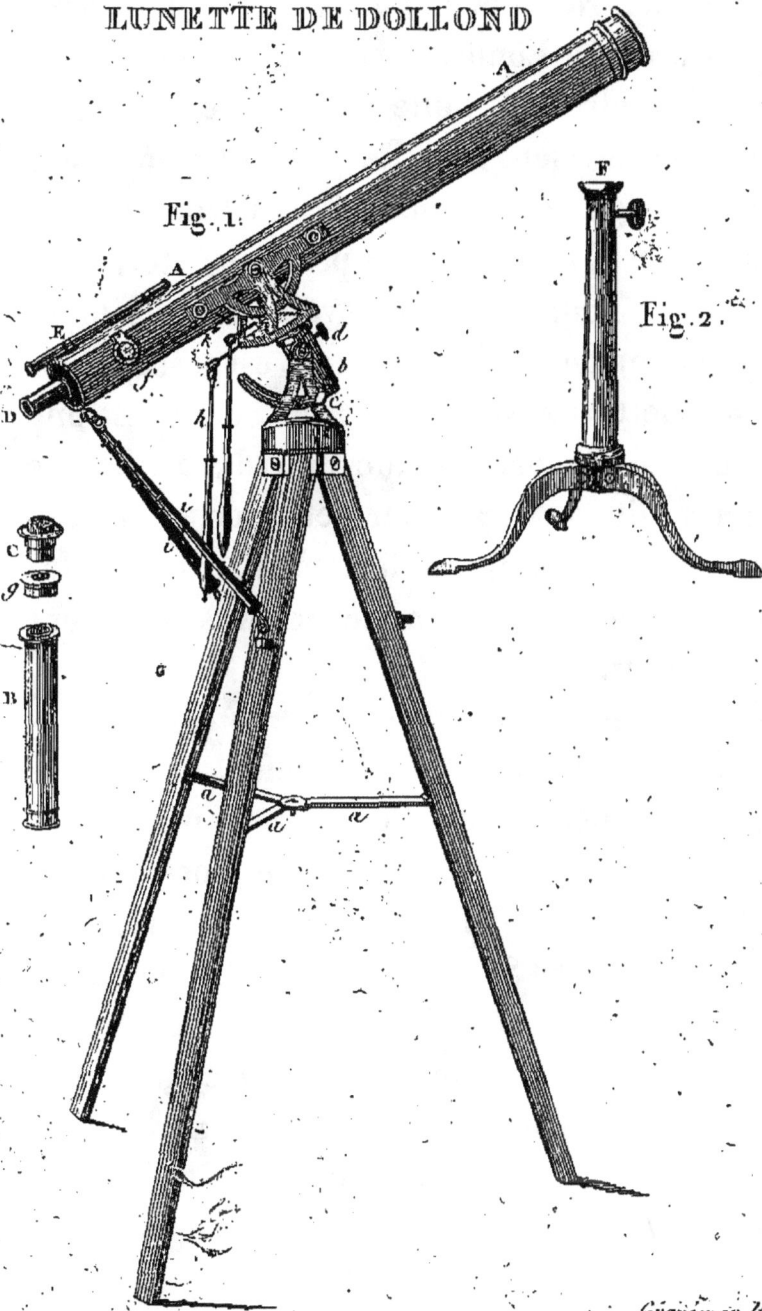

Fig. 1.

Fig. 2.

Gravé par Berthe.

compliqué. Nous le donnons tel qu'il se vend chez Harris, à Londres, en nous abstenant de parler du niveau à bulle d'air, que l'on place dans tous les sens; en F, par exemple, pour s'assurer de l'horizontalité de l'instrument; du fil à plomb C A, des vis de pression, etc., etc., puisque la figure fera concevoir de reste toute l'application dont cet instrument est susceptible.

La lunette fixée au quart de cercle est une découverte importante que Picard, astronome français, fit en 1667, pour cette sorte d'instrument. Elle est assujettie fortement dans la carcasse de l'instrument, par des rebords où passent de fortes vis.

On ne peut se servir du quart de cercle qu'après l'avoir vérifié. Pour cet effet, on observe la hauteur méridienne d'un astre voisin du zénith, dans les deux situations de l'instrument, c'est-à-dire le limbe regardant l'orient et ensuite l'occident. Si la lunette n'est pas bien parallèle à la ligne qui passe par le centre de suspension de l'instrument et par le commencement de la division, elle donnera une hauteur plus grande dans une situation que dans l'autre; la moitié de la différence sera l'erreur des hauteurs dont il faudra toujours tenir compte.

Des Télescopes.

Le télescope est un instrument qui rend plus visibles des objets placés à de grandes distances;

ou bien en d'autres termes, c'est un instrument qui représente les objets éloignés sous un angle plus grand que celui sous lequel il paraît à l'œil nu.

Lorsque la distance de l'objet est très considérable, les effets peuvent tous en être rapportés à la même distance, et l'on peut dire qu'une lunette agrandit l'objet autant de fois qu'elle amplifie l'angle sous lequel elle le représente, comparativement à ce que cet angle paraît à l'œil nu.

Ainsi, la lune paraît à l'œil sous un angle d'un demi-degré à peu près ; par conséquent une lunette qui amplifie les objets de cent fois montrera la lune sous un angle de cinquante degrés ; si elle augmente les objets de deux cents fois, la lune alors paroîtra sous un angle de cent degrés.

Delà il résulte que le but d'une lunette est d'agrandir ou de multiplier l'angle sous lequel les objets célestes se représentent à notre œil ; c'est ainsi que l'on parvient à déterminer et à mesurer le pouvoir amplifiant de cet instrument, et que l'on reconnaît si ce pouvoir est de cinq, de dix, de cent ou de deux cents fois la grandeur apparente de l'objet.

De la Lunette achromatique de Dollond.

La figure 1 de la planche 6 représente cette lunette, qui est une des meilleures qu'aucun

opticien soit parvenu à construire; elle est
supportée à son centre de gravité, et se trouve
garnie d'un engrenage pour faciliter tous les
mouvemens, tant verticaux qu'horizontaux et
obliques; le tout supporté par un pied à trois
branches, maintenues par le ferrement *aaa*, composé de trois barres, jointes par le milieu et attachées aux branches du pied, de telle sorte que
ces barreaux peuvent se coucher le long des
branches du pied, lorsqu'on veut tranporter
l'instrument.

La cheville qui se trouve sous l'engrenage
est faite pour se mouvoir dans le cylindre de
cuivre *b*, et se maintient par une vis de pression *d*, lorsque la lunette est dirigée vers l'objet qu'on a l'intention d'observer. Ce cylindre
tourne sur deux centres, ce qui le rend capable
d'être mis dans la position perpendiculaire à
l'horizon, ou à tout autre angle possible par
rapport à l'horizon; cet angle se détermine par
les divisions de l'arc, et ensuite on le fixe par
la vis en *e*. Lorsqu'on met ce cylindre en correspondance avec la latitude du pays où l'on
observe, et que le plan de l'arc est tourné perpendiculairement au sommet du pied, de manière à se trouver alors dans le plan du méridien,
le cylindre *b* étant fixé suivant l'inclinaison du
pôle du monde, la lunette acquerra alors un
mouvement équatorial, ce qui est toujours de la
plus grande commodité pour l'observateur.

La figure 2 de la même planche représente
un pied dont on fait usage sur une table, ce
qui est souvent plus commode qu'un grand pied
triangulaire en acajou : la lunette et tout son
attirail peut s'ajuster aux deux pieds, suivant
le besoin qu'on peut en avoir, les boîtes se trouvant avoir exactement les mêmes dimensions
aux deux sommets des pieds. Les baguettes
peuvent être attachées aux branches de ce nouveau pied en cuivre, de sorte que l'on obtient
absolument les mêmes avantages que sur l'autre,
avec plus de commodité.

Le tube A A peut être fait en cuivre ou en
acajou, de trois pieds et demi de long. L'objectif achromatique a trois pieds et demi de
foyer, deux pouces et trois quarts de pouce de
diamètre. On fait des lunettes encore assez faciles à manœuvrer, dont le tube a cinq pieds de
longueur, et dont l'objectif est de trois pouces
et un quart de pouce de diamètre.

Le porte-oculaire, représenté en B, contient
quatre verres, propres à voir les objets le jour;
c'est ce qu'on nomme l'oculaire terrestre. Il y
a trois pièces semblables à C qui portent chacune deux verres, pour les objets astronomiques. Toutes ces pièces s'emboîtent dans le
tube D ; en tournant le bouton, ou tête à vis
en *f*, ce tube s'allonge ou se raccourcit, de
manière à permettre d'ajuster les oculaires à la
distance convenable de l'objectif, afin de rendre

l'objet distinct, quel que soit le tube dont on se sert.

Le pouvoir amplifiant de la lunette de trois pieds et demi, avec l'oculaire terrestre, est égal à quarante-cinq; celle de cinq pieds augmente les objets jusqu'à soixante-cinq fois. Avec l'oculaire astronomique, la lunette de trois pieds et demi augmente les objets de quatre-vingts fois, de cent trente fois et de cent quatre-vingts fois; celle de cinq pieds de longueur produit cent dix, cent quatre-vingt-dix et deux cent cinquante fois la grandeur de l'objet.

Lorsqu'on observe le soleil, on se sert d'un verre particulier, en g, coloré en noir ou en bleu, pour garantir la vue, qui serait violemment attaquée sans cette précaution.

Les rouages servent à mouvoir la lunette dans tous les sens, au moyen de deux poignées en h. Lorsqu'on veut changer considérablement la direction de la lunette, on y parvient par la vis d, qui permet alors à la boîte b d'effectuer tous les mouvemens.

Pour trouver plus facilement les objets, et aider à diriger la lunette, particulièrement pour les objets astronomiques, on place parallèlement au grand axe une petite lunette E A, qu'on nomme le *chercheur*, qui est fixée très près de l'oculaire de la grande lunette. Au foyer de l'objectif du chercheur, sont placés deux fils, dont l'intersection se fait à angle droit dans l'axe du tube; et comme le pouvoir amplifiant n'est que de six fois à peu près, le champ de vision est très grand, et permet de trouver à l'instant l'étoile que l'on veut observer, laquelle étant amenée dans l'intersection des deux fils, se trouve alors dans le champ de la grande lunette.

En observant des objets astronomiques, particulièrement lorsqu'on fait usage des verres les plus forts, il est très nécessaire de rendre la lunette aussi fixe que possible; pour cela, on a muni la lunette de deux verges libres en cuivre, et représentées *ii*, qui s'accrochent au pied à volonté; les vibrations en sont considérablement diminuées, de telle manière que l'air ou même un mouvement léger n'y produisent plus aucun effet, et permettent de faire usage des verres les plus forts.

Des Lunettes astronomiques de Harris.

Cet instrument, représenté dans la pl. 7, fig. 1re, est achromatique, à tuyaux, et monté sur son pied de cuivre.

La table suivante donnera au lecteur une idée plus exacte des dimensions et des forces amplificatives des lunettes, que tout ce qu'on pourrait en dire dans la suite de cet ouvrage.

Pl. 7.

LUNETTE DE HARRIS.

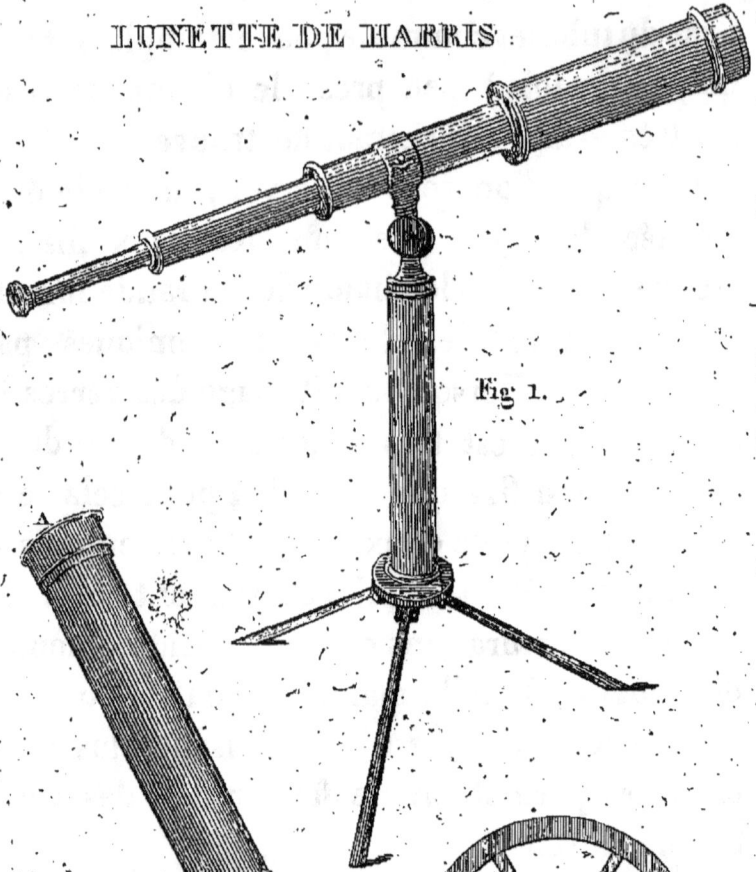

Fig. 1.

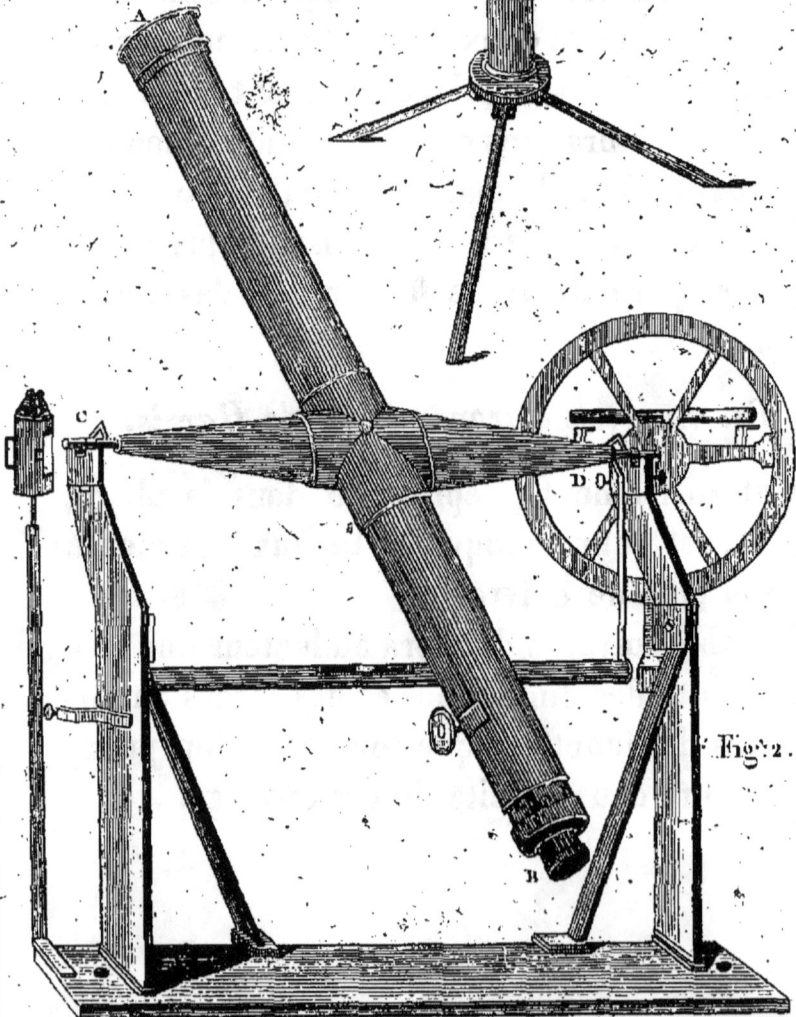

Fig. 2.

LUNETTE MÉRIDIENNE.

Gravé par Berthe.

Table des dimensions et des forces des Lunettes.

NUMÉROS.	LONGUEUR en observant.	LONGUEUR du corps.	DIAMÈTRE de l'objectif.	MULTIPLES de l'objet amplifié.	POIDS.
	pouces.	pouces.	pouces.		onces.
1	14	5	1,1	22	6
2	16	6	1,2	25	8
3	22	7	1,3	28	12
4	28	9	1,6	35	16
5	40	10	2,0	45	13
6	55	14	2,5	60	50

Le n° 3 permet de bien observer les satellites de Jupiter et l'anneau de Saturne : le n° 6 suffit à toutes les observations astronomiques ordinaires.

De la Lunette méridienne.

Cette lunette, qu'on appelle aussi *instrument des passages*, est d'une aussi grande importance en astronomie que le quart de cercle : on le voit représenté dans la fig. 2, planche 7; la lunette A B passe à travers un axe C D, de deux ou trois pieds de long, terminé par deux pivots qui se placent dans deux supports ; on met cet axe bien horizontal au moyen d'un niveau, qu'on a soin de retourner dans les deux sens pour le vérifier. On rend la lunette bien perpendiculaire à l'axe, en la dirigeant sur un

objet terrestre dans les deux situations de l'axe,
le pivot C étant d'abord à droite et ensuite à
gauche; car si la lunette répond parfaitement
au même point, on est sûr qu'elle est à angles
droits. Pour s'assurer que cette lunette tourne
bien dans le méridien, on observe une étoile
circompolaire au-dessus et au-dessous du pôle;
si l'intervalle des passages est exactement le
même, on peut conclure que le vertical dans
lequel se meut la lunette passe bien par le
pôle, et par conséquent se trouve dans le méridien.

Cet instrument, muni de son chercheur, de
son cercle gradué, et de sa lanterne pour éclairer
l'intérieur, par le point creux en C, donne les
passages au méridien, et par conséquent les
différences d'ascension droite aussi exactement
que par l'observation des hauteurs correspondantes. On élève la lunette vers l'astre qui est
près du méridien, et l'on compte l'heure, la
minute et la seconde où il passe au fil de la
lunette; c'est le temps du passage au méridien.

De la Lunette parallactique.

Cette lunette tourne autour d'un axe dirigé
vers le pôle du monde, et incliné, par exemple,
de 49° à l'horizon de Paris : elle décrit par conséquent le parallèle de l'astre vers lequel elle est
dirigée, semblable à ce qui a été dit ci-dessus
de la lunette de Dollond.

Du Micromètre.

Cet instrument, composé de plusieurs fils placés au foyer d'une lunette, sert à mesurer, par leur intervalle, la grandeur de l'image qu'on y aperçoit. On en doit la découverte à Auzout, qui en 1666 imagina de renfermer l'image d'un objet entre deux fils qu'on rapprochait l'un de l'autre. Un des fils est mis en mouvement au moyen d'une vis au foyer de la lunette : on détermine la valeur de ce mouvement, ou les pas de la vis, en observant avec ces mêmes fils un objet éloigné dont on connaît la grandeur. Par exemple, un objet d'une toise, vu à 113 toises de distance, paraît nécessairement sous un angle de $31'\frac{1}{3}$, comme on le trouve par les tables des sinus : si l'on éloigne les fils du micromètre de manière à comprendre cet espace dans la lunette, et si l'on voit ensuite que le même espace comprend le diamètre du soleil, on sera assuré que cet astre a $31'\frac{1}{3}$ de diamètre apparent.

M. Rochon a appliqué le cristal de roche à *double réfraction*, à la mesure des diamètres des planètes. Dans cette propriété de faire voir doubles les objets qu'on regarde à travers ce minéral, l'écartement des deux images dépend des positions de l'œil, du cristal et de l'objet. Voici l'idée qu'on doit se faire de ce nouvel instrument. Lorsqu'une lunette est munie d'un de ces cristaux, on regarde de loin un disque

noir, peint sur un fond blanc ; le cristal du tube
doit être placé de manière à présenter les deux
images en contact. On marque sur le tube la
place où se trouve alors le cristal, correspondante au petit angle sous lequel le disque est
vu ; angle que l'on connaît d'après son diamètre
et sa distance. On répète les épreuves avec différens disques, et on continue de graduer le
tube de la lunette pour des diamètres apparens de seconde en seconde ; ces graduations
égales du tube correspondront par conséquent
à des accroissemens égaux du diamètre. En dirigeant l'axe vers une planète et amenant la
double image en contact, la graduation correspondante sur le tube de la lunette fera apprécier
le diamètre observé.

Des Réticules.

Les réticules tiennent souvent lieu de micromètres. Le champ d'une lunette est ordinairement garni d'un petit châssis dans lequel il y a
quatre cheveux ou fils tendus. Deux de ces fils
ae, *cg* (*fig.* 15, *pl.* 3) perpendiculaires, représentent l'un le parallèle à l'équateur ou la
direction du mouvement diurne des astres,
l'autre un méridien ou cercle de déclinaison ;
les fils obliques *bf*, *hd*, font des angles de 45°
avec les premiers.

Un autre réticule a été substitué à celui-ci
par Bradley ; c'est le réticule rhomboïde ; on le

place également dans toutes les lunettes , et il
sert à comparer les planètes et les comètes
aux étoiles fixes qui ont à peu près la même déclinaison , ou bien à comparer les petites étoiles
dont on veut faire un catalogue, à quelque étoile
principale qui se trouve à peu près sur leur parallèle.

Des Pendules.

Le pendule est un corps pesant , suspendu
de manière à pouvoir faire des vibrations de va-
et-vient autour d'un point fixe , par la force
de la pesanteur; on appelle aussi ces vibrations
des oscillations. Le point autour duquel le pendule fait ses vibrations est appelé *centre de sus-*
pension ou *de mouvement;* et la ligne droite
qui passe par ce centre , parallèlement à l'horizon apparent, et perpendiculairement au plan
dans lequel le pendule oscille , est appelée *axe*
d'oscillation.

Galilée fut le premier qui imagina de sus-
pendre un corps grave à un fil , et de mesurer
le temps dans les observations astronomiques.
Huygens fit servir ensuite le pendule à la construction des horloges ; c'est donc à ces deux
philosophes que l'astronomie est redevable de
la justesse dont les calculs les plus compliqués
sont aujourd'hui susceptibles.

Les vibrations d'un pendule sont toutes sensiblement isochrones , c'est-à-dire qu'elles se font
dans des espaces de temps égaux.

Comme le temps de l'oscillation dépend de la longueur du pendule et de quelques autres circonstances physiques (la nature des métaux employés), on a besoin, pour le régler et le vérifier, de recourir à la révolution diurne, qu'on sait être parfaitement uniforme.

On a observé la longueur du pendule dans différens pays, et l'on a trouvé les quantités suivantes, exprimées en pouces, lignes et centièmes de ligne, pour le pendule à secondes.

	P.	Lig.	
Sous l'équateur, à 2434 toises d'élévation.....	36	6,	70
Sous l'équateur, à 1466 toises de hauteur.....	36	6,	83
Sous l'équateur, au niveau de la mer.........	36	7,	07
Au cap de Bonne-Espérance, 33° 55′ sud.....	36	8,	07
A Paris, 48° 50′..........................	36	8,	52
A Pétersbourg, 59° 56′....................	36	8,	97
A Pello, 66° 48′.........................	36	9,	17
A Ponoï en Laponie, 67° 4′................	36	9,	17
Au Spitzberg, 69° 50′.....................	36	9,	38

Les horloges à pendule, qu'on appelle des *pendules* par abréviation, sont réglées sur le mouvement moyen du soleil; elles marquent les heures moyennes solaires, c'est-à-dire qu'au bout de chaque année ces horloges doivent se retrouver d'accord avec le soleil, comme elles l'étaient au commencement de l'année, et tous les jours marquer 23ʰ 56′ 4″, dans l'intervalle du passage d'une *étoile par le méridien* au passage suivant. Les astronomes règlent leurs pendules ainsi, afin que l'horloge puisse indiquer

à peu près le temps vrai des différentes observations qu'ils font.

Cependant le retour d'une étoile au même
méridien donnerait une mesure bien plus fixe
et plus égale que le retour du soleil, puisqu'il
indique le mouvement entier de la sphère, et la
rotation complète de la terre; on y trouve cet
avantage qu'une étoile passe toujours à la même
heure. Quand il s'est écoulé une heure, il a
passé 15° de la sphère étoilée par le méridien,
et l'on obtient ainsi les différences d'ascension
droite entre les astres que l'on observe, en
convertissant, à raison de 15° par heure, les
temps qu'on a observés entre leurs passages;
c'est ce qu'on appelle le *temps sidéral*. Ces horloges avancent donc tous les jours de 3′ 56″ à
midi sur le mouvement du soleil, et ne marquent
jamais l'heure du soleil, si ce n'est le jour de
l'équinoxe. On trouve, comme il est dit ci-
dessus, un avantage dans cette manière de régler une horloge, c'est que les étoiles passent
tous les jours au méridien à la même heure
comptée sur l'horloge, au lieu qu'elles y passaient 3′ 56″ plus tôt sur les autres horloges;
mais ce *plus tôt* était relatif au soleil, sur lequel
on a coutume de régler les horloges ordinaires;
c'est une extrême facilité pour ceux qui observent beaucoup d'étoiles au méridien, que
d'apercevoir d'un coup d'œil sur l'horloge,
quelle est l'ascension droite de l'étoile qui va

4*.

passer. Mais pour le passage méridien du soleil
et des planètes, on y trouve l'inconvénient d'être
obligé de faire un calcul pour savoir quel est le
temps vrai ou solaire de chaque observation :
on pourrait avoir deux horloges qui mar-
queraient les deux espèces de temps, ce qui
compléterait à cet égard tout ce qu'on aurait
à désirer.

Pour finir ce que nous avons à dire sur les
instrumens les plus indispensables au jeune
astronome, nous donnons ici l'explication suc-
cincte de ce fameux télescope d'Herschel, qui a
fait faire à cet astronome les principales découvertes dont puisse s'honorer le dix-huitième
siècle.

Du Télescope réflecteur d'Herschel.

Cette immense lunette, de quarante pieds de
longueur, est placée dans la situation nord et
sud vrais. Le tube de la machine est en feuilles
de fer, assemblées par des rivures ; l'épaisseur
de ces feuilles est d'un trente-sixième de pouce.
On a pris le plus grand soin dans l'assemblage,
pour que toutes les parties fussent parfaitement
cylindriques : on passa trois ou quatre couches
de peinture, tant à l'intérieur qu'à l'extérieur,
pour garantir le tout de l'humidité. Ce tube
fut confectionné près de l'endroit où il fut monté,
et porté avec beaucoup de soin, par vingt-
quatre hommes, divisés par brigades de six,

de sorte que deux hommes de chaque côté sou-
tenaient un montant de cinq à six pieds de longueur, dans la direction perpendiculaire; une
pièce de forte toile partait de l'extrémité de
chacun de ces montans, dans laquelle la lunette
était couchée, et elle fut ainsi transportée jusqu'à l'endroit où elle devait être montée. La
longueur du tube seul est de trente-neuf
pieds quatre pouces, et le diamètre de quatre
pieds dix pouces; un calcul approximatif a prouvé
que la construction d'un tube de bois, pour le
même objet, aurait surpassé celui qui existe ac-
tuellement de trois mille livres au moins en poids.
La longueur de la plaque entière (composée de
plusieurs feuilles de fer, de chacune trois pieds
dix pouces de long et vingt-trois pouces et demi
de large) est de près de quarante pieds; et la
largeur (en supposant le tube développé sur un
plan) est de quatorze pieds quatre pouces.

Le grand miroir, qui, par un mécanisme propre, fut amené à la partie inférieure du tube,
est en métal, et a quarante-neuf pouces et demi
de diamètre; mais la partie concave ou la surface
polie n'a que quarante-huit pouces de diamètre;
son épaisseur et de trois pouces et demi, et son
poids de 2118 livres, dont une faible partie a dû
être diminuée lors du polissage. Le mécanisme
permet de poser sur ce miroir, pour le garantir
de l'humidité, un couvert qui s'y applique parfaitement, fait en étain, garni d'un fort anneau

de fer de quarante-neuf pouces et demi de diamètre, de quatre pouces de large, et d'un pouce
et demi d'épaisseur ; cet anneau est en outre
garni de trois fortes poignées : le mécanisme en
facilite extrêmement l'usage sans fatiguer l'instrument en quoi que ce soit.

A l'extrémité supérieure, le tube est ouvert,
et se trouve dirigé vers la partie du ciel que l'on
a l'intention d'observer ; l'observateur a le dos
tourné vers cette partie, et, en regardant dans le
tube, aperçoit l'objet par les rayons réfléchis
du grand miroir vers l'oculaire. Près de l'oculaire se termine un tuyau dans lequel se trouve
l'embouchure acoustique, de sorte que, pendant
que l'œil est à l'oculaire, la bouche correspond
à cette embouchure, pour transmettre, par un
mécanisme particulier, le résultat de l'observation dans l'observatoire, et les ordres des mouvemens à imprimer à la machine, aux ouvriers qui
se trouvent dans l'atelier. Cette disposition extrêmement ingénieuse, permet donc de continuer l'observation, sans être arrêté par les inter-
ruptions qu'occasionent toujours ou le besoin de
prendre des notes, ou celui qui résulte de la
manœuvre nécessaire.

Pour diriger un corps aussi immense à quelque partie que ce soit du ciel, il a nécessairement
fallu employer beaucoup de procédés mécaniques accessoires. L'appareil entier se repose sur
des roulettes, dont le plancher est solidement

posé sur des fondations, et dont les murs sont en partie circulaires ; à l'extérieur, ils ont quarante-deux pieds, et à l'intérieur vingt-un pieds de diamètre. Au centre est une grand axe en chêne, dont les bras énormes servent à soutenir l'édifice souterrain. Autour de ce centre, tout l'édifice se meut horizontalement, au moyen de vingt-huit roulettes, dont vingt sur le mur extérieur et huit sur l'intérieur.

Le mouvement vertical s'obtient au moyen des cordages et de ses garnitures de poulies, passant au-dessus du faîte soutenu par de très grandes échelles ; ces échelles ont quarante-neuf pieds deux pouces de longueur ; il y a une petite galerie mobile, et un escalier pour y monter, le tout pour faciliter les travaux. La facilité avec laquelle on est parvenu à obtenir les mouvemens horizontal et vertical est telle, qu'Herschel remarque, que dans l'année 1789 il observa souvent Saturne pendant deux ou trois heures, avant et après son passage méridien, n'ayant près de lui qu'une seule personne pour imprimer les mouvemens.

Sur la plate-forme se trouvent deux chambres, dont l'une, appelée l'observatoire, a huit pieds cinq pouces de long sur cinq pieds cinq pouces, l'autre, un peu plus petite dans ses dimensions, est destinée aux divers travaux de la machine. Ces deux pièces contiennent aussi les instrumens les plus indispensables aux observations, tels que pendules, lunettes secondaires, etc.

Nous espérons que le lecteur pourra à peu près juger des dimensions du télescope d'Herschel et de la facilité qu'un tel instrument donnait à l'observation, puisqu'avec les oculaires propres, cet astronome amplifiait jusqu'à six mille fois l'objet qu'il considérait, ce qui est sans contredit le maximum des forces amplificatives auxquelles on soit jamais arrivé.

Il est certain que des astronomes observateurs peuvent être découragés, en réfléchissant que leurs découvertes peuvent-être observées par anticipation, au moyen de ce télescope parfait; car il est évident que, quels que soient leurs avantages, il peut leur manquer beaucoup sous le rapport de l'instrument. Il ne fallut pas en effet un télescope de la grandeur de celui-ci pour observer l'étoile qu'Herschel découvrit être une planète, et à laquelle on a généralement donné son nom, car ce corps a été classé dans les catalogues d'étoiles deux siècles avant le nôtre. Le double anneau de Saturne, avait été décrit par Cassini, dans les Mémoires de l'académie; mais le télescope d'Herschel a seul pû en déterminer les porportions avec exactitude. Les personnes qui désireront un détail plus exact de cet instrument, le trouveront dans les Transactions de la société royale de Londres, année 1795, où on a donné dix-huit planches et soixante-trois pages d'impression, qui offrent une explication très détaillée des travaux de menuiserie, de charpenterie et de serrurerie, etc., qui ont été nécessaires à son établissement.

La machine fut complétée le 28 août 1789, jour où l'on découvrit le 6e satellite de Saturne.

De la machine planétaire appelée Orerie.

Cette machine est composée de plusieurs globes qui sont soutenus par des bras, représentant les planètes de notre système avec le soleil à leur centre de mouvement; tout en offrant plusieurs des phénomènes les plus remarquables dont ces corps sont doués, cette machine est cependant susceptible d'induire en erreur par rapport aux distances relatives qu'il est impossible d'observer dans sa construction.

L'Orerie n'est absolument d'aucun usage à l'astronome, et nous en retranchons ici la description qui se trouve dans l'ouvrage anglais, puisqu'on peut facilement et mieux se représenter le système solaire par la planche 8, où l'on observe les distances, et par la planche 9, où l'on observe les grandeurs.

Il y a une orerie dans une des salles de la bibliothèque du roi, qui peut servir de modèle, puisque cette machine est aussi parfaite qu'elle peut l'être.

————

LEÇON IV.

De l'astronomie des premiers âges, jusqu'à Copernic.

———

L'ASTRONOMIE enseigne à connaître les étoiles, les planètes, les satellites, et principalement le soleil qui nous éclaire et dont l'influence produit la fécondité sans cesse renaissante de notre globe. Cette science apprend aussi à connaître les mouvemens, les périodes, les éclipses, les grandeurs, les distances et les divers phénomènes de tous ces corps.

C'est sur la perfection où l'on parvient en astronomie, que se fondent les principes de la navigation, de la géographie, de la chronologie et de la gnomonique.

De tout temps, l'inspection du ciel a attaché les hommes au désir de connaître les lois et les mouvemens des corps qui s'y trouvent comme fixés ; particulièrement dans les pays où la sérénité du ciel et le dégagement de toute espèce d'atmosphère chargée de nuages, montraient les étoiles dans tout leur éclat, pendant leur longue course nocturne.

Le lever et le coucher du soleil, de la lune et

des étoiles, ainsi que les élévations différentes du soleil à diverses périodes de l'année; les nombreuses étoiles qui embellissent le firmament dans leurs saisons respectives, et qui furent adoptées comme des signes de ces saisons; tout ce spectacle mena bientôt à la connaissance du mouvement du soleil dans une orbite inclinée à l'équateur; aux mouvemens de la lune, à ses phases et à ses éclipses, et enfin aux mouvemens des planètes dans leurs orbites. On a dit que l'astronomie était fille de la paresse, comme la géométrie était celle de l'intérêt, et la poésie celle de l'amour; cette assertion est mal fondée, si on considère que l'astronomie n'est pas seulement une science spéculative, mais que son usage est aussi étendu que ses recherches sont profondes; c'est à elle que la navigation doit sa sûreté, le commerce son extension, et la géographie sa perfection. Mais ce qui fait sans contredit son plus grand éloge, c'est qu'elle est la cause de l'universalité des connaissances et de la civilisation du genre humain. On peut considérer la science de l'astronomie comme la plus sublime de toutes, comme la plus intéressante et la plus utile sur laquelle l'homme ait jamais employé ses facultés ou engagé son attention. En élevant l'esprit au-dessus des préjugés vulgaires, cette science favorise les développemens de l'intelligence; elle empreint fortement la conviction de l'existence, de la sagesse et de la bonté de.

l'Être suprême. Est-il une chose capable de re-
hausser davantage la gloire de l'esprit humain,
que de voir les atomes qui habitent ce globe infiniment petit et confondu au milieu des mondes
innombrables, contempler l'univers, comprendre cet arrangement divin, et partager en quelque sorte, par des études audacieuses, le travail
merveilleux qu'un Dieu tout-puissant pouvait
seul établir?

Les Chaldéens furent considérés comme les
premiers astronomes par tous les historiens tant
sacrés que profanes. Mais, à dire vrai, il n'exista
jamais de nation connue sous ce nom, ni de
royaume de Chaldée. Les Écritures font mention
d'une nation connue sous le nom de *Chasdim*,
c'est-à-dire hommes de *Chas*, Scythes ou *errans*,
qui arrivèrent en Assyrie et en Égypte, long-
temps avant Jérémie. La Chaldée n'était qu'un
très petit territoire, au midi de Babylone, et
affecté à ces peuples. C'est là qu'ils instruisaient
les prêtres de cette dernière ville dans l'art de
prédire les révolutions célestes. Les calculateurs
du temps, les mages et autres, ont toujours été désignés sous le nom de Chaldéens, d'après Laërce.
Les Persans les appelaient *mages*, au rapport de
de Dion Chrysostome: ils étaient employés au
service de leurs dieux; mais les Grecs, ignorant
l'acception de ce mot, l'appliquèrent en général
à tous ceux qui s'adonnaient à la magie, science
entièrement inconnue aux Persans. Le nom passa

des Scytes-Mages, avec les *Pélasges*, aux nations
Celto-Scytiques. Mais la philosophie chaldéenne
ne fut pas enseignée, d'après la manière grecque,
par des professeurs publics et indifféremment à
toute sorte d'auditeurs. Elle était réservée à certaines familles privilégiées qui s'adonnaient entièrement à cette étude, et qui vivaient exemptes
des affaires et des devoirs publics. C'étaient là
les prêtres que les Babyloniens appelaient des
Chaldéens. Il y avait dans la Babylonie, dit
Strabon, des habitations particulières affectées
aux philosophes de ce pays, que l'on désignait
sous le nom de Chaldéens; ils habitaient la partie de cet empire voisine de l'Arabie et du golfe
Persique.

Il paraît que l'astronomie pratique des premiers
âges se réduisait aux observations des éclipses,
au lever et au coucher des principales étoiles, et
à leurs occultations par la lune et les planètes.
La route du soleil était suivie par le moyen des
étoiles qui se trouvaient éclipsées par les crépus-
cules et peut-être par les variations de l'ombre
méridienne du disque du soleil. Les mouvemens
des planètes étaient déterminés par les étoiles
dont elles approchaient le plus dans leur course.

Pour distinguer ces corps et reconnaître leurs
mouvemens divers, le ciel fut divisé en constellations. La zone ou bande des cieux dans laquelle le soleil, la lune et les planètes se meuvent,
fut appelée zodiaque. On le divisa en douze cons-

tellations, savoir : Le Bélier, le Taureau, les Gémeaux, le Cancer, le Lion, la Vierge, la Balance,
le Scorpion, le Sagittaire, le Capricorne, le Verseau et les Poissons. On les appelait les douze
signes, parce qu'ils servaient à désigner les saisons. Ainsi, au temps d'Hipparque, l'entrée du
soleil dans *Aries*, le Bélier, marquait le commencement du printemps ; après quoi il décrivait les autres signes du Taureau, des Gémeaux,
etc., Mais le mouvement rétrograde des équinoxes a changé depuis la coïncidence des saisons ; cependant les observateurs, accoutumés
à marquer le commencement du printemps dans
le signe du Bélier, ont continué de le placer de
la même manière, et ont distingué les signes
du zodiaque des constellations correspondantes;
les premiers ne sont plus que fictifs et servent
seulement à désigner la course du soleil dans
l'écliptique, tandis que les secondes, c'est-à-dire
les constellations, passent successivement dans
d'autres signes, en raison de leur mouvement
rétrograde.

Ainsi, il faut concevoir l'écliptique partagée
en douze *signes* ou arcs de 30°, auxquels on
a imposé les noms de Bélier, Taureau, etc.,
signes que le soleil semble décrire succesive-
ment chaque année. Ces noms sont ceux des
constellations les plus remarquables de la zone
zodiacale, qui autrefois ont servi à dénommer
les arcs d'écliptique qui les traversaient ; le signe

du Bélier était alors un arc de cercle ayant 30°
et traversant la constellation du Bélier, et ainsi
des autres. Mais depuis cette époque, qui remonte
à plus de deux mille ans, la *précession* des équinoxes a paru reporter le ciel entier de 30° vers
l'orient, ce qui fait que les *signes* ne se trouvent
plus dans la région des *constellations* de même
nom. Le signe du Bélier est maintenant dans la
constellation des Poissons, et le signe du Taureau dans celle du Bélier, etc., de manière qu'à
l'équinoxe du printemps, le soleil semble correspondre près de la constellation du Verseau; par
la suite des temps, il rétrogradera successivement
du Verseau au Capricorne, de là au Sagittaire,
etc.

On ne doit donc pas confondre les signes avec
les groupes d'étoiles qui portent le même nom, les
signes étant maintenant plus éloignés vers *l'Occident* d'environ 30° que la constellation correspondante. Au printemps, le soleil entre à la fois
dans le signe fictif du *Bélier* et dans la constellations des *Poissons*; aux solstices, le même astre
entre dans les signes du *Cancer*, pour l'été, et du
Capricorne pour l'hiver, et décrit réellement les
Gémeaux et le *Sagittaire*. Quelques-uns des
noms donnés aux constellations du zodiaque
paraissent avoir du rapport avec les mouvemens
du soleil. L'Écrevisse, par exemple, semble indiquer le mouvement rétrograde des solstices, et
la Balance, l'égalité des jours et des nuits. Les

autres noms se réfèrent aux climats et à l'agriculture des nations auxquelles le zodiaque doit son origine.

Le ciel fut partagé d'abord en trois parties principales : celle du milieu s'appelait zodiaque, et contenait les plans des orbites que décrivent le soleil et les planètes. La zone avait, des deux côtés, pour limites, deux grandes régions, l'une au nord et l'autre au midi. On réduisit ensuite les étoiles en classes, et on composa des groupes qui reçurent, sous le nom de constellations, chacun une forme et une dénomination particulières. C'est ainsi que le firmament fut peuplé d'hommes, d'animaux et d'êtres de toute espèce. Ces signes qui nous paraissent maintenant si bizarres, n'étaient cependant pas produits par l'imagination ; ils signifiaient l'état de la terre dans les différentes saisons de l'année ; ils s'attachaient aux travaux des champs, et servaient à la fois de calendrier rural et d'éphémérides astronomiques.

La sphère artificielle, telle qu'elle nous est parvenue, n'est pas l'ouvrage des Grecs. Diodore dit que ce fut une invention d'Atlas, nom sous lequel nous devons comprendre les habitans de l'Atlantique ; Newton suppose que le zodiaque avait du rapport avec l'expédition des Argonautes, et croit que Chiron inventa la sphère, pour l'utilité de ces voyageurs. Si cette supposition est vraie, il n'en faut pas conclure que les Grecs

furent les inventeurs de la sphère. Il est à remarquer que la constellation du navire, et particulièrement Canoppus, la plus belle de ses étoiles,
n'était visible dans aucune partie de l'Europe.
Il faudrait donc supposer que même l'astronome
le moins instruit pourrait, pour diriger une expédition maritime, tracer des constellations dont
les principales étoiles ne seraient vues par les
marins, ni à leur départ, ni au retour de leur
voyage. Il n'est pas non plus probable que la
sphère doive son origine à l'Égypte ; car, bien
que l'on puisse supposer que beaucoup de figures
peuvent être des signes hiéroglyphiques, cependant celles du zodiaque ne sont pas conformes à
l'ordre dans lequel les saisons se succèdent en
Égypte. Le Verseau, par exemple, qui dénote
les fortes pluies de l'hiver, ne pouvait pas être
le Verseau de l'Égypte, où l'hiver est la plus belle
saison de l'année et où la pluie tombe très rarement. Il faut donc que la sphère soit originaire
d'un pays plus conforme à l'ordre des constellations. — Les signes du zodiaque, ainsi que les
autres parties de la sphère artificielle, sont d'une
antiquité si reculée, qu'ils ont donné lieu à différentes explications plus ou moins extravagantes.

Suivant Bryant, le zodiaque ne serait qu'un
assemblage de signes hiéroglyphiques : le Bélier
est la représentation d'Ammon ; le Taureau,
celle d'Apis ; le Lion, d'Osiris ; la vierge, d'Isis;
enfin tout le zodiaque n'est que la grande assem-

blée des douze dieux. Les planètes, selon lui, ne sont que les licteurs et les suivans du dieu principal, le soleil; il croit que Newton, dans ses *principes*, pour n'avoir pas assez approfondi les auteurs qui auraient pu l'instruire, est comparable à Samson à qui la chute de ses cheveux fait perdre toutes les forces; toutefois cet antiquaire, quelque fondé qu'il se croie, ne soutient pas plus raisonnablement son système que ne le fait le grand astronome anglais. C'est le soleil qui, par rapport à son influence, donna évidemment naissance à ces nombreux hiéroglyphes significatifs. Cependant le point ne se trouve pas encore décidé, à moins que l'on n'admette que ce ne soient les représentations symboliques des travaux d'Hercule, cmme on a pu le conjecturer d'àprès le fragment de Sanconiathon qui nous a été conservé par Eusèbe. L'astronomie a été cultivée bien des siècles avant la naissance de la mythologie, qui ne fit qu'en consacrer les découvertes. L'établissement de ce culte n'est certainement que d'une date récente, et doit probablement avoir été mis en pratique vers le temps où le Taureau passait dans l'équinoxe du printemps, et le Lion dans le solstice d'été, c'est-à-dire près de 2500 ans avant l'ère vulgaire. A cette époque, tout avait une face nouvelle; cháque symbole de la sphère avait sa signification primitive et un caractère plus auguste. Ces symboles furent consacrés alors, et donnèrent par la suite l'occa-

sion de créer ces fables et ces aventures singuliè-
res, que la poésie finit par embellir de tous les
charmes de l'imagination et de la fiction.

Il a déjà été observé que l'on ne doit pas plus
attribuer l'invention des signes célestes aux
Grecs, que celle des premiers rudimens de la
sphère aux Samoïèdes et aux Lapons; il en est
de même des signes du Zodiaque, à l'égard des
représentations emblématiques des douze fils de
Jacob, qui sont d'un temps et d'un pays qu'il
n'est pas facile de déterminer; on croit qu'ils
doivent leur origine aux Scythes. Il y a dans le
Zodiaque des signes qui sont, en quelque sorte,
applicables à toutes les régions du globe; tels sont
ceux qui représentent le cours et les effets de
l'astre qui éclaire tout, et dont il est par conséquent difficile de se méprendre sur la signification. Ainsi, le Cancer et le Capricorne, qui représentent les limites de la marche du soleil,
ont toujours servi à marquer les solstices; la Balance, qui représente l'équinoxe, est une image
très naturelle de l'égalité des jours et des nuits;
le Bélier et le Taureau sont associés aux travaux
de la vie rurale; et la Vierge, tenant un épi de
blé, s'attache à l'agriculture, tandis que le Sagittaire, les Poissons et le Verseau démontrent
clairement les vicissitudes du climat; les Gémeaux, le Lion et le Scorpion peuvent, sans
beaucoup de difficulté, s'associer à des desseins
analogues et pareils.

La magnificence du soleil, et les avantages
inestimables qui dérivent de son influence, ins-
pirèrent dans l'origine une sorte d'adoration
dans l'esprit de l'observateur. Mais les hommes
n'adorèrent pas seulement l'astre lui-même, ils
adorèrent aussi le pouvoir infini qui agit sur toute
la nature, qui lui donne l'impulsion, et qui,
pour eux, soutenait les cieux, la terre et tout le
système planétaire. Un savant recommandable
a affirmé que la division la plus ancienne de toutes,
celle du Zodiaque indien, avait été empruntée
aux Arabes ou aux Grecs ; mais ceci est une erreur : nous avons au contraire raison de conclure
que les Grecs et les Indiens reçurent cette division
d'une nation plus ancienne, qui, la première,
donna des noms aux astres, et de qui descen-
daient à la fois les Grecs et les Indiens, ce
qu'une similitude de langage et de religion démontre évidemment. C'est ainsi que les noms des
étoiles zodiacales se trouvent dans le *Védam**,
qui, d'après toutes les considérations possibles,
doit incontestablement avoir plus de 3000 ans
de date.

Les observations les plus anciennes qui nous
soient parvenues, sont trois éclipses de lune,
observées à Babylone, dans les années 719 et 720
avant Jésus-Christ. Ptolémée qui les cite dans

---

* Le *Védam* est un recueil de quatre livres, qui constituent le fondement de la théologie des Brames ; ils contien-
-nent les opinions sur Dieu, l'âme et le monde.

son Almageste, les emploie dans sa détermination du mouvement de la lune. Il est certain que
ni lui, ni Hipparque, n'en purent obtenir de
plus anciennes; car l'exactitude de la comparaison est en proportion de l'intervalle qui sépare
les observations extrêmes : cette considération
doit même augmenter notre regret de la perte
d'observations de dix neuf cents années, observations faites par les Chaldéens, dont ils se van-
taient au temps d'Alexandre, et qu'Aristote obtint des mains de Callisthènes.

L'astronomie n'était pas moins ancienne en
Égypte que dans la Chaldée. Les Égyptiens connaissaient, long-temps avant l'ère chrétienne,
que l'excès de l'année de 365 jours était du quart
d'un jour; c'est cette connaissance qui leur fit
imaginer leur période de 1460 ans, qui, suivant
eux, ramenait les mêmes saisons, les mois et les
fêtes de leurs années, dont la longueur était de
365 jours. La direction exacte des côtés de leurs
pyramides vers les quatre points cardinaux, nous
donne une idée très avantageuse de la justesse
de leurs observations. Il est probable qu'ils eurent
aussi des méthodes pour calculer les éclipses;
mais ce qui fait le plus grand honneur à leur
astronomie, est l'observation très importante et
très difficile qu'ils firent du mouvement de
Mercure et de Vénus autour du soleil. La réputation de leurs prêtres leur attira les plus grands
philosophes de la Grèce; et, suivant toute appa-

rence, l'école de Pythagore leur dut les notions saines qu'elle professait, relativement au système de l'univers. Parmi ces peuples, l'astronomie n'était cultivée que dans les temples et par les prêtres qui ne faisaient d'autre usage de leurs connaissances que de consolider l'empire de la superstition dont ils étaient les ministres. Ils la déguisèrent soigneusement sous les emblêmes qui représentaient à l'ignorance crédule, des héros et des dieux dont les actions n'étaient que des allégories, des phénomènes célestes et des opérations de la nature; allégories que le pouvoir de l'imitation, une des causes les plus actives du monde moral, a perpétuées jusqu'à nos jours, en les mêlant à nos institutions religieuses. Pour mieux enchaîner les peuples, ils profitèrent de leur désir naturel de pénétrer dans l'avenir, et ils créèrent l'astrologie. L'homme étant, par l'illusion de ses sens, porté à se considérer comme centre de l'univers, il fut aisé de lui persuader que les mouvemens des étoiles se rapportaient aux évènemens de la vie, et qu'ils pouvaient pronostiquer sa destinée future. Cette erreur, si chère à son amour-propre et si nécessaire à sa curiosité insatiable, semble avoir été contemporaine de l'astronomie. Elle s'est maintenue pendant un laps de temps considérable, car ce n'est que vers la fin du dernier siècle, que la connaissance de nos vrais rapports avec la nature l'a fait oublier.

La prédiction des éclipses et le réglement de l'almanach furent toujours considérés comme des objets importans, et pour lesquels les Chinois établirent un tribunal de mathématiques; mais l'attachement scrupuleux de ce peuple à ses anciennes coutumes, qui s'étendait même jusqu'aux règles astronomiques, a été la principale cause qui a fait rester cette science dans son état d'imperfection.

Les tables indiennes indiquent une astronomie beaucoup mieux entendue; mais tout y montre qu'elles ne sont pas très anciennes. Les tables ou éphémérides ont deux époques principales; l'une de l'année 3102, et l'autre de l'année 1491 avant l'ère chrétienne. Ces époques se lient avec les mouvemens moyens du soleil, de la lune et des planètes, de telle manière que l'une des deux est évidemment une fiction. Un astronome anglais a prétendu que la première de ces époques est fondée sur l'observation; cependant je crois que cette période ne fut inventée que dans le dessein de donner une origine commune à tous les mouvements des corps célestes du Zodiaque. En effet, si on compte suivant les tables indiennes, de l'année 1491 à 3102, on trouve bien une conjonction générale du soleil et de toutes les planètes, comme ces tables l'indiquent; mais cette conjonction diffère trop du résultat de nos meilleures tables, pour avoir jamais eu lieu; ceci montre que l'époque à

laquelle i's la rapportent, n'a pas été établie par
l'observation.

Les Grecs ne cultivèrent l'astronomie que long-
temps après les Égyptiens, dont ils étaient les
disciples. Il est très difficile de déterminer l'état
exact de leurs connaissances astronomiques, con-
fondues dans les fables qui remplissent la première
partie de leur histoire. Il paraît cependant qu'ils
divisaient le ciel en constellations, à peu près treize
à quatorze cents ans avant l'ère chrétienne; car
c'est à cette époque qu'il faut rapporter la sphère
d'Eudoxe. Leurs écoles nombreuses de philosophie n'ont pas produit un seul observateur avant
la fondation de l'école d'Alexandrie. Ils considé-
raient l'astronomie comme une science purement
spéculative, se laissant souvent entraîner aux conjectures les plus frivoles.

Cependant on trouve dans les rêves philosophiques de la Grèce, quelques idées saines, que
ses astronomes recueillirent dans leurs voyages,
et qu'ils perfectionnèrent par la suite. Thalès de
Milet alla en Égypte, 640 ans avant notre ère,
pour étudier; il fonda l'école ionienne à son retour, où il enseigna la sphéricité de la terre, l'o-
bliquité de l'écliptique, et les vraies causes des
éclipses du soleil et de la lune; il savait même les
prédire, en employant sans doute les périodes
que les prêtres égyptiens lui avaient fait connaître.
Thalès eut pour successeurs Anaximandre, Anaxi-
mène et Anaxagore; c'est au premier que l'on

attribue l'invention du gnomon et des cartes géographiques, que les Égyptiens paraissaient déjà
connaître. Anaxagore fut persécuté par les Athé-
niens pour avoir enseigné les vérités de l'école
ionienne. Ils lui reprochèrent d'avoir détruit l'influence des dieux sur la nature, en voulant réduire
les phénomènes à des lois immuables, ce qui constitue aujourd'hui la philosophie de Képler et de
Newton. Il fut proscrit avec ses enfans, et ne dut
son salut qu'à la protection de Périclès, son disciple et son ami, qui réussit à faire commuer la
sentence de mort en un bannissement perpétuel.
C'est ainsi que la vérité, pour s'établir sur la terre,
a toujours dû combattre les préjugés, et a plus
d'une fois été fatale à ceux qui la découvraient. Il
sortit de cette même école le chef d'une autre école
beaucoup plus célèbre. Pythagore naquit à Samos
590 ans avant J.-C.; il fut d'abord disciple de
Thalès, qui lui conseilla de voyager en Égypte,
où il consentit à se faire initier dans les mystères
des prêtres, pour obtenir ainsi la connaissance
de leurs doctrines. Les Bramines ayant attiré
sa curiosité, il alla les visiter jusqu'aux rives du
Gange. A son retour dans son pays, il fut obligé
d'en sortir à cause de la tyrannie qui y régnait,
et il se retira en Italie, où il fonda une école
qui porta son nom. Toutes les vérités astronomiques de l'école ionienne y furent enseignées,
mais avec des développemens remarquables ; et
ce qui la distingua particulièrement, fut la con-

naissance des deux mouvemens de la terre, l'un sur son axe et l'autre autour du soleil. Pythagore cacha soigneusement ces vérités au peuple, à l'imitation des prêtres égyptiens, de qui il tenait sans doute cette connaissance ; mais son système fut mieux expliqué et plus clairement avoué par son disciple Philolaüs. Suivant les pythagoriciens, non seulement les planètes, mais les comètes se meuvent autour du soleil, et ces dernières ne sont pas des météores passagers, mais bien l'ouvrage éternel de la nature. Ces opinions, parfaitement d'accord avec le système de l'univers, furent admises par Sénèque, avec cet enthousiasme, qu'une grande idée sur le sujet le plus vaste de la contemplation humaine excite naturellement dans l'âme d'un philosophe. «Que l'on ne s'étonne pas, dit-il, que nous ignorions encore la loi du mouvement des comètes, dont l'apparence est si rare, que l'on ne peut prédire ni le commencement ni la fin dés révolutions de ces corps, et qui descendent vers nous d'une distance immense. Il n'y a pas encore 1,500 ans que les étoiles ont été comptées en Grèce, et qu'on a donné des noms aux constellations. Un jour viendra peut-être, où, par l'étude continuelle des âges futurs, les choses qui nous restent cachées paraîtront avec certitude, et l'on s'étonnera qu'elles aient échappé à notre attention. »

On enseignait, dans la même école, que les planètes étaient habitées, et que les étoiles étaient des soleils disséminés dans l'espace, et centres de systèmes planétaires particuliers. Ces vues philosophiques auraient obtenu, par leur grandeur et leur justesse, les suffrages de l'antiquité; mais, ayant été enseignées avec des opinions systématiques, telles que l'harmonie des sphères célestes, et étant dénuées des preuves qui ont été obtenues depuis, par leur concordance avec de nombreuses observations, il n'est pas étonnant que leur vérité, opposée à l'illusion des sens, n'ait pas été admise.

Le plus grand astronome qui vint après Pythagore fut Aristarque de Samos; il soumit à ses observations judicieuses les élémens les plus délicats de l'astronomie. Il observa le solstice d'été de l'année 281 avant J. C. Il détermina le rayon apparent du soleil, qu'il trouva être la 7ᵉ partie de toute la circonférence, quantité moyenne entre les deux limites qu'Archimède assigna quelques années après. Ce qui fit le plus grand honneur à Aristarque, fut sa méthode pour déterminer la distance du soleil à la terre. Il observa l'angle compris entre le soleil et la lune, au moment où il jugea que la moitié du disque de la lune était éclairée par le soleil, et l'ayant trouvé de 96° 7′, il conclut que le soleil était de 15 à 20 fois plus loin de nous que la lune. Nonobstant l'inexactitude de ce résultat, il étendit les bornes de l'univers beaucoup plus loin que l'on n'avait fait jusqu'alors. C'est ce qui démontre que, de tous les astronomes anciens, Aristarque eut les notions les plus justes de la grandeur de l'univers.

Eratosthène son disciple, doit principalement sa célébrité à sa mesure de la terre et à ses observations sur l'obliquité de l'écliptique. Ayant, au solstice d'été, à Syène dans la Haute-Égypte, remarqué un puits dont toute la profondeur était éclairée par le soleil, il fit la comparaison avec la latitude du soleil observée, au même solstice, à Alexandrie ; il trouva que l'arc céleste compris entre les zéniths de ces deux endroits était de la 50ᵉ partie de toute la circonférence ; et comme leur distance était de 500 stades, il fixa la longueur totale de toute la circonférence terrestre à 250,000 stades. L'incertitude qui existe sur la valeur des stades ne nous permet pas d'apprécier l'exactitude de cette mesure.

De tous les astronomes de l'antiquité, Hipparque est celui auquel la science est le plus redevable, pour le grand nombre de ses observations et les résultats importans qu'il obtint, comparativement à ceux des astronomes qui l'avaient précédé, ainsi que pour l'excellente méthode qu'il suivit dans ses recherches. Il florissait à Alexandrie, 140 ans avant notre ère. Peu satisfait de ce qui avait été fait jusqu'alors, il se détermina à tout recommencer et à n'admettre de résultats que ceux qui seraient fondés sur un nouvel examen des observations antérieures, ou sur des observations entièrement nouvelles, plus exactes que celles faites par ses prédécesseurs.

Rien ne donne une preuve plus forte de l'incertitude des observations égyptiennes et chaldéennes sur le soleil et les étoiles, que la nécessité qui le força de revenir sur les observations de l'école d'Alexandrie, afin d'établir ses théories du soleil et de la précession des équinoxes. Il détermina la longueur de l'année, en comparant une de ses observations du solstice d'été, avec une autre faite par Aristarque de Samos, quarante-cinq années avant; il la trouva de 365,24667 jours. Ce calcul est en excès de près de 4 minutes et demie; mais il remarqua lui-même le peu de confiance que l'on doit avoir à une détermination d'observations solsticiales, et l'avantage qu'il y a à se servir d'observations équinoxiales. Hipparque reconnaît qu'il s'écoule 187 jours de l'équinoxe du printemps à celui d'automne, et 178 seulement de ce dernier équinoxe à celui du printemps. Il observe aussi que ces intervalles sont inégalement divisés près des solstices, de manière qu'il s'écoule 94 jours et demi de l'équinoxe du printemps au solstice d'été, et 92 et demi seulement de ce solstice à l'équinoxe d'automne.

Pour expliquer ces différences, Hipparque suppose que le soleil se meut uniformément dans une orbite circulaire; mais, au lieu de placer la terre au centre, il la croit d'un 24e de rayon plus rap-

prochée, et fixe ensuite l'apogée au sixième degré des Gémeaux. C'est avec ces données qu'il
forma les premières tables solaires que l'on trouve
dans l'histoire de l'astronomie. Il est très probable que la comparaison des éclipses, dans lesquelles les équations du centre sont supposées
trop grandes, et augmentées par l'équation annuelle de la lune, confirma Hipparque dans son
erreur, ou peut-être l'y conduisit. Il se trompa
aussi en enseignant que l'orbite elliptique du
soleil était circulaire, et que la vélocité réelle de
ce corps était constamment uniforme. Le contraire est démontré aujourd'hui par des mesures
directes du diamètre apparent du soleil; mais
ces observations étaient impossibles au temps
d'Hipparque, dont les tables solaires, malgré
toutes leurs imperfections, sont un monument
éternel de son génie; Ptolémée les respecta trois
siècles après, sans tenter de les perfectionner.

Ce grand astronome considéra ensuite les
mouvemens de la lune; il mesura la longueur
de sa révolution, en comparant les éclipses, et
détermina à la fois l'excentricité et l'inclinaison
de son orbite; il reconnut le mouvement de ses
nœuds et de son apogée, et de la déterminaison
de sa parallaxe, il entreprit de conclure celle du
soleil, par la largeur du cône de l'ombre terrestre, qui le mena à peu près au résultat obtenu par Aristarque. Il fit beaucoup d'observations de planètes; mais, trop ami de la vérité

pour entreprendre d'expliquer leurs mouvemens
par des théories incertaines, il laissa cette difficulté à résoudre à ses successeurs. L'apparition
d'une étoile nouvelle, qui eut lieu de son temps,
le détermina à entreprendre un catalogue des
étoiles fixes, afin que la postérité reconnût les
changemens qui pourraient s'opérer dans les
apparences du ciel, Il connaissait aussi tous les
avantages qu'on pourrait tirer de ce catalogue,
pour les observations de la lune et des planètes.
La méthode qu'il employa était celle d'Aristilles
et de Timocharès. La récompense d'un travail à
la fois si pénible et si long, fut la découverte
importante de la précession des équinoxes. En
comparant ces observations avec celles des astronomes antérieurs, il découvrit que les étoiles
avaient changé de situation à l'égard de l'équateur, mais qu'elles avaient conservé la même
latitude à l'égard de l'écliptique ; de sorte que,
pour expliquer ces différens changemens, il
suffit de donner un mouvement direct à la
sphère céleste autour des pôles de l'écliptique,
qui produit un mouvement rétrograde des équinoxes à l'égard des étoiles ; mais il n'annonça sa
découverte qu'avec quelque réserve, dans le
doute où il était de l'exactitude des observations
d'Arystilles et de Timocharès. La géographie
doit à Hipparque la méthode de déterminer les
les lieux de la terre par leur latitude et leur
longitude, pour lesquelles il fut le premier à

employer les éclipses de la lune. On lui doit aussi la trigonométrie sphérique, qu'il appliqua aux calculs nombreux que ces recherches requéraient.

Les principaux ouvrages d'Hipparque ne nous ont pas été transmis; ils périrent dans l'incendie de la bibliothèque d'Alexandrie, et nous ne les connaissons que par les Almagestes de Ptolémée.

L'intervalle de près de 300 ans qui sépara ces deux grands astronomes, produisit quelques observateurs, tels qu'Agrippa, Ménélaüs et Théon. On doit aussi placer vers cette époque la réforme que subit le calendrier par Jules César, et la connaissance précise des mouvemens de la mer. Possidonius observa la loi de ce phénomène, qui appartient à l'astronomie, par sa relation évidente avec le mouvement du soleil et de la lune, et dont Pline le naturaliste a donné une description remarquable par son exactitude.

Ptolémée, né à Ptolémaïs en Égypte, florissait à Alexandrie vers l'année 130 de notre ère. Hipparque avait conçu le projet de réformer l'astronomie et d'établir la science sur de nouveaux fondemens. Ptolémée continua ce travail, trop vaste pour être accompli par un seul individu; il nous a donné un traité complet de cette science, dans son grand ouvrage intitulé l'*Almageste.*

Sa découverte la plus importante est l'*érec-*

tion de la lune. Les astronomes n'avaient considéré le mouvement de ce corps que relativement aux éclipses ; en suivant la lune dans toute sa course, Ptolémée reconnut que l'équation du centre de l'orbite lunaire était moindre dans les syzygies que dans les quadratures ; il détermina la loi de cette différence, et établit sa valeur avec beaucoup de précision. Pour la représenter, il fit mouvoir la lune sur un épicycle excentrique, suivant la méthode attribuée à Apollonius le géomètre, et qui avait été employée auparavant par Hipparque.

Il était généralement reçu parmi les anciens que le mouvement circulaire uniforme, étant le plus simple et le plus naturel, devait nécessairement être celui des corps célestes. Cette erreur fut maintenue jusqu'au temps de Képler, et elle l'embarrassa long-temps dans ses recherches. Ptolémée l'adopta, et, plaçant la terre dans le centre des mouvemens célestes, il tâcha de représenter leurs inégalités dans cette fausse hypothèse. Eudoxe avait auparavant imaginé, pour cet objet, que chaque planète était attachée à différentes sphères concentriques, et jouissait de différens mouvemens ; mais cet astronome n'ayant pas expliqué de quelle manière ces sphères, par leur action sur les planètes, produisent la variété de leurs mouvemens, son hypothèse mérite à peine que l'on en fasse mention dans un traité d'astronomie.

Une hypothèse beaucoup plus ingénieuse consiste à faire mouvoir, sur une circonférence dont la terre occupe le centre, celle d'une autre circonférence sur laquelle se meut une troisième, et ainsi de suite jusqu'à la dernière circonférence, sur laquelle on suppose que le corps se meut uniformément. Si le rayon d'un de ces cercles surpasse la somme des autres, le mouvement apparent du corps autour de la terre sera composé d'un mouvement uniforme moyen, et de plusieurs inégalités dépendant des proportions de ces divers rayons, des mouvemens de leurs centres, et de celui de l'étoile. En augmentant leur nombre et en leur donnant des dimensions analogues, on peut représenter les inégalités de ce mouvement apparent.

Telle est la manière la plus générale de considérer les hypothèses des cycles et des excentriques, que Ptolémée adopta dans ses théories du soleil, de la lune et des planètes. Il supposa que ces corps se mouvaient autour de la terre dans l'ordre suivant des distances : la lune, Mercure, Vénus, le soleil, Mars, Jupiter et Saturne. Les astronomes étaient divisés dans leurs opinions sur la position de Mercure et de Vénus. Ptolémée suivit l'opinion la plus ancienne et les plaça sous le soleil; d'autres les plaçaient au-dessus, et enfin les Égyptiens les faisaient mouvoir autour du soleil.

Il est singulier que Ptolémée ne fasse pas

mention de cette hypothèse, qui est l'équivalent de placer le soleil dans le centre des épicycles de ces deux planètes, au lieu de leur faire décrire un mouvement autour d'un centre imaginaire. Mais, étant persuadé que son système seulement pouvait être adopté pour les trois planètes supérieures, il l'appliqua aussi aux deux inférieures, et fut trompé par une fausse application du principe de l'uniformité des lois de la nature, qui, dans l'hypothèse des Égyptiens sur les mouvemens de Mercure et de Vénus, aurait pu le mener au vrai système du monde. Mais, quand même les épicycles pourraient représenter les inégalités des mouvemens des corps célestes, il serait toujours impossible de représenter les variations de leurs distances. Ces variations étaient presque insensibles dans les planètes du temps de Ptolémée ; car leur diamètre apparent ne pouvait pas alors se mesurer. Ses observations sur la lune auraient dû lui démontrer la fausseté de son hypothèse ; car, suivant cette hypothèse, le diamètre de la lune périgée, dans les quadratures, serait le double du diamètre apogée dans les syzygies. Le mouvement en latitude de ces planètes était une autre difficulté inexplicable par son système, et chaque inégalité que la perfection de l'art de l'observation découvrait, encombrait ce système d'un nouvel épicycle. Ce système, au lieu de se confirmer par les progrès de la science, n'a fait

que se compliquer de plus en plus ; ce qui doit
suffisamment convaincre que ce n'est pas le
système de la nature. Mais, en le considérant
comme une méthode propre à adapter les mouvemens célestes au calcul, cette première ten-
tative de l'intelligence humaine vers un objet si
compliqué fait le plus grand honneur à la saga-
cité de son auteur.

Ptolémée confirma le mouvement des équinoxes, découvert par Hipparque, en comparant ses propres observations à celles de ce grand
astronome. Il établit l'immobilité respective des
étoiles, leur latitude invariable dans l'écliptique,
et leur mouvement en longitude, qu'il trouva
être de 35″ 9 par an, ainsi qu'Hipparque l'avait
supposé.

Nous savons maintenant que ce mouvement
est de près de 50″ par an, qui, en considérant
l'intervalle entre les observations de Ptolémée
et d'Hipparque, fait une erreur de plus d'un degré dans leurs résultats. Quelle que soit d'ailleurs
la difficulté qui existe à déterminer la longitude
des étoiles, lorsque les observateurs n'ont pas
de mesure exacte de temps, on doit néanmoins
être surpris de trouver qu'une erreur aussi
grande se soit commise, particulèrement lorsqu'on considère l'accord parfait des observations que Ptolémée cite comme une preuve de
l'exactitude de son résultat.

L'édifice astronomique bâti par Ptolémée sub-

sista près de quatorze cents ans ; et maintenant
qu'il est entièrement détruit, son Almageste,
considéré comme le dépositaire des observations
anciennes, est un des plus précieux monumens
de l'antiquité. Ptolémée n'a pas rendu des services moins grands à la géographie, en rassem-
blant toutes les longitudes et les latitudes connues
de différentes places, et en posant la fondation
de la méthode des projections, pour la construction des cartes géographiques. Il composa un
long traité d'optique, qui ne nous est pas parvenu, et dans lequel il expliquait les réfractions
astronomiques ; il écrivit aussi des traités sur
différentes sciences, la chronologie, la musique,
la gnomonique et la mécanique. Tant de travaux,
sur des sujets si variés, manifestent un génie supérieur, et lui obtiendront toujours un rang
distingué dans l'histoire des sciences. Lorsque
l'Europe sortit, pour la seconde fois, de l'état
de barbarie, son système dut céder à celui de
la nature ; les hommes se vengèrent du despotisme que Ptolémée avoit si long-temps aidé à
maintenir, et l'accusèrent de s'être approprié
les découvertes de ses prédécesseurs ; de son
temps les œuvres d'Hipparque, et des autres
astronomes d'Alexandrie, étaient suffisamment
connues pour le rendre excusable de n'avoir pas
distingué, de ses propres découvertes, ce qui
pouvait leur appartenir. On doit attribuer la
vogue dont jouirent si long-temps ses erreurs,

aux mêmes causes qui plongèrent de nouveau l'Europe dans l'obscurité. La réputation de Ptolémée a éprouvé le même sort que celle d'Aristote et de Descartes.

Les progrès de l'astronomie, dans l'école d'Alexandrie, se terminèrent par les travaux de Ptolémée. L'école exista encore pendant cinq siècles ; mais les successeurs de Ptolémée et d'Hipparque se contentèrent de commenter leurs ouvrages, sans ajouter à leurs découvertes. A l'exception de deux éclipses mentionnées par Théon, et de quelques observations de Théon d'Athènes, les phénomènes du ciel n'eurent plus d'observateurs pendant plus de six cents ans. Rome, autrefois le siège de la valeur et des sciences, ne fit rien pour l'astronomie. La haute considération qui fut toujours attachée à l'éloquence et aux talens militaires, séduisait tous les esprits ; et la science, n'offrant aucun avantage, fut nécessairement négligée au milieu des conquêtes entreprises par l'ambition, et des commotions intérieures qui détruisirent la liberté pour asservir Rome au despotisme des empereurs. La division de l'empire, conséquence nécessaire de sa vaste étendue, entraîna sa chute, et les lumières de la science, éteintes par les barbares, ne brillèrent plus que chez les Arabes.

Ce peuple, exalté par le fanatisme, après avoir porté ses armes et sa religion sur une par

tie considérable de la terre, ne fut pas plutôt
rendu au repos, qu'il s'adonna aux lettres et
aux sciences ; ce qui eut lieu quelque temps
après qu'ils eurent brûlé leur plus bel ornement,
la fameuse bibliothèque d'Alexandrie. Ce fut en
vain que le philosophe Philoponus mit tout en
œuvre pour la sauver. « Si ces livres, répondit
Omar, sont conformes à l'Alcoran, ils sont inutiles ; et s'ils y sont contraires, ils sont détes-
tables. » C'est ainsi que périt ce trésor d'érudi-
tion et de génie. Le regret suivit bientôt cette
perte irréparable, car les Arabes ne tardèrent
pas long-temps à s'apercevoir qu'ils s'étaient
privés des fruits les plus précieux de leurs conquêtes.

Vers le milieu du 8e siècle, le calife Almanzor
accorda des encouragemens à l'astronomie ;
mais parmi les princes arabes qui se distinguè-
rent par leur amour pour la science, le plus célèbre dans l'histoire est Almamoun, de la famille
des Abassides, et fils du fameux Aaron al Ras-
child, si célèbre dans toute l'Asie. Almamoun
régna à Bagdad en 814. Après avoir défait l'em-
pereur grec Michel III, il lui imposa, parmi les
conditions de la paix, celle de lui remettre les
meilleurs livres de la Grèce. L'Almageste étant
de ce nombre, ce calife le fit traduire en arabe,
et répandit de la sorte la connaissance de l'astronomie, qui avait autrefois fondé la célébrité de
l'école d'Alexandrie. Non content d'encourager

les savans par cette libéralité, il observait lui-
même, et détermina l'obliquité de l'écliptique;
il fit également mesurer un degré du méridien,
dans la vaste plaine de la Mésopotamie.

Les encouragemens que ce prince et ses successeurs donnèrent à l'astronomie produisirent
un grand nombre d'astronomes, parmi lesquels
Albategnius mérita la première place. Nous lui
devons une observation de l'obliquité de l'écliptique, qui, corrigée de la réfraction et de la parallaxe, donne 23° 35′ 46″. Toutes les observations arabes offrent à peu près le même résultat,
lorsqu'on déduit la variation d'un siècle, qui
est de 51″ 5.

Ce grand astronome perfectionna la théorie
du soleil; il réduisit l'excentricité de l'ellipse
solaire à 0.017325, le rayon de l'orbite pris
pour 1. Au commencement de 1750, elle était
de 0.016814. Sa diminution, dans l'intervalle
de 870 ans, était par conséquent de 0.000511.
La théorie de la gravité, de l'illustre Laplace,
qu'on pourrait désigner par le nom de *loi du
mouvement*, en adoptant la valeur la plus probable des masses des planètes, donne 0.003967.
Cette différence tient aux erreurs dont les observations d'Albategnius étaient susceptibles à
cette époque.

Les Perses, long-temps soumis aux mêmes
souverains que les Arabes, après avoir professé
la même religion, secouèrent le joug des califes,

vers le milieu du 11e siècle. A la même époque,
leur calendrier reçut une forme nouvelle, par
les soins de l'astronome Omar Cheyam ; il était
fondé sur une intercallation ingénieuse, qui consistait à faire six années bissextiles tous les
trente-trois ans.

Alphonse, roi de Castille, fut un des premiers
souverains de l'Europe qui encouragèrent le ré-
tablissement de l'astronomie : elle compte peu
de protecteurs aussi zélés, mais il fut mal se-
condé par les astronomes qu'il avait rassemblés
à grands frais : les tables qu'ils publièrent ne
valurent jamais les dépenses qu'ils lui avaient
occasionées.

Le nom de Jules-César aurait dû nécessairement trouver place dans le cours de cette leçon,
puisqu'il fut l'auteur de la réforme du calendrier,
connue sous le nom de *réforme julienne*. Pour
cet effet, cet illustre Romain fit venir Sosigènes
d'Alexandrie, et le 1er de l'an 45 avant notre
ère commença la réforme julienne. On doit se
rappeler que le calendrier attribué à Romulus
faisait commencer à mars une année de 304
jours, distribués en 10 mois : Numa réforma ce
calendrier, et ajouta les mois de janvier et de février. Les troubles de la république ayant fait
négliger les intercallations de Numa, le calendrier présenta une grande confusion et détermina César à faire adopter sa réforme, qui faisait
l'année de 365j 6h.

LEÇON V.

De l'astronomie moderne depuis Copernic jusqu'à nos jours.

Vers cette époque, l'astronomie, se dégageant des limites étroites où elle avait été renfermée, parvint, par des progrès rapides et
continuels, à la perfection où on la voit de nos
jours. Purbeck, Regiomontanus et Maltherus,
aplanirent le chemin, et Copernic de Thorn ac-
céléra les progrès de la science par son système
heureux des phénomènes célestes, produits par
le double mouvement de la terre sur son axe et
dans son orbite autour du soleil.

Fatigué, comme Alphonse de Castille, de l'extrême complication de Ptolémée, Copernic
tâcha de découvrir, dans les écrits des philosophes anciens, un arrangement plus simple de
l'univers. Il trouva que plusieurs d'entre eux
avaient supposé que Mercure et Vénus accom-
plissaient leurs révolutions autour du soleil;
que Nicétas, suivant Cicéron, faisait tourner la
terre sur son axe, et se débarrassait ainsi de
cette vélocité inconcevable que l'on attribuait à
la sphère céleste, pour accomplir sa révolution

diurne. Il apprit d'Aristote et de Plutarque que
les pythagoriciens avaient fait tourner la terre
et les planètes autour du soleil, qu'ils plaçaient
au centre de l'univers. Ces idées lumineuses le
frappèrent ; il les appliqua toutes, avec succès,
aux observations astronomiques que le temps
avait multipliées, et il vit qu'elles convenaient
à la théorie du mouvement de la terre. La révolution diurne des cieux n'était qu'une illusion
due à la rotation de la terre, et la précession
des équinoxes se trouva réduite à un petit mouvement de l'axe terrestre. Les cercles imaginés
par Ptolémée, les mouvemens alternatifs directs
et indirects des planètes, disparurent. Copernic
ne vit dans ces singuliers phénomènes que les
apparences produites par le mouvement de la
terre autour du soleil, et par celui des autres
planètes ; de là il fut conduit à déterminer les
dimensions de leurs orbites, qui étaient inconnues jusqu'alors. Enfin, tout dans ce système
annonçait cette belle simplicité des opérations
de la nature, qui enchante tant l'esprit lorsqu'on
est assez heureux pour la découvrir. Copernic
publia son système dans ses *Révolutions célestes*,
et pour ne pas choquer les préjugés reçus, il
les présenta en forme d'hypothèse. « Les astronomes, dit-il dans sa dédicace à Paul III, ayant
la permission d'imaginer des cercles pour expliquer le mouvement des étoiles, je me crus également en droit d'examiner si la supposition du

mouvement de la terre rendrait la théorie de ces
apparences plus exacte et plus simple. » Ce grand
homme ne fut pas témoin du succès de son ouvrage. Il mourut subitement, à l'âge de soixante-
onze ans, au moment où il venait de recevoir la
première épreuve de ses œuvres. On ne décora
son tombeau d'aucune épitaphe; mais sa mémoire
existera aussi long-temps que les grandes vérités
qu'il a introduites avec une telle évidence,
qu'elles ont enfin dissipé les illusions des sens,
et surmonté les difficultés que l'ignorance des
lois mécaniques leur opposait.

Un accident heureux donna naissance à l'instrument le plus merveilleux que le génie de
l'homme ait jamais inventé, et qui, tout en im-
primant aux observations astronomiques une
précision et une étendue jusqu'alors inespérées,
montra de nouvelles inégalités et de nouveaux
mondes dans les cieux. Galilée connut à peine
les premiers essais du télescope, qu'il essaya de
le perfectionner; le dirigeant vers les étoiles, il
découvrit les quatre satellites de Jupiter, qui montraient une nouvelle analogie entre la terre et les
planètes. Il observa ensuite les phases de la lune,
et dès ce moment il ne douta plus de son mouvement autour du soleil. La voie lactée lui montra
un nombre infini de petites étoiles, que le rayon-
nement confond, à l'œil nu, en une lumière
blanche et continue : les points lumineux qu'il
aperçut au-delà de la ligne qui sépare les parties

brillantes et obscures de la lune, lui donnèrent
connaissance de l'existence et de la hauteur de
ses montagnes. Enfin, il observa les apparences
occasionées par l'anneau de Saturne, les taches
et la rotation du soleil. En publiant ces découvertes, il montra qu'elles prouvaient incontestablement le mouvement de la terre; mais l'idée
de ce mouvement fut déclarée hérétique par une
congrégation de cardinaux, et Galilée fut cité
au tribunal de l'inquisition, et forcé de rétracter
sa théorie pour échapper à la prison.

Dans un homme de génie, la passion la plus
forte a toujours été l'amour de la vérité; plein de
cet enthousiasme qu'une grande découverte ins-
pire, il brûle de la répandre, et les obstacles
causés par l'ignorance et la superstition ne font
qu'irriter et accroître l'énergie de cette passion :
Galilée le prouva. Convaincu du mouvement de
la terre par ses propres observations, il médita
long-temps un nouvel ouvrage où il se proposait
d'en développer les preuves. Mais, pour se mettre à l'abri de la persécution dont il avait failli
être victime, il présenta son livre sous la forme
de dialogues entre trois interlocuteurs, dont un
défendait le système de Copernic, et se trouvait
combattu par un péripatélicien. Il est clair que
l'avantage devait rester au défenseur de son système; mais comme Galilée ne décidait pas entre
eux, et donnait le plus de poids possible aux ob-
jéctions des partisans de Ptolémée, il était en

droit d'espérer la tranquillité que son âge et ses travaux méritaient.

Le succès de ces dialogues, et la manière triomphante avec laquelle toutes les difficultés contre le mouvement de la terre étaient résolues, éveillèrent la jalousie de l'inquisition. Galilée, âgé de soixante-dix ans, fut de nouveau cité devant ce tribunal. La protection du grand-duc de Toscane ne put l'empêcher d'être jugé. Il fut mis en prison, et là on exigea de lui un second désaveu de ses sentimens, en le menaçant de lui infliger la punition de relaps, s'il continuait d'enseigner le système de Copernic.

Il fut forcé de signer cette abjuration fameuse, que M. Laplace rapporte dans son Précis de l'histoire de l'astronomie : « *Moi, Galilée, à la soixante dixième année de mon âge, constitué personnellement en justice, étant à genoux, et ayant devant les yeux les saints évangiles, que je touche de mes propres mains, d'un cœur et d'une foi sincères, j'abjure, je maudis et je déteste l'erreur, l'hérésie du mouvement de la terre*, etc. *.

Quel spectacle ! Un vieillard vénérable, illus-

* On prétend qu'au moment où il se releva, ce grand homme, agité par le remords d'avoir fait un faux serment, les yeux baissés vers la terre, dit en la frappant du pied : *Cependant elle tourne !* Galilée, supérieur à son siècle et à son pays, mourut neuf ans après, à Arcetri, près de Florence,

tré par une longue vie entièrement consacrée à l'étude de la nature, abjurant à genoux, contre le témoignage de sa propre conscience, la vérité qu'il avait évidemment prouvée! Un décret de l'inquisition le condamna à une prison perpétuelle. Il fut mis en liberté un an après, par suite des sollicitations du grand-duc de Toscane; mais, pour empêcher qu'il ne se dérobât à la puissance de l'inquisition, il lui fut défendu de quitter le territoire de Florence.

Pendant que ces choses se passaient en Italie, Képler dévoilait en Allemagne les lois des mouvemens planétaires. Mais, avant de donner le détail de ses découvertes, il est nécessaire d'indiquer d'abord quels furent les progrès de l'astronomie dans le nord de l'Europe, après la mort de Copernic.

L'histoire de cette science offre à cette époque un grand nombre d'observateurs : l'un des plus illustres fut Guillaume IV, landgrave de Hesse-Cassel. Il fit bâtir un observatoire à Cassel, et le fournit d'instrumens soignés, avec lesquels il observa long-temps.

Ticho-Brahé, un des plus grands observateurs qui existèrent jamais, naquit à Knucksturp, en Norwége. Son goût pour l'astronomie se manifesta dès l'âge de quatorze ans, à l'occasion d'une éclipse de soleil qui arriva en 1560. A cet âge où la réflexion est ordinairement rare, l'exactitude du calcul qui annonçait ce phénomène lui

inspira le désir ardent d'en connaître les principes, et ce désir fut encore augmenté par l'opposition de son précepteur et de sa famille.

De retour dans son pays, où Frédéric le fixa
en lui donnant la petite île de Huena, à l'entrée
de la Baltique, Ticho y bâtit un observatoire
célèbre, qui fut appelé *Uranibourg*. C'est là
que, pendant vingt et un ans, il fit des observations innombrables et des découvertes importantes.

L'invention de nouveaux instrumens, et les
perfectionnemens ajoutés à ceux qu'on possédait déjà, donnèrent une plus grande précision
aux observations. Un catalogue d'étoiles, supérieur à ceux d'Hipparque et de Ulugh Beigh; la
découverte de cette inégalité de la lune qu'on
appelle *variation*, celle des inégalités du mouvement des nœuds et de l'inclinaison de l'orbite
lunaire; la remarque intéressante que les comètes sont au-delà de cette orbite; une connaissance plus parfaite des réfractions astronomiques;
enfin, des observations très nombreuses sur les
planètes, qui ont servi de base aux découvertes
de Képler; tels sont les principaux services que
Ticho-Brahé rendit à l'astronomie. Frappé des
objections que les adversaires de Copernic faisaient relativement au mouvement de la terre, et
peut-être cédant à la vanité de donner son nom
à un nouveau système, il manqua celui de la
nature. Suivant Ticho, la terre est immobile au

centre de l'univers ; toutes les étoiles se meuvent chaque jour autour de l'axe du monde , et le soleil , dans sa révolution annuelle , emporte les planètes avec lui. Dans ce système déjà connu , les apparences sont les mêmes que dans celui du mouvement de la terre. On peut en général considérer un point quelconque pour centre ; par exemple , le centre de la lune , comme immobile ; mais alors il faut indiquer son propre mouvement dans une direction contraire à toutes les étoiles.

Mais n'est-il pas physiquement absurde de croire que la terre reste immobile dans l'espace , tandis que le soleil emporterait toutes les planètes dont il occuperait le centre ? Comment la distance du soleil à la terre , qui s'accorde si bien avec l'hypothèse du mouvement de cette dernière , put-elle laisser dans un esprit éclairé, encore quelques doutes sur la vérité de cette théorie? Il faut avouer que Ticho , quoique grand observateur, ne fut jamais heureux dans la recherche des causes; son esprit peu philosophique était même imbu des préjugés de l'astrologie , qu'il essaya de défendre.

Dans ses dernières années , Ticho eut Képler pour disciple. Celui-ci naquit à Viel , en 1571, dans le duché de Wirtemberg ; il fut un de ces hommes extraordinaires que la nature accorde rarement aux sciences, pour montrer dans tout leur jour ces grandes théories préparées par des siècles de travail.

Képler dut le premier de ces avantages à la nature, et le second à Ticho. Étant allé trouver Ticho-Brahé à Prague, celui-ci découvrit le génie de Képler dans ses premiers ouvrages, malgré les analogies mystérieuses des nombres et des figures dont ils étaient remplis ; il l'exhorta à consacrer son temps à l'observation, et lui procura le titre de mathématicien impérial.

La mort de Ticho, qui arriva peu d'années après, mit Képler en possession d'une nombreuse collection d'observations, dont il fit le plus noble usage, en fondant sur elles trois des découvertes les plus importantes qui aient jamais été faites dans la philosophie naturelle.

Ce fut une opposition de Mars qui détermina Képler à préférer les mouvemens de cette planète pour ses premières observations. Son choix fut heureux, en ce que l'orbite de Mars étant une des plus excentriques du système planétaire, les inégalités de son mouvement étaient plus perceptibles, et par là conduisirent à la découverte de leurs lois avec plus de facilité et de précision. Quoique la théorie du mouvement de la terre eût fait disparaître un grand nombre des cercles dont Ptolémée avait embarrassé l'astronomie, cependant Copernic en avait substitué beaucoup d'autres pour expliquer les inégalités réelles des corps célestes.

Képler, trompé comme lui par l'opinion que leur mouvement devait être circulaire et uniforme, chercha long-temps pour représenter les mouvemens de Mars par cette hypothèse. Enfin, après beaucoup d'essais dont il donna le détail dans son fameux ouvrage sur Mars, il surmonta l'obstacle qu'une erreur, soutenue par le suffrage de toutes les périodes, lui avait opposé : il découvrit que l'orbite de Mars est une ellipse dont le soleil occupe un des foyers, et que le mouvement de cette planète est tel, que le rayon vecteur, tiré de son centre à celui du soleil, décrit des aires égales dans des temps égaux.

La découverte de cette vérité donna probablement naissance aux analogies mystérieuses des pythagoriciens, elles séduisirent Képler, et il leur dut une de ses plus belles découvertes. Persuadé que les distances moyennes des planètes au soleil doivent être réglées conformément à ces analogies, il les compara longtemps avec les figures géométriques régulières et avec les intervalles des tons. Après dix-sept ans de méditations et de calculs, concevant l'idée de comparer les puissances des nombres qui les exprimaient, il trouva que les carrés des temps des révolutions planétaires sont en rapport avec les cubes des grands axes de leurs orbites ; loi très importante qu'il eut l'avantage d'observer dans le système des satellites de Jupiter, et qui s'applique à tous les systèmes des satellites.

C'est ainsi que Képler expliqua la disposition du système solaire, par les lois de l'harmonie

musicale. On le voit, dans ses derniers ouvrages, se complaire à ces spéculations chimé-
riques, et les regarder comme *la vie et l'ame*
de l'astronome. Il en a déduit l'excentricité de
l'orbite terrestre, la densité du soleil, sa parallaxe, et d'autres résultats dont l'inexactitude,
découverte aujourd'hui, est une preuve des
erreurs auxquelles on s'expose en déviant de
la route tracée par l'observation.

Cependant, parmi ces essais infructueux et
ces nombreuses erreurs, la liaison des faits le
conduisit à rectifier, dans un ouvrage où il publia ses principales découvertes, les idées adoptées jusqu'alors à ce sujet. « La gravité, dit-il
dans son commentaire sur Mars, n'est qu'une
affection mutuelle entre des corps semblables.
Les corps pesans ne tendent pas vers le centre
du monde, mais bien vers celui du corps rond
dont ils forment une partie; et si la terre n'était
pas sphérique, les corps pesarfs ne tendraient
pas à tomber vers son centre, mais vers différens
points. » Sa déduction était juste, mais il se
trompait sur le principe; car le phénomène de
la gravité, ou de la pesanteur, provient des deux
mouvemens combinés de la terre.

Malgré ses droits à l'admiration publique,
Képler vécut dans la misère. L'astrologie judi-
ciaire était alors la seule science que l'on ho-
norât et récompensât magnifiquement. Les
astronomes du temps, Descartes et Galilée,

qui auraient pu obtenir les plus grands avantages de ses découvertes, les négligèrent ou n'en aperçurent pas l'importance.

Les travaux de Huyghens suivirent bientôt ceux de Képler et de Galilée. Peu d'hommes ont autant mérité des sciences par l'importance de leurs recherches. Vers le même temps, Hévélius se rendit utile à l'astronomie par des travaux immenses. Peu d'observateurs aussi infatigables ont honoré le monde; il est à regretter qu'il n'ait pas voulu adopter l'application des télescopes aux quarts de cercle, invention qui donna à l'astronomie une précision inconnue jusqu'alors.

Les libéralités de Louis XIV attirèrent à Paris Dominique Cassini, qui enrichit, pendant quarante ans de travaux utiles, l'astronomie d'une foule de découvertes, telles que la théorie des satellites de Jupiter, dont il détermina le mouvement en observant leurs éclipses; la découverte de quatre satellites de Saturne; celle de la rotation de Jupiter, de Mars, de la lumière zodiacale; la connaissance très approchée de la parallaxe du soleil, la table exacte des réfractions, et la théorie complète de la libration de la lune. Parmi les astronomes que cette théorie a produits, il faut citer Flamstead, un des plus grands observateurs qui aient paru. Halley s'illustra par ses voyages, entrepris pour les progrès des sciences, par ses recherches re-

lativement aux comètes , qui lui firent découvrir le retour de celle de 1759 , et par l'idée
ingénieuse qu'il eut d'employer le passage de
Vénus autour du disque soleil pour en déterminer la parallaxe. Il faut également citer Bradley , qui se rendit célèbre par deux des plus
belles découvertes qui furent jamais faites en
astronomie , l'*aberration* des étoiles fixes , et la
nutation de l'axe de la terre.

Descartes fut le premier qui essaya de réduire
les mouvemens des corps célestes à un principe
mécanique. Il imagina des tourbillons d'une
matière subtile , dans le centre desquels il plaçait les corps. Le tourbillon du soleil mettait la
planète en mouvement ; celui de la planète for-
çait , de la même manière , le satellite à faire
ses révolutions; mais le mouvement des comètes,
traversant les cieux en tout sens , détruisait ces
tourbillons , comme il avait antérieurement
détruit les sphères solides de cristal, des astronomes anciens. Ainsi Descartes ne fut pas plus
heureux dans sa théorie mécanique , que Ptolémée ne l'avait été dans sa théorie astronomique. Toutefois , leurs travaux n'ont pas été
inutiles à la science. Ptolémée nous a transmis,
après quatorze siècles d'ignorance , le peu de
vérités astronomiques que les anciens avaient
découvertes.

Descartes , venu plus tard et dans un temps
où la curiosité était dirigée vers les sciences,

sut lui donner un nouvel essor, en substituant
aux erreurs anciennes des erreurs plus sédui-
santes, fondées sur l'autorité de ses découvertes géométriques : il pouvait espérer de détruire l'empire d'Aristote et de Ptolémée ; mais,
en établissant pour principe qu'il faut commencer par douter de toute chose, il nous prémunit
contre un système qui ne put résister long-temps
aux vérités nouvelles qui lui furent opposées.
Il était réservé à Newton de nous enseigner les
principes généraux des mouvemens célestes,
au moyen de la loi générale de la gravitation.

Ce philosophe, si justement célèbre, naquit
à Woolstrop, en Angleterre, vers la fin de 1642,
qui est l'année de la mort de Galilée. Ses premiers succès dans les études annoncèrent sa
réputation future. Une lecture rapide des livres
élémentaires d'astronomie lui suffisait pour les
comprendre ; il étudia la géométrie de Descartes, l'optique de Képler, et l'arithmétique
des infinis de Wallis ; mais bientôt, aspirant à
de nouvelles inventions, il imagina, avant l'âge
de vingt-sept ans, sa méthode des fluctuations
et sa théorie de la lumière. Désirant le repos,
et par aversion pour les disputes littéraires, il
retarda la publication de ses découvertes. Bar-
row, son ami et son précepteur, travailla en sa
faveur, et lui obtint une place de professeur de
mathématiques dans l'université de Cambridge;
c'est durant cette période que, cédant aux dé-

sirs de Halley, et aux sollicitations de la société
royale, il publia ses *Principis*. L'université,
dont il était membre, le choisit pour son représentant au parlement conventionnel de 1688.
Il fut créé chevalier, nommé directeur de la
monnaie par la reine Anne, et élu président
de la société royale en 1703, dignité dont il
jouit jusqu'à sa mort.

Newton arriva à la loi de la diminution de la
gravité, par l'analogie de la lumière et de la
chaleur, et la prouva par le rapport qui existe
entre les carrés des temps périodiques et les
cubes des grands axes de leurs orbites, en les
supposant circulaires. Il démontra que ce rapport existe généralement dans les orbites elliptiques, et qu'il indique une gravité égale des
planètes vers le soleil, en les supposant à une
distance égale de son centre. La même égalité
de gravité vers la planète principale existe aussi
dans tous les systèmes des satellites, et Newton
la vérifia sur des corps terrestres, par des expériences très soignées.

En comparant la distance et la durée des révolutions des satellites avec celles des planètes,
il connut les densités respectives, les masses du
soleil et des planètes accompagnées de leurs satellites, ainsi que l'intensité de leur force de
gravité à leurs surfaces; en considérant que les
satellites se meuvent autour de leurs planètes,
à peu près comme si ces planètes étaient immo-

biles, il découvrit que tous ces corps obéissent à la même force de gravité vers le soleil. L'égalité d'action et de réaction ne lui permit pas de douter que le soleil ne gravît vers les planètes et celles-ci vers leurs satellites, et même que le centre de la terre ne fût attiré par tous les corps qui sont à sa surface. Il étendit ensuite cette proposition, par analogie, à tous les corps célestes, et il établit en principe que toutes les molécules de matière, semblables à leurs masses, s'attirent directement et en raison inverse des carrés de leurs distances.

Arrivé à ce principe, Newton vit que le grand phénomène du système du monde pourrait en être déduit. En considérant la gravité vers la surface des corps célestes, comme le résultat de l'attraction de toutes leurs molécules, il reconnut ces vérités remarquables, savoir : que la force attractive d'un corps ou d'une couche sphérique, sur un point placé au dehors, est la même que si la masse était comprimée dans son centre, et qu'un point placé dans une couche sphérique, ou généralement une couche terminée par deux surfaces elliptiques semblables ou situées pareillement, est également attiré vers tous les côtés.

Il prouva que le mouvement de rotation de la terre devait avoir abaissé sa surface vers les pôles, et il détermina la variation des degrés et de la gravité, en la supposant homogène. Il vit

7

que l'attraction du soleil et celle de la lune sur
le sphéroïde terrestre devait produire un mouvement dans son axe de rotation, pour faire
rétrograder les équinoxes, élever les eaux de
l'Océan, et produire dans cette grande masse
fluide les oscillations connues sous le nom de
marées. Enfin, il fut convaincu que les irrégularités de la lune étaient produites par l'action
combinée du soleil et de la terre sur ce satellite.
Mais, à l'exception de ce qui concerne le mouvement elliptique des planètes et des comètes,
les découvertes de l'attraction des corps sphériques, de l'intensité de gravité à la surface du
soleil, et des planètes qui sont accompagnées
de satellites, ne furent qu'indiquées par Newton.

Dans ce siècle, les découvertes d'Herschel,
et les perfectionnemens des télescopes, ont
augmenté nos connaissances sur la construction
de l'univers; on les expliquera ci-après.

En France, les écrits du célèbre Laplace ont
illustré la science et confirmé les principes mathématiques de Newton, qui restent intacts,
quelles que soient les vraies causes des lois en-
gendrées par les forces de la nature.

Nous venons de décrire les progrès qui ont
été faits dans la connaissance du ciel, depuis les
systèmes des philosophes jusqu'à ce siècle. Les
démonstrations géométriques de Newton, et les
recherches analytiques de Laplace, ont fixé nos
idées sur les lois universelles du mouvement;

les télescopes les mieux perfectionnés ont favorisé les découvertes d'Herschel, d'Olbers, de Piazzi et autres. Ces résultats forment une science parfaite, dont les détails intéressans et merveilleux seront décrits dans les leçons suivantes.

Dans ce siècle encore, c'est principalement à M. Delalande que sont dus le plus grand nombre des perfectionnemens importans de l'astronomie.

La France est heureuse de le compter parmi les plus grands mathématiciens, avec Laplace et Lagrange, ses contemporains.

L'astronomie nautique doit beaucoup à Maskeline, qui le premier recommanda la méthode lunaire pour déterminer les longitudes, et proposa les calculs que l'on trouve dans l'almanach nautique. Ses observations faites à Greenwich, conjointement avec celles faites à Paris, permirent au bureau des longitudes de cette dernière ville de publier sous le dernier gouvernement, la série de tables astronomiques la plus complète et la plus exacte qui ait encore paru, à laquelle se rattache à jamais le nom de feu Delambre, aux travaux duquel le monde doit le plus grand nombre de ces tables.

LEÇON VI.

Du système solaire.

En dirigeant les yeux vers le ciel, on voit d'abord le globe immense du soleil, centre de tous les mouvemens planétaires; il tourne lui-même sur son axe en vingt-cinq jours et demi. Sa surface est couverte d'un océan de matière lumineuse, où il se forme des taches plus ou moins grandes, souvent très nombreuses; elles offrent quelquefois une surface plus étendue que le périphérie de la terre. Au-dessus de l'océan immense de la matière lumineuse du soleil, existe une atmosphère dans laquelle les planètes et leurs satellites se meuvent suivant des courbes à peu près circulaires, dans le sens du mouvement de rotation du soleil, et suivant des plans différemment mais peu inclinés sur l'orbite terrestre que l'on est convenu de nommer l'*écliptique*, à laquelle on rapporte les plans des mouvemens des autres planètes.

Des comètes innombrables s'approchent très près du soleil et s'en éloignent ensuite à des distances incalculables, en se perdant dans l'espace, ou en tombant dans le système d'attraction d'une

Pl. 8.

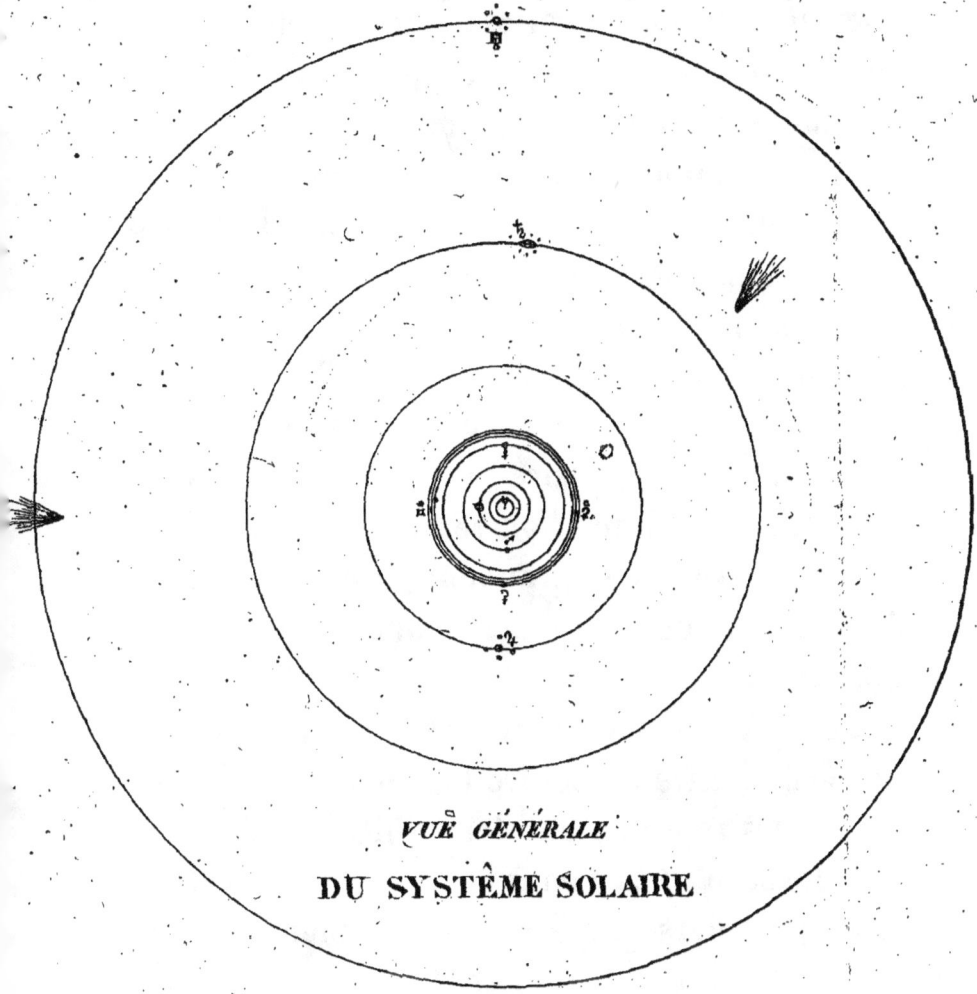

VUE GÉNÉRALE

DU SYSTÈME SOLAIRE.

étoile, qui constitue alors leur soleil : elles se trouvent ainsi hors des limites connues du système solaire.

Le système *solaire* ou *planétaire* est confiné à des limites très-étroites, car les étoiles, vu leur distance et le peu de rapports qu'elles paroissent avoir avec nous, font une partie distincte et comme à part. Il est très probable que chaque étoile fixe est elle-même un soleil, centre d'un système particulier, environné et accompagné de planètes, etc., qui, dans des temps différens et à des distances inégales, accomplissent leurs révolutions autour de leur soleil respectif, qui les éclaire, les échauffe et les vivifie. C'est ainsi que l'on se fait une belle idée de l'univers et de sa grandeur ; c'est une espèce de système des systèmes d'une étendue sans bornes.

Le système solaire représentée planche 8, page 148, offre au centre le soleil S, environné de cercles représentant les orbites successives de Mercure ☿, Vénus ♀, la terre ♁ et la lune ☾, Mars ♂, Vesta ⚶, Junon ⚴, Cérès ⚳, Pallas ⚴, Jupiter ♃ et ses quatre satellites, Saturne ♄, son anneau et ses sept satellites, et Herschel ♅ et ses six satellites.

Il y a différentes manières pour démontrer que les planètes se meuvent autour de leur centre commun. On comprend facilement en effet que Mercure et Vénus paraissant toujours dans le

voisinage du soleil, si celui-ci tournait autour de
la terre comme centre, ces deux planètes devraient aussi tourner autour de notre globe, avec
un mouvement égal et dans la même direction,
tandis qu'elles paraissent quelquefois *stationnaires*, d'autres fois *directes*, et souvent *rétrogrades*; lesquelles apparences sont *nécessaires* si
l'on admet le soleil pour centre des deux planètes et de la terre en même-temps, mais entièrement inconciliables avec toute autre hypothèse.

De même, quand Mercure et Vénus paraissent en conjonction, ces corps se trouvent quelquefois cachés derrière le corps du soleil, ou
passent entre le soleil et la terre, produisant le
phénomène d'une tache noire qui parcourt le
disque du soleil : mais lorque ces deux planètes
ont une latitude quelconque, lorsqu'elles se
trouvent en conjonction supérieure, c'est-à-
dire lorsqu'elles sont derrière le soleil, par rapport à la terre, leur surface brille, et offre
l'aspect d'une image circulaire, comme la pleine
lune, tandis que dans le même cas ces planètes
sont invisibles à leur conjonction inférieure, et
paraissent se trouver dans le cas de la nouvelle
lune; il est facile de conclure de là que leurs
orbites se trouvent placées entre le soleil et la
terre.

La planète Mars paraît quelquefois en opposition au soleil, ce qui prouve que son orbite

comprend celle de la terre ; il est évident que cette orbite de Mars comprend aussi le soleil, car sans cela, dans sa conjonction, cette planète disparaîtrait comme Mercure et Vénus, ce qui n'a jamais lieu : on observe la même chose dans toutes les autres planètes supérieures.

Les mouvemens de la terre dans son orbite sont prouvés par l'effet qu'ils produisent sur les mouvemens apparens de plusieurs corps planétaires. Ceux-ci suivant la position de la terre, deviennent stationnaires, rétrogrades ou directs, et les variations sont exactement mesurées par les mouvemens que l'on admet à la terre, semblables aux mouvemens des objets que l'on observe à terre, lorsqu'on se trouve à bord d'un bâtiment qui se meut lui-même.

Il résulte de ce qui précède, que dans le système solaire ou planétaire, on doit considérer le soleil comme un centre fixe, autour duquel toutes les planètes, y compris notre terre, et leurs satellites, accomplissent leurs mouvemens orbiculaires dans des temps différens et à des distances inégales, comme il sera dit ci-après.

Le soleil n'agit pas seulement sur les planètes en les portant à tourner autour de lui, mais il leur distribue encore la lumière et la chaleur ; son influence bénigne donne naissance aux animaux et aux plantes qui couvrent la surface de la terre, et l'analogie nous porte à croire qu'il

produit des effets semblables sur les autres
planètes. Il n'est pas naturel de supposer que la
matière, dont nous voyons se développer la fécondité sous des formes si diverses, reste stérile
sur une planète aussi grande que Jupiter, qui,
comme la terre, a ses jours, ses nuits et ses
années, et sur laquelle l'observation découvre des
changemens qui indiquent des forces très actives.

L'homme, formé pour la température dont il
jouit ici, ne pourrait, suivant toute apparence,
vivre sur une autre planète; mais n'y aurait-il
pas une diversité d'organisation faite pour les
diverses températures des globes de l'univers?
Si la différence des élémens et des climats seuls
cause ici une si grande variété de productions,
à quels changemens ne devrait-on pas s'attendre
dans les productions des planètes et de leurs
satellites? L'imagination la plus active ne pourrait jamais s'en faire une idée juste.

Quelque arbitraire que soit le système des
planètes, il existe cependant entre elles des rapports très remarquables, qui peuvent jeter quelque lumière sur leur origine. En les considérant
avec attention, on est étonné de les voir toutes
tourner autour du soleil de *l'ouest* à *l'est*, et à
peu près dans le même plan; tous les satellites
se meuvent autour de leurs planètes respectives,
dans la même direction et presque dans le même
plan que leurs planètes. Enfin, le soleil, les planètes, et ces satellites, dans lesquels on a ob-

servé un mouvement de rotation, tournent sur leurs propres axes, dans la même direction et à peu près dans le même plan que leur mouvement de projection.

Un phénomène si extraordinaire n'est pas l'effet du hasard; il indique une cause universelle, qui doit avoir déterminé ces mouvemens. Pour approcher un peu de l'explication probable de cette cause, on doit observer que le système planétaire, tel que nous le considérons aujourd'hui, est composé de onze planètes. On a observé la rotation du soleil, de cinq planètes, de la lune, de l'anneau de Saturne et de son dernier satellite; ces mouvemens et ces révolutions forment ensemble trente-un mouvemens, tous dans la même direction.

Que l'on considère l'extérieur du système solaire; des soleils innombrables, qui peuvent être les foyers d'autant de systèmes planétaires, se trouvent dans toutes les parties de l'espace, et à de telles distances de la terre, que son diamètre entier, vu de leur centre, est insensible. Beaucoup d'étoiles éprouvent des variations périodiques très remarquables dans leur couleur et leur éclat; il en est quelques-unes qui ont paru tout d'un coup, et qui ont disparu après avoir brillé pendant quelque temps. Quel changement prodigieux doit s'être opéré sur la surface de ces grands corps, pour être ainsi sensible à la distance qui nous sépare d'eux, et de

combien n'excèdent-ils pas ceux que nous observons sur la surface du soleil !

Tous ces corps qui sont devenus invisibles res-
teraient donc dans la même place où ils ont été
observés, puisqu'il n'y aurait aucun changement
pendant le temps de leur apparition ; il existerait
donc, dans l'espace, des corps obscurs aussi
considérables et peut-être plus nombreux que les
étoiles. Une étoile lumineuse, de la même densité que la terre, et dont le diamètre serait deux
cent cinquante fois plus considérable que celui
du soleil, ne laisserait, en raison de son attraction, arriver aucun de ses rayons sur notre terre ;
il est par conséquent possible que les corps les
plus considérables et les plus lumineux de l'u-
nivers restent par cette raison invisibles. Une
étoile qui, sans être de ce volume, surpasserait
néanmoins de beaucoup le soleil, affaiblirait
sensiblement la vélocité de sa lumière, et aug-
menterait ainsi l'étendue de son aberration.
Cette différence dans l'aberration des étoiles,
leur situation, la détermination de toutes les
étoiles changeantes et les variations périodiques
de leur lumière, enfin les mouvemens particuliers à tous ces grands corps, qui, influencés par
leur attraction mutuelle, et probablement par
leurs impulsions primitives, démontrent qu'ils
décrivent des orbites immenses ; tels seront, relativement aux étoiles, les objets principaux des
recherches de l'astronomie future.

Il paraît que ces étoiles, loin d'être disséminées à des distances presque égales dans l'espace, sont réunies en plusieurs groupes, dont chacun en contient quelques millions. Notre soleil et les étoiles de première grandeur font probablement partie d'un de ces groupes, qui, vus du point où nous sommes, paraissent comprendre tout le ciel et former une autre voie lactée. Le grand nombre d'étoiles que l'on voit à la fois dans le champ d'un télescope, dirigé vers la voie lactée, prouve son immense profondeur, qui surpasse mille fois la distance de Sirius à la terre; au-delà, cette voie a l'apparence d'une lumière blanche et continue d'un petit diamètre; car alors l'irradiation, même dans les plus grands télescopes, couvre et obscurcit les intervalles entre les étoiles. Il est donc probable que ces nébulosités, sans étoiles distinctes, sont des groupes d'étoiles vus d'une grande distance; elles présenteraient, en les rapprochant, des apparences semblables à la voie lactée.

Les distances relatives des étoiles qui forment chaque groupe sont au moins cent mille fois plus grandes que celle du soleil à la terre; ainsi l'on peut juger de la prodigieuse étendue de ces groupes, par le nombre des étoiles que l'on aperçoit dans la voie lactée : si l'on réfléchit après à la petite étendue et au nombre infini de nébulosités que l'on sépare l'une de l'autre, par un intervalle incomparablement plus grand que la distance relative des étoiles dont elles sont formées, l'imagination, perdue dans l'immensité de l'univers, ne peut que difficilement se faire une idée de ses bornes. C'est en comparant les choses, que l'on s'aperçoit que les objets terrestres, que nous nommons très vastes, s'évanouissent en comparaison de ceux qui roulent dans l'espace.

Le globe terrestre se perd dans le système solaire, comme ce même système se perd dans l'étendue incommensurable de l'univers : et cet univers lui-même, qu'est-il en comparaison de la toute-puissance de son créateur ? « Étant sur le Mont-Blanc, dit M. de Saussure, j'admirais l'aspect du ciel pendant de belles nuits ; la lune brillait dans toute sa splendeur, et Jupiter, rayonnant comme le soleil, s'élevait derrière les montagnes à l'est, tandis que la blancheur éclatante de la neige formait un contraste aussi délicieux que singulier : quelle belle scène ! Les étoiles, s'égarant en quelque sorte sur les côtés éblouissans de la montagne, frappaient les yeux du plus vif éclat. La voûte obscure, dans la profondeur de laquelle on se perdait, se montrait remplie de mondes brillans ; et quoique beaucoup fussent plusieurs millions de fois plus près de nous que d'autres, cependant ils paraissaient tous à une même distance. Nous savons que le soleil est plus près qu'aucune autre étoile ; que la lune et plusieurs planètes sont plus près de nous que

le soleil, parce qu'ils se mettent quelquefois
entre cet astre et nous, et cependant ils paraissaient tous placés sur la surface d'une sphère
dont notre œil paraissait être le centre. »

Il suit de ces considérations, fondées sur des
observations télescopiques, que les nébulosités,
dont il paraît que les centres ne peuvent pas être
précisément déterminés, sont, relativement à
nous, les objets célestes les plus fixes et les plus
propres à y référer la situation de toutes les étoiles. Il suit donc de là que les mouvemens des
corps de notre système solaire sont très compliqués. La lune décrit une orbite à peu près circulaire autour de la terre; mais vue du soleil,
elle décrit une série d'épicycles dont les centres
sont sur les circonférences de l'orbite terrestre.
La terre décrit de la même manière une série
d'épicycles, dont les centres sont sur l'arc que le
soleil décrit autour du centre de notre nébulosité; enfin, le soleil décrit lui-même une série
d'épicycles dont les centres sont sur l'arc décrit
par le centre de notre nébulosité, autour de celui de l'univers.

L'astronomie a déjà fait un grand pas, en
nous faisant connaître le mouvement de la terre
et la série des épicycles que la lune et les satellites décrivent sur les orbites de leurs planètes.
Il reste à déterminer l'orbite du soleil et le centre de sa nébulosité; mais, si des siècles ont été
nécessaires pour apprendre à connaître les mou-

vemens du système planétaire, quelle prodigieuse durée de temps ne faudra-t-il pas pour déterminer les mouvemens du soleil et des étoiles ! L'observation les a déjà rendus sensibles ; Herschel a essayé de les expliquer, par un changement de position dans le soleil, indiqué par son mouvement de rotation. Un grand nombre d'observations sont suffisamment expliquées, en supposant que le système solaire portait vers la constellation d'Hercule. D'autres observations paraissent prouver que ces mouvemens apparens des étoiles sont une combinaison de leur mouvement réel avec celui du soleil. Le temps seul pourra découvrir sur ce sujet des faits curieux et importans.

Il reste encore de nombreuses découvertes à faire dans notre propre système. Herschel et ses satellites, dernièrement découverts, laissent supposer l'existence d'autres planètes qui n'ont point été observées. On ne peut pas encore déterminer le mouvement de rotation ou l'aplatissement de plusieurs planètes et de la plus grande partie de leurs satellites, et on ne connaît pas avec assez de précision la densité de tous ces corps. La théorie de leurs mouvemens est une série d'approximations, dont la convergence dépend en même temps de la perfection de nos instrumens et des progrès de l'analyse, qui doivent, par ces moyens, recevoir journellement de nouvelles améliorations. On détermina, par des

mesures soignées et répétées, les inégalités de
la figure de la terre, et la variation du poids sur
sa surface. Les retours des comètes déjà observées ; les nouvelles comètes qui paraîtront ; l'apparence de celles-ci, qui, en se mouvant dans
des orbites hyperboliques, peuvent passer d'un
système dans un autre ; la perturbation que toutes ces étoiles éprouvent, et qui, à l'approche
d'une grande planète, peuvent entièremnet
changer leurs orbites, comme il arriva vraisemblablement à la comète de 1770, par l'action de
Jupiter; les accidens que la proximité et même le
choc de ces corps peuvent occasioner, ainsi
que dans les satellites ; en un mot, les changemens que les mouvemens du système solaire
éprouvent : tels sont les principaux objets que
le système planétaire présente aux recherches
des astronomes et des géomètres futurs.

Considérée comme un grand tout, l'astronomie est le plus beau monument de l'esprit humain, la plus belle preuve de son intelligence.
Séduit par les illusions des sens et par l'amour-
propre, l'homme se considéra pendant long-temps
comme le centre du mouvement des corps célestes, et son orgueil fut justement puni par les
vaines terreurs qu'ils lui inspiraient quelquefois.
Les travaux de plusieurs siècles ont enfin écarté
le voile qui couvrait ce système. L'homme paraît
sur une petite planète, presque imperceptible
dans la vaste étendue du système solaire, qui

n'est lui-même qu'un point presque insensible dans l'immensité de l'espace. Les résultats sublimes auxquels cette découverte a mené peuvent le consoler de l'exiguité de l'espace où il se trouve confiné dans l'univers.

Les systèmes du monde les plus célèbres sont ceux de Ptolémée, et de Copernic, qui n'est autre que celui de Pythagore.

Dans le premier, on suppose que la terre est en repos, au centre de l'univers, tandis que les cieux tournent de l'est à l'ouest, emportant avec eux tous les corps célestes, les étoiles, le soleil et les planètes, dans l'espace de 24 heures. Comme ce système n'expliquait pas les mouvemens rétrogrades ou stationnaires de Mercure et de Vénus, et qu'il suppose la possibilité de voir ces deux planètes en opposition avec le soleil, ce qui n'a jamais été observé, il a dû céder au système naturel de Copernic, qui est aujourd'hui généralement adopté : il fut enseigné par Pythagore cinq cents ans avant Jésus-Christ, puis rejeté et enfin remis au jour dans le 16e siècle. Dans ce système, le soleil est placé au centre des mouvemens, et les planètes se trouvent comme dans la planche 8, dans l'ordre indiqué, en accomplissant de l'ouest à l'est des révolutions autour du soleil, en des temps plus ou moins longs, et qui sont en rapport avec leurs distances respectives de ce centre.

SOLEIL

Mercure.

Vénus.

Terre.

Mars.

Astéroïdes.

Jupiter

Saturne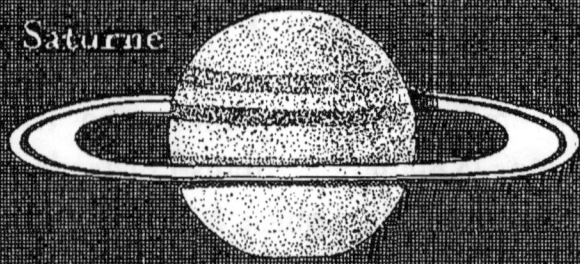

Herschel

LEÇON VII.

Du soleil, de ses taches et des phénomènes qui s'y rapportent.

LES phénomènes célestes les plus apparens sont le *lever du soleil* vers l'orient , et *son coucher* vers l'occident : l'étude et l'observation de la lune et des planètes ne viennent nécessairement qu'après ceux-là. Tous ces corps ont une course semblable vers l'occident.

Dans les parties septentrionales de l'Europe, lorsqu'on observe le soleil vers le commencement de l'année , on s'aperçoit bientôt qu'il gagne journellement vers le nord; son arc diurne devient tous les jours plus grand , et son élévation devient plus considérable à midi , jusque vers la fin de juin : à cette époque on observe un mouvement rétrograde et semblable, jusque vers la fin de l'année.

Comme source de la lumière et de la chaleur, le soleil fut considéré par les anciens comme un globe de *feu pur* , mais la découverte du télescope y fit découvrir des taches noires à sa surface , variant considérablement en nombre et en grandeur.

Galilée ou Scheiner furent les prem'ers qui

7*

observèrent ces taches , et depuis ce temps tous
les astronomes s'en sont occupés. Scheiner fit
ses observations de 1611 à 1629 , et pendant
ce laps de temps il ne vit pas une seule fois le
disque du soleil dégagé de taches. Il en vit souvent vingt et trente à la fois , et dans l'année
1625 il en compta jusqu'à cinquante. Moi-
même , je vis plus de cinquante de ces taches
à la fois , en mars 1804. De l'année 1650 à
1670 , on en vit à peine quelques-unes , et depuis cette époque , quelques années en ont fait
voir beaucoup , d'autres point du tout.

La figure du soleil est sphérique, plus élevée
vers l'équateur que vers les pôles ; on estime son
diamètre à 315,000 lieues ; son volume est vingt-
quatre millions de fois plus fort que celui de la
la lune, et treize cent mille fois de plus que
que celui de la terre ; sa distance de la terre est
de 34,515,000 lieues ; distance si prodigieuse ,
qu'un boulet de canon seroit plus de six années
à traverser l'espace qui sépare ces deux corps ,
en supposant que sa rapidité fût toujours aussi
grande que lorsqu'il sort du canon. Cette estimation du diamètre , de la grandeur et de la
distance du soleil , est le résultat des déterminations des astronomes les plus instruits de l'Europe , qui furent envoyés sur différens points
de la terre, pour observer le passage de Vénus
sur le disque du soleil , dans les années 1761
et 1769.

Les illusions du mouvement apparent du soleil n'ont été détruites que dans les derniers siècles. C'est au mouvement annuel de la terre, dans son orbite, qu'on doit attribuer le mouvement annuel apparent de cet astre. Si du centre du soleil on observait la terre, on reconnaîtrait à celle-ci, dans l'espace, une rotation en vingt-quatre heures sur son axe, et une translation qui fait parcourir à son centre une orbite nommée écliptique, en 365 jours un quart environ, et qui occasione le phénomène du renouvellement des saisons.

Le diamètre apparent du soleil ne conserve point les mêmes dimensions dans les différentes saisons : ce phénomène remarquable est occasioné par la translation de la terre dans une courbe elliptique, qui la rapproche davantage de cet astre en hiver qu'en été.

Les taches consistent en une partie centrale ou noyau, qui paraît plus noir que le reste et environné de pénombre ; elle change souvent de position et de figure, même assez fréquemment pour varier durant le temps de l'observation ; quelques-unes des taches les plus considérables, qui excèdent en volume celui de toute la terre, se voient presque des mois entiers ; lorsqu'elles disparaissent, on croit qu'elles sont converties en taches lumineuses, qui paroissent alors plus brillantes que le reste du soleil.

Lorsqu'on observe le soleil dans un télescope dont le pouvoir amplifiant n'est pas même très considérable, et souvent aussi à l'œil nu, on aperçoit des tâches noires moins brillantes que le reste, de formes et de grandeurs différentes. Elles s'évanouissent souvent après leur première apparition, ou parcourent quelquefois tout le disque du soleil ou de sa surface visible, de l'est à l'ouest. Après douze ou treize jours, elles se montrent de nouveau, et de manière à être reconnues, par leur grandeur et leur figure, pour être celles qu'on avait observées auparavant. Ces taches solaires ont excité l'attention des observateurs des plus célèbres, et elles ont été différemment expliquées. Quelques-uns ont supposé qu'elles doivent leur naissance à la fumée ou à la matière opaque lancée par des volcans, et que, lorsque l'éruption tire à sa fin et que la fumée est dissipée, les flammes ignées se trouvent exposées à nos regards et ont l'apparence des taches lumineuses nommées *facules*. D'autres ont imaginé que le soleil est en un état continuel de fusion, et que les taches qu'on y observe sont des éminences de grandes masses de matière opaque, qui, par les agitations irrégulières du fluide, surnagent quelquefois à la surface, et ensuite s'enfoncent et disparaissent. D'autres ont encore supposé que ces taches sont occasionées par le nombre des planètes qui circulent autour du soleil à une petite distance de sa surface. Le soleil a été pris lui-même pour un globe de feu, et il a été fait des calculs pour déterminer la perte qu'il éprouverait par une extinction graduelle, ainsi que de son pouvoir immense d'échauffer les corps qui s'en approchent.

Plusieurs astronomes très instruits, depuis Galilée jusqu'à nous, ont fourni des matériaux suffisans pour former un examen parfait de ce sujet; des observations plus récentes, faites avec de meilleurs télescopes, prouvent que la plupart des taches sont des ouvertures qui existent dans l'enveloppe lumineuse environnant le corps du soleil, et ne sont probablement pas très profondes. Il s'est trouvé des taches assez considérables pour être vues à l'œil nu. On en remarqua une de cette espèce dans l'année 1779, qui se distinguait facilement toute les fois que l'éclat du soleil se trouvait diminué par un brouillard, ou bien en regardant au travers d'un verre coloré. Dans un bon télescope, cette tache paraissait divisée en deux parties, dont la plus grande avait près de dix à onze mille lieues de long; la tache entière avait plus de seize mille lieues d'étendue.

Herschel, qui retirait tant d'avantages de ses télescopes immenses, pour l'observation des corps célestes, a fait les recherches les plus scrupuleuses pour connaître la nature du soleil et de ses taches; sa conclusion est que, dans l'examen de la tache dont on vient de parler, il vit le corps réel du soleil, toujours très difficile à observer à cause de l'atmosphère trop lumineuse de l'astre. Cet astronome, par une suite d'observations intéressantes qu'il fit pendant plusieurs années consécutives, conclut que la différence que notre imagination nous fait trouver entre le soleil et les autres planètes doit être considérablement réduite. Dans la circonstance de ses taches, le soleil ne paraît que comme une planète très brillante, évidemment la première de notre système, les autres n'étant que secondaires. Sa ressemblance aux autres globes du système solaire, quant à sa solidité, à son atmosphère et à sa surface variée, sa rotation sur son axe et la chute des corps graves sur sa surface, nous conduisent à supposer qu'il est probablement habité, comme les autres planètes, par des êtres dont les organes sont adaptés aux circonstances particulières de ce vaste globe. On pourrait ajouter à ce système que, comme sa chaleur est si considérable à la distance de trente-quatre millions cinq cent quinze mille lieues, la surface du soleil même doit être d'une aridité au-delà de toute expression. Herschel répond à cela par des preuves substancielles tirées de la philosophie naturelle, qui démontrent que la chaleur n'est produite par les rayons du soleil que lorsque ceux-ci agissent sur un *medium* calorifique. Ils causent la produc-

tion de la chaleur en s'unissant avec la matière
du feu que contiennent les substances échauf-
fées , comme la collision de la pierre à fusil et
de l'acier enflammeraient de la poudre , en s'u-
nissant avec son calorique latent , et en amenant
le tout en action , ce que prouvera suffisamment
l'expérience suivante.)

Au sommet des hautes montagnes , que les
nuages atteignent rarement pour les abriter des
rayons directs du soleil , on trouve toujours des
régions de glaces ou de neige : n'est-il pas évident que , si des rayons seuls du soleil produisaient la chaleur que l'on éprouve sur la surface
de la terre , on sentirait la plus grande chaleur
de toutes dans des situations analogues aux sommets des montagnes , où leur direction est la
moins interrompue ? Mais les personnes qui s'é-
lèvent dans des ballons, confirment toutes l'abaissement de température des régions supérieures
de l'atmosphère ; et puisque , sur la terre , la
chaleur d'une situation dépend de la facilité
avec laquelle les rayons du soleil peuvent agir,
nous sommes conduits à admettre que , sur le
soleil même , les fluides composant son atmosphère , et la matière même de sa surface , sont
de nature à ne pas être capables de tirer une
chaleur excessive de ses propres rayons.

Herschel démontre que la partie brillante du
soleil n'est ni liquide ni un fluide élastique , mais
qu'elle existe en forme de nuages lumineux ,

nageant dans l'atmosphère transparente du soleil;
il établit deux régions différentes de nuages solaires , dont la région inférieure consiste en
nuages moins brillans que ceux qui composent
la couche supérieure.

Vue dans un télescope d'un pouvoir amplifiant
considérable , la surface du soleil est remplie
d'inégalités que l'on aperçoit beaucoup mieux au
milieu de son disque que vers la circonférence.
Les taches du soleil , par la même raison de
sphéricité , ont l'apparence circulaire vers le
milieu du disque , et ovale ou alongée en approchant des bords. Quelques parties paraissent
aussi brillantes que le disque général ; elles sont
ordinairement disposées en longues bandes , et
se montrent sous la forme de taches lumineuses
ou *facules*. Herschel , par suite du perfectionnement de son télescope et de son avancement
dans la connaissance de la construction du soleil, a rejeté tous les vieux termes qui désignaient
ces différentes taches ; il a remplacé les anciens
noms de *noyaux*, *pénombres* ou *lucules*, etc. ,
par ceux d'*ouvertures*, *ombres*, *rides*, *pores*,
etc., etc. La définition de ces principaux termes,
et un détail abrégé des apparences les plus
frappantes , dirigeront l'observateur dans les
sujets de ses recherches , et donneront de l'intérêt à ses observations , tout en le mettant à
même de comprendres celles des autres.

Les *ouvertures* sont des endroits où les nuages

lumineux du soleil se trouvent écartés, de manière à laisser voir le corps opaque de l'astre. Leur cause la plus probable est qu'un vent ou un gaz, se développant du corps du soleil au travers d'ouvertures beaucoup plus petites, se fraie un passage en élargissant ces ouvertures, et s'étend sur les nuages lumineux. La direction de ce moteur ne s'étend pas également de tous côtés; il se dirige quelquefois obliquement, de sorte que les nuages lumineux paraissent chassés, et forment des taches plus denses sur les côtés.

Il existe quelquefois une différence dans la couleur de ces ouvertures, probablement produite par une couche légère de nuages lumineux qui se trouvent encore étendus au-dessus; lorsque les ouvertures tirent à leur fin, elles se divisent souvent, et le nuage lumineux qui se met de travers ressemble assez à un pont jeté sur un abîme, mais dont la profondeur s'aperçoit facilement avec un bon télescope.

Les *bosses* sont des parties déprimées sous la surface générale du soleil; ce sont des endroits d'où les nuages lumineux solaires des régions supérieures sont écartés, et laissent des nuages semblables, visibles dans les régions inférieures, qui couvrent encore le corps réel du soleil. Leur profondeur est également visible, et elles existent souvent sans aucune ouverture dans leur intérieur. Ces apparences semblent

occasionées par le vent ou les gaz qui se dé-
gagent par les ouvertures ; par leurs mouvemens
progressifs , ils chassent les nuages lumineux
de l'endroit où ils rencontrent le moins d'obstacles ; les *bosses* ont quelquefois aussi l'apparence
d'un assemblage de nuages très denses.

Les *sillons* sont des élévations au-dessus de la
surface générale des nuages lumineux du soleil ;
on en a vu de vingt-cinq mille lieues de long ;
ils environnent généralement les ouvertures ,
mais on les voit aussi dans d'autres parties de la
surface du soleil ; ils se dispersent rapidement.

Les *nœuds* sont des endroits lumineux , très
élevés et très petits , que l'on ne voit jamais près
du milieu du disque du soleil ; on pense que ce
sont des sillons raccourcis à notre vue par rapport à leur situation sur la surface sphérique du
soleil.

Les *rides* sont les aggrégations des petites
élévations et des dépressions de la matière lumineuse. Leur apparence bigarrée offre des endroits obscurs et brillans. Plusieurs de ces endroits obscurcis ne sont pas circulaires ; ils sont
un peu allongés et paraissent être plus bas que
ceux qui sont éclairés ; dans des jours favorables,
cette surface ridée , due à la dispersion de ces
sortes de nœuds , présente ses élévations et ses
dépressions aussi distinctement que la surface
inégale de la lune , et s'étend généralement sur
toute celle du soleil. Les formes de ces rides

changent fréquemment, ainsi que leurs situations. Les endroits obscurs qui se trouvent aussi
sur toute la surface du soleil, paraissent, dans
le télescope, comme des taches.

Les *pores* sont les endroits les plus enfoncés.
Ces taches augmentent généralement et deviennent des ouvertures ; souvent elles disparaissent tout-à-fait. On peut observer les taches
et la surface ridée du soleil avec un télescope à
réfraction de deux ou trois pieds, ou bien avec
un télescope à réflexion de douze, dix-huit ou
vingt-quatre pouces, en prenant la précaution
de se servir d'un verre coloré pour se garantir
contre les rayons. On peut également faire arriver l'image du soleil dans un endroit, au moyen
d'une chambre obscure.

Comme les taches sont toujours comprises
dans une zone dont la largeur, mesurée sur le
méridien solaire, ne s'étend guère au-delà de
34° de son équateur, on peut facilement déterminer, par leurs longitudes et latitudes, leurs
positions représentées sur le disque apparent du
soleil. En répétant la même opération plusieurs
jours, on trouve une suite de positions qui représentent la route de la tache, et par conséquent la courbe qu'elle décrit sur le plan perpendiculaire au rayon visuel, mené de la terre
au centre du soleil. Cette projection est en
général une courbe ovale assez semblable à une
ellipse, que toutes les taches décrivent paral-

8.

lèlement. La durée de leurs révolutions est la même ; elles emploient toutes environ vingt-sept jours trois heures pour revenir à la même position. Mais la forme de ces ovales, leurs courbures et leurs inclinaisons, éprouvent des variations très grandes, et doivent ces changemens aux mouvemens de la terre, qui regarde, en des saisons diverses, le soleil sous des côtés différens. A la fin de novembre et au commencement de décembre, ce sont de simples lignes droites ; les taches vont de la partie australe de l'écliptique dans sa partie boréale ; les points où elles commencent à paraître, et que l'on pourrait appeler leur orient, sont moins élevés que les points où elles disparaissent, et que l'on pourrait nommer leur occident. Peu à peu ces lignes droites se courbent et forment des ovales, dont la convexité est tournée vers le pôle boréal de l'écliptique ; c'est ce que l'on observe pendant l'hiver et le printemps ; mais, en même temps, leur inclinaison change, et, à l'entrée de Mars, les points où les taches commencent à se montrer sont aussi élevés sur l'écliptique que ceux où elles disparaissent. Depuis cet instant, le changement d'inclinaison continuant à se faire dans le même sens, la courbure des ovales diminue ; elles se resserrent peu à peu, et, à la fin de mai ou au commencement de juin, on les revoit de nouveau sous la forme de lignes droites, avec cette différence,

que leur inclinaison sur l'écliptique est précisément le contraire de ce qu'elle était six mois
avant. Après cette époque, elles s'ouvrent de
nouveau, et leur convexité est dirigée vers la
partie australe de l'écliptique ; en même temps
leur inclinaison change. Au commencement de
septembre, les points où les taches paraissent
sont aussi élevés que ceux où elles se couchent.
Parvenus à ce terme, les ovales se resserrent,
s'inclinent de nouveau sur l'écliptique ; et enfin,
au mois de décembre on les revoit sous la forme
de lignes droites, telles qu'elles paraissaient un
an auparavant.

Ces phénomènes se reproduisent chaque année dans le même ordre et suivant les mêmes
périodes. On en conclut que la cause qui les
produit est uniforme et régulière ; ce qui conduit
naturellement à supposer que les taches sont
adhérentes à la surface du soleil, et qu'elles
tournent avec cet astre dans l'espace de quelques
jours. Les inflexions diverses et successives des
lignes décrites par ces taches indiquent de
plus que l'axe de rotation n'est pas perpendiculaire à l'écliptique ; car, dans ce cas, elles
décriraient des cercles parallèles à ce plan, et
ces cercles nous paraîtraient comme autant de
lignes droites. Enfin, les changemens que l'on
observe dans la courbure apparente sont causés
par la translation de la terre dans son orbite.
Parmi ses positions, il en est deux qui doivent

offrir des lignes droites ; ce sont·celles où le
plan mené par l'axe de rotation perpendiculairement à l'écliptique , devient aussi perpendiculaire au rayon visuel mené de la terre au
centre du soleil. A ces positions opposées de six
mois , nous apercevons *les pôles de rotation du
soleil*. Dans toute autre position , la route des
taches doit paraître ovale , c'est-à-dire leur
convexité tournée vers la partie australe de l'é-
cliptique , lorsque nous découvrons le pôle boréal ; et la convexité tournée vers la partie boréale , lorsque l'on découvre le pôle austral.

D'après les observations de Renaut, publiées
dans le *Monthly Magazine* , il paraîtrait que les
taches solaires ne se meuvent pas toujours parallèlement à l'équateur solaire , ni avec une
rapidité ou un mouvement constamment égal ;
on en a conjecturé qu'elles ne font pas corps
avec le soleil , et qu'elles se meuvent près du
soleil , par une loi non encore déterminée.

De tous les corps célestes qui paraissent avoir
un mouvement propre, le soleil est le plus remarquable ; ce mouvement , contraire à la rotation
diurne , se manifeste par l'apparence des cieux
pendant la nuit, qui change constamment et se
renouvelle avec les saisons. Les étoiles situées
sur la route du soleil , et qui se couchent peu de
temps après, se perdent bientôt dans sa lumière,
et par la suite reparaissent avant son lever ; le
soleil avance donc vers elles dans une direction

contraire à son mouvement diurne : c'est ainsi
que, pendant long - temps, son mouvement
propre fut examiné ; mais à présent il est déterminé avec beaucoup de précision, en observant
chaque jour la hauteur méridienne du soleil, et
l'intervalle de temps qui s'écoule entre son passage et celui des étoiles sur le méridien. On a
ainsi le mouvement du soleil dans la direction
du méridien et dans la direction des parallèles ;
leur combinaison donne le mouvement vrai.
C'est de cette manière qu'il a été trouvé que
le soleil se meut dans une orbite qui, au
commencement de 1821, était inclinée à l'é-
quateur de 23° 27′ 57″ ; cette orbite se nomme
écliptique.

C'est par la combinaison du mouvement
propre du soleil et de son mouvement diurne
que se produisent les changemens des saisons.
Les points d'intersection de l'écliptique avec
l'équateur sont appelés les *équinoxes* ; le soleil,
dans ces deux points, décrivant l'équateur par
son mouvement diurne, et ce cercle étant divisé
en deux parties égales par les horizons, le jour
est alors égal à la nuit dans toutes les parties de
la terre. Au fur et à mesure que le soleil, en
quittant l'équinoxe du printemps, avance dans
son orbite, les hauteurs méridiennes au-dessus
de notre horizon augmentent de plus en plus.
L'arc visible des parallèles qu'il décrit chaque
jour s'allonge continuellement et augmente la

longueur des jours , jusqu'à ce que le soleil ait atteint sa plus grande latitude boréale.

A cette époque, les jours sont les plus longs ; et parce que , près de ce *maximum* , les variations de la hauteur méridienne du soleil sont insensibles , le soleil (en ne considérant que cette hauteur de laquelle dépend la longueur des jours) paraît stationnaire , ce qui a fait nommer ce point *solstice d'été.* Le parallèle que l'astre décrit alors se nomme *tropique du Cancer.* Il redescend dès ce moment vers l'équateur , qu'il traverse de nouveau à l'équinoxe d'automne, et de là arrive à son *minimum* de hauteur ou au *solstice d'hiver.* Le parallèle décrit alors par le soleil se nomme le *tropique du Capricorne* , et le jour est le plus court de l'année. Arrivé à ce terme , le soleil remonte de nouveau et retourne à l'équinoxe du printemps. Tel est le progrès constant du soleil et des saisons. Le printemps est la saison comprise entre l'équinoxe de ce nom et le solstice d'été ; l'intervalle entre ce solstice et l'équinoxe d'automne forme l'été ; l'automne est compris entre ce dernier équinoxe et le solstice d'hiver ; et l'hiver se trouve entre ce dernier solstice et l'équinoxe du printemps.

Voici le temps que le soleil met à parcourir maintenant les quatre saisons :

Printemps..................	92ʲ	21ʰ	16ᵐ
Été.....................	92	13	52
Automne.................	89	17	8
Hiver...................	89	1	31

Mais, en vertu du mouvement rétrograde de la ligne des équinoxes, cette inégalité dans la durée des saisons ne sera pas toujours la même par la suite des siècles.

Par ce qui précède, on a donc pu voir que le soleil est placé à peu près au centre des planètes, qui tournent autour de lui en des temps différens, et à des distances inégales, et que ce corps est la source de la lumière, de la chaleur et de la fécondation universelle de notre planète.

Le diamètre du soleil est de 315,000 lieues, et ce corps immense tourne sur son axe en 25 jours 10 heures.

Le volume du soleil est 1,384,472 fois plus grand que celui de la terre, mais sa masse n'est que 337,086 fois plus grande; d'où on conclut que sa densité est à peu près un quart de celle de la terre.

Le soleil est environné d'une atmosphère et souvent couvert de taches, dont quelques-unes ont cinq ou six fois le volume de la terre. L'observation de ces taches montre que cet astre tourne sur son axe, qui est à peu près perpendiculaire à l'écliptique; qu'il y a un applatissement aux pôles, qui donne au soleil la figure d'un sphéroïde de révolution, comme la terre et les autres planètes.

L'équateur solaire est incliné de 7° 30′ sur le plan de l'écliptique.

Un corps qui pèse une livre sur la surface

de la terre, transporté à la surface du soleil, y pèserait près de 28 livres, et abandonné à lui-même, il y tomberait avec une rapidité égale à 334 brasses 8 pouces en une seconde de temps.

Le soleil ainsi que toutes les autres planètes font leurs révolutions autour du centre de gravité du système, lequel centre est à peu près celui du soleil.

Vu de la terre, le diamètre apparent du soleil éprouve une variation périodique : ce diamètre est le plus grand lorsque la terre est dans son périhélie, vers le 31 décembre ; on le voit alors sous un angle 32′ 59″: il est le plus petit lorsque la terre se trouve dans son aphélie, vers le 1ᵉʳ de juillet, où on le voit sous un angle de 31′ 51″ ; de là on conclut son diamètre moyen, qui est de 32′ 25″.

La plus grande équation du centre est de 1° 55′ 28″ ; elle diminue de 17″ par siècle.

Le mouvement diurne du soleil de l'est à l'ouest, et son mouvement annuel dans l'écliptique, ne sont que des erreurs d'optique, causées par le mouvement réel de la terre sur son axe, et celui de son orbite.

D'après plusieurs phénomènes observés, on a conclu qu'une atmosphère environne le soleil, qui s'étend à une distance considérable. Il est également certain que sa lumière et sa chaleur sont créées par une combustion des gaz qui l'environnent. Euler fait sa lumière égale à 6500 bougies vues à la distance d'un pied, tandis que celle de la lune n'équivaudrait qu'à celle d'une seule bougie à $7\frac{1}{2}$ pieds de distance ; Vénus à 421 pieds, et Jupiter 1320 ; en conséquence le soleil se montrerait à nos yeux comme Jupiter, dans la supposition où ce corps serait transporté à 131,000 fois sa distance actuelle.

Feu Herschel dit que le soleil a une atmosphère très étendue, composée de fluides élastiques, plus ou moins brillans et transparens ; ce seraient les premiers qui nous procureraient la la lumière. Il pense que cette asmosphère n'a pas moins de 614 lieues, ni plus de 922 lieues de hauteur : il suppose que la densité des nuages solaires lumineux n'ont pas besoin d'être plus grands que ceux de nos aurores boréales, pour produire les effets qui caractérisent le soleil.

La similitude du soleil aux autres globes du système, en solidité, atmosphère, surface, montagnes et vallées, enfin sa rotation sur son axe, conduisent à penser que ce corps est probablement habité, comme les autres planètes, par des êtres dont les organes sont adaptés à leur situation.

Quelles que soient les objections à ce système, objections tirées des effets que le soleil produit sur la terre, à 32 millions de lieues de distance, et qui tendent à faire penser que tout doit être aride et brûlé sur la surface solaire, cependant plusieurs faits prouvent que les rayons du soleil ne produisent de chaleur que lorsqu'ils sont réfléchis. L'exemple est frappant de voir qu'au sommet des hautes montagnes on ne trouve que de la neige et de la glace, quoique (dans l'hypothèse où les rayons solaires produiraient seuls la chaleur à la surface de notre globe) ces sommités devraient être les lieux les plus chauds du globe, puisque le cours des rayons y est moins interrompu que dans toute autre position.

Le docteur Herschel pense que le soleil et les planètes ont un mouvement général, proportionnel au mouvement de la terre dans son orbite, relativement aux étoiles; mais dans cette raison, si la distance des étoiles est de 200,000 fois le diamètre de l'écliptique, le soleil emploierait 60,000 ans à traverser la distance qui le sépare de l'étoile fixe. La direction de ce mouvement tend vers la constellation d'Hercule.

Des apparences télescopiques du soleil.

Comme il est dit plus haut, lorsqu'on regarde le soleil à l'aide d'une lunette, on découvre souvent à sa surface des taches noires, ou moins éclairées que le reste du disque, de formes et de grandeurs différentes.

Ces taches s'évanouissent quelquefois en peu de temps, mais elles font souvent le tour entier du globe solaire, de l'est à l'ouest, avant de disparaître; elles restent de 12 à 13 jours à décrire la partie opposée, et se montrent encore à l'est, de manière à les reconnaître ; il n'en est aucune, quelle que soit sa grandeur ou son étendue, qui ne finisse par disparaître, et devenir aussi brillante que le reste du disque.

Toute tache qui a un noyau, ou partie centrale noire, est environnée d'une ombre.

La séparation du noyau à l'ombre est toujours distincte.

L'augmentation d'une tache est généralement graduelle ; la largeur du noyau et de l'ombre se dilatent en même temps.

La diminution se fait d'après la même loi.

Les limites extérieures de l'ombre ne sont jamais en angles aigus, mais toujours affectant la forme curviligne, quelle que soit l'irrégularité extérieure du noyau.

Pendant la diminution, le noyau d'une tache change souvent de figure ; la lumière gagne irrégulièrement sur le noyau, de telle sorte qu'on l'aperçoit atteindre le centre en peu de temps, en changeant toujours les limites premières : il en arrive souvent que le noyau paraît comme partagé en deux parties, et même davantage.

Lorsqu'une tache, composée d'un noyau et d'une ombre est près de disparaître, et qu'elle n'est pas remplacée par une facule ou tache plus éclairée que le reste du disque, alors le lieu est bientôt entièrement recouvert de manière à ne point le reconnaître.

LEÇON VIII.

Des phénomènes visibles des cieux.

LE soleil, source de la lumière, de la chaleur et de la fécondité de la terre, centre du système, a été décrit dans la leçon précédente; il est donc inutile d'y revenir pour ce qui regarde son aspect télescopique.

De la Lune.

Le corps qui fixe le plus l'attention après le soleil est évidemment la lune, satellite de la terre, dont le diamètre apparent est à peu près égal à celui du soleil, pour beaucoup de personnes, et d'autant plus remarquable, que cet astre semble régner pendant les nuits en l'absence du soleil.

En regardant ce satellite à l'œil nu, on voit à sa surface plusieurs taches noires ou plus foncées que le reste, qui sont produites par l'irrégularité de la surface lunaire, partagée en masses de formes et de grandeurs différentes. Lorsqu'on examine ces taches à l'aide d'une lunette, elles augmentent prodigieusement en

Figure de la Pleine Lune

Avec les noms des 31 points les plus remarquables, suivant Riccioli et Hevelius
assujetis aux moyennes librations de la Lune d'après Jérome de la Lande.

1. Grimaldi.
2. Galilée.
3. Aristarque.
4. Kepler.
5. Gassendi.
6. Schikard.
7. Héraclides.
8. Lansberge.

9. Copernic.
10. Volcan.
11. Bouliaud.
12. Eratosthenes.
13. Platon.
14. Archimedes.
15. Aratus.
16. Tycho.

Midi

Occident

Orient

Equateur

Equateur

27. Endove.
28. Aristote.
29. Manilius.

25. Cyrillus.
26. Fracastor.
27. Messala.

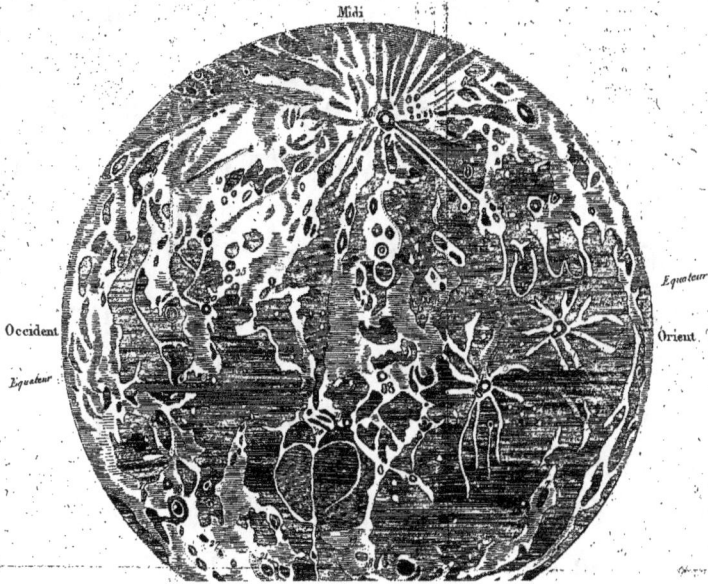

nombre, et l'on s'aperçoit qu'elles s'étendent suivant toutes les directions sur tout le disque de la lune.

Quelques-unes d'entre elles, remarquables par leurs formes, ont été nommées, et se reconnaissent toujours ; elles offrent toujours des ombres du côté opposé au soleil, et de la lumière vers le bord le plus rapproché de cet astre. Il en est d'autres qui, au contraire des premières, semblent être éclairées sur le côté le plus éloigné du soleil, et obscurcies sur le côté le plus rapproché.

Ces deux espèces d'ombres raccourcissent à mesure que le soleil éclaire les massifs lunaires plus directement, de sorte qu'à la pleine lune elles disparaissent tout-à-fait.

Pendant les troisième et dernier quartiers, les ombres reparaissent de nouveau, au contraire de ce qu'elles étaient pendant les premier et deuxième quartiers.

On a été porté à conclure de là que la première série des taches est produite par des hauteurs, et la dernière par des vallées.

Le temps le plus favorable à l'observation des taches de la lune est lorsqu'elle se trouve près de ses quadratures.

Il a été reconnu, avec des lunettes extrêmement fortes, que des éruptions volcaniques existent dans différentes parties de la surface de ce satellite, semblables en apparence et en effet , à nos montagnes volcaniques , telles que l'Etna et le Vésuve.

Plusieurs cartes de la surface lunaire ont paru de temps à autre; on doit particulièrement citer celles de Hévélius et de Russel , dans lesquelles on trouve représentées les apparences de la lune dans ses différens états , depuis la nouvelle jusqu'à la pleine lune , et de cette dernière à la première. La carte ci-jointe offre l'image de la lune , comme si on la regardait à l'aide d'une très bonne lunette ; elle a été dressée par l'illustre Lalande, astronome français. Langrenus et Riccioli nommaient les taches de la suface par des noms de philosophes , de mathématiciens et d'autres hommes célèbres , en désignant les taches les plus considérables par les noms des hommes les plus illustres. Hévélius les marquait par des noms géographiques, Russel adopta les deux systèmes ; cependant on n'a généralement admis que la première manière de désigner les taches.

On compte ordinairement trente-une taches principales , qui sont :

Dans la partie nord-est de la surface ;

Platon.	Copernic.
Héraclite.	Eratosthènes.
Aristarque.	Archimède.
Aratus.	Eudoxe et Aristote;
Képler.	plus, un volcan.

Dans le nord-ouest :

Dionise.	Ménélas.
Manilius.	Cléomède.
Pline.	Messola et Hermès.

Dans le sud-est du disque lunaire :

Schikard.	Grimaldi.
Ticho-Brahé.	Laënsberg.
Gassendi.	Ptolémée et Galilée.

Dans la partie sud-ouest :

Snellius.	Cyrillus.
Fracastor.	Albategnius
Pétau.	grenus.

Ces taches sont représentées dans la vue générale de la surface lunaire jointe à cet ouvrage.

La hauteur des montagnes lunaires a été souvent supposée beaucoup plus considérable que celle des montagnes de la terre ; le docteur Herschel est d'opinion qu'aucune d'entre elles n'excède deux tiers de nos lieues. Quant aux volcans, le même astronome observe que le 19 avril 1787, il en vit trois dans différens endroits de la partie obscure de la nouvelle lune. Deux de ces volcans sont près d'être éteints ou bien à l'état de repos, et près de recommencer leurs éruptions, mais le troisième continue ses éruptions de feu et matières ignées. La nuit suivante, il vit que le volcan brûlait avec encore plus de violence qu'auparavant : il estima

8*

que cette matière brûlante pouvait avoir trois milles anglais (une de nos lieues) de diamètre.

De Mercure.

Observée avec une forte lunette qui grossit de trois à quatre cents fois les objets , cette planète paraît également brillante sur toute la surface du disque qu'elle nous montre , n'ayant aucune tache ou apparence plus foncée que le reste.

Cette planète paraît avoir la même différence dans les phases , que la lune , offrant quelquefois l'aspect d'un croissant , d'une pleine lune ou d'une obscurité complète.

Le disque de Mercure est toujours parfaitement défini et tranché , sans aucune échancrure à ses bords et parfaitement brillant.

Dans chaque conjonction supérieure , presque tout l'émisphère éclairé de Mercure est tourné vers la terre , c'est donc le moment le plus favorable à l'observation ; mais la planète est souvent invisible alors , puisqu'elle se trouve cachée par le soleil.

De Vénus.

Lorsqu'on observe cette belle planète avec une bonne lunette , quand elle se trouve vers l'orient du soleil et qu'elle paraît au-dessus de l'horizon , après le coucher du soleil , elle se trouve presque ronde , mais petite , car elle est alors au-delà du soleil.

Au fur et à mesure que Vénus s'éloigne du soleil, vers l'est, le disque éclairé augmente, et on voit peu à peu la forme s'altérer, et prendre toutes celles que la lune nous montre dans son déclin.

Lorsque Vénus se trouve à la plus grande distance apparente du soleil, elle montre alors le spectacle de la lune dans son premier quartier.

Après ce moment, comme elle paraît s'approcher du soleil, Vénus affecte la forme concave dans sa partie éclairée, et forme le croissant; peu à peu, le soleil finit par la cacher; c'est le moment où elle présente à la terre son hémisphère entièrement éclairé, mais invisible, puisque la lumière de la planète est absorbée par les rayons solaires.

Au sortir de ces rayons, vers le bord occidental, on aperçoit Vénus le matin, avant le point du jour; elle offre alors un beau croissant; le disque s'éclaire de plus en plus, devient plus rond et plus petit, jusqu'à ce que la planète se cache ou se perde dans la lumière solaire.

On a remarqué des taches brillantes et noires sur le disque de Vénus; on ne peut cependant les observer qu'avec une bonne lunette et avec c une atmosphère très claire.

Quoique Cassini, Campani et Bianchini aient découvert les taches de Vénus dans les années 1665, 1666, 1726, 27 et 28, cependant le

docteur Herschel, qui fit un grand nombre
d'observations de cette planète, entre les années
1777 et 1793, dit qu'elle a probablement des
montagnes et des inégalités à sa surface ; mais
il n'a pas été à même d'en voir un bien grand
nombre, ce qui était probablement dû à son
atmosphèse extrêmement dense. « Pour ce qui a
rapport aux montagnes de Vénus, personne,
dit-il, ne pourra jamais les voir, à moins que
d'avoir les yeux meilleurs que moi, et d'observer avec un instrument plus considérable. »

De Mars.

L'apparence télescopique de cette planète
présente un spectacle plus varié que les deux
précédentes dont il vient d'être parlé : les taches
de la surface sont à la fois étendues et très
nombreuses.

En 1665, le docteur Hooke observa plusieurs
taches sur le disque de Mars, qui avaient un
mouvement très visible ; en 1666, Cassini en
vit d'autres dans les deux hémisphères de la
planète, qui lui firent déterminer le temps de
sa révolution diurne, opérée en 24 heures 40
minutes, ce qui s'accordait assez bien avec le
résultat des observations faites dernièrement par
Herschel.

Les bandes et apparences brumeuses de Mars
changent très souvent de forme et de disposition. Herschel a fait insérer dans les *Transac-*

tions philosophiques beaucoup de descriptions et de figures qui font connaître l'aspect de cette planète, dans ses différentes positions.

Des taches très brillantes ont été observées vers le pôle; on suppose qu'elles sont produites par les parties de la surface qui sont à l'état de forte congélation, et recouvertes de neige.

Pour ce qui regarde les taches polaires, le docteur Herschel observe que les pôles de la planète ne se trouvent pas exactement au milieu d'entre elles, quoique cependant ils occupent presque ce milieu. L'apparition et la disparition qui eut lieu en 1781, de la tache brillante du pôle nord, a fait voir que le cercle de son mouvement était à une distance considérable du pôle. Le calcul a donné de 76 à 77 degrés pour sa latitude nord.

Le pôle sud de Mars ne pouvait pas être à un grand nombre de degrés du centre de la grande tache méridionale de l'année 1781, quoique cette tache était d'une telle dimension, jusqu'à couvrir toutes les régions polaires, beaucoup plus loin que les 76 et 77e degrés.

De Jupiter.

L'aspect de cette belle planète, vue dans une forte lunette, ouvre un vaste champ aux recherches les plus intéressantes.

Jupiter est environné à sa surface de différentes zones ou bandes, dans lesquelles on voit tant de changemens, qu'on présume assez généralement qu'elles sont formées par des nuages de son atmosphère.

On a souvent remarqué des largeurs différentes à ces bandes, puis après on leur a vu prendre une largeur uniforme. De grandes taches se trouvent quelquefois au milieu d'elles, et lorsqu'une bande se dissipe et disparaît, les taches contiguës disparaissent de même. Le nombre de ces bandes est très variable, car on peut n'en voir qu'une seule, comme en d'autres temps on en aperçoit huit à la fois; elles sont en général parallèles entre elles.

Le temps qu'une même bande se montre est incertain; elle peut rester visible pendant trois mois de suite, comme elle peut s'évanouir et être remplacée par une autre en quelques heures. Dans quelques-unes de ces bandes, on remarque de grandes taches noires permanentes, qui se meuvent rapidement sur le disque de l'est à l'ouest, et qui reviennent en peu de temps se remettre à la même place : l'observation de ces taches a fait déterminer le temps de la rotation de Jupiter sur son axe.

En 1665, Cassini observa une tache près de la plus grande bande de Jupiter; c'est celle que l'on voit le plus fréquemment. Cette tache paraissait ronde, et se mouvant avec la plus grande vélocité possible, lorsqu'elle se trouvait vers le milieu ; elle paraissait plus étroite et se mouvoir plus lentement en se rapprochant des bords de la circonférence. Ces circonstances, dit le docteur Long, montrent que la tache adhère au corps sphérique de Jupiter, et qu'elle est emportée par la rotation, de la planète. Cette tache fut visible pendant toute l'année suivante, assez long-temps pour pouvoir déterminer le temps périodique de la rotation de Jupiter sur son axe.

Cette tache principale, que l'on considère comme la plus ancienne, est la plus grande et celle dont l'apparition a été la plus longue de toutes celles qui ont paru ; elle a disparu plusieurs fois, et s'est constamment montrée au même endroit, sous les mêmes formes : le temps le plus long auquel elle s'est montrée de suite a été de trois ans.

On observe près de Jupiter quatre petites étoiles qui l'accompagnent dans tous ses mouvemens, qu'on appelle ses satellites : ils sont invisibles à l'œil nu, mais ils offrent un fort joli spectacle, observés au moyen d'une lunette ordinaire.

Leur situation relative change sans cesse, ainsi que leur distance apparente du corps de Jupiter ; semblables à notre lune qui tourne autour de la terre, en éclairant nos nuits par la réflexion des rayons lumineux qu'elle reçoit du soleil, ces quatre satellites ou lunes de Jupiter éclairent également les nuits de cette belle planète.

Dans leur course autour du corps de leur planète première, de l'est à l'ouest, les satellites de Jupiter se trouvent souvent éclipsés par l'ombre qu'il projette ; enfin, on les voit aussi passer sur le disque de Jupiter, dont ils éclipsent une petite partie, en parcourrant ce disque sous la forme d'une corde.

En parlant de ces satellites, on les distingue par le premier, le second, le troisième et le quatrième ; le premier accomplit sa révolution le plus près du corps de la planète, et ainsi de suite jusqu'au dernier, dont l'orbite est à la plus grande distance du centre de Jupiter. Son orbite est la plus considérable.

Comme les satellites sont quelquefois éclipsés ou occultés ; et comme ils passent quelquefois sur le disque de Jupiter sous la forme de taches noires, on ne les aperçoit pas toujours tous les quatre à la fois. On calcule les éclipses de ces petits corps régulièrement tous les ans, et, considérés comme des objets fixes, ils sont de la plus grande utilité pour déterminer les longitudes.

De Saturne.

Dans une bonne lunette, Saturne offre une planète très remarquable et dont la vue produit toujours un certain degré d'étonnement, qu'il est très difficile de définir; cet étonnement est produit par un anneau qui enveloppe la planète de toutes parts, laissant un espace vide entre deux, de manière à permettre de voir les petites étoiles sur le fond du ciel, derrière Saturne.

Galilée est le premier qui ait observé cet anneau, mais il pensa que cette apparence était produite par deux petits globes qu'il croyait placés de chaque côté de la planète. Huygens découvrit que c'était un anneau parfait qui environnait la planète de toutes parts.

Cet accessoire de Saturne est un des phénomènes les plus curieux que l'on connaisse. Quelques astronomes ont pensé qu'un nuage brillant et permanent produisait cette apparence; d'autres, qu'un grand nombre de satellites, disposés dans le même plan, offraient une masse de lumière que la distance de la terre à la planète ne permettait pas de distinguer.

L'espace compris entre l'anneau et le globe de Saturne est un peu plus large que l'anneau lui-même; le plus grand diamètre de l'anneau est à celui du globe dans la proportion de sept à trois.

Quoique l'anneau de Saturne, vu dans un télescope de force moyenne, paraisse ne constituer qu'un seul plan solide, cependant Herschel et d'autres astronomes, avec des instrumens dont la force amplificative était considérable, ont découvert que cet anneau était divisé en deux

parties, formant deux cercles concentriques,
avec un espace compris entre l'anneau extérieur et l'intérieur, qui n'a pas moins de 946
lieues.

Lorsque la terre est la plus élevée possible
au-dessus du plan de l'anneau, celui-ci paraît
de forme ovale; et quand le plan de l'anneau
passe par la terre, il est alors invisible. L'ombre
de cet anneau est quelquefois visible sur le
disque de la planète.

Si le plan de l'anneau était perpendiculaire à
celui de l'orbite de la terre, on verrait un anneau parfait dans toute la circonférence, le corps
de Saturne occupant le milieu, et le ciel étoilé
de toutes parts entre l'anneau et la planète;
mais comme ce plan est incliné sur celui de
l'écliptique d'un peu plus de trente degrés,
nous voyons toujours l'anneau dans une position
oblique.

L'anneau est invisible, avec des lunettes ordinaires, lorsque sa tranche est tournée vers
nous; mais, au moyen de ses fortes lunettes,
Herschel a été à même de l'apercevoir dans
toutes les positions possibles.

L'anneau est le plus ouvert possible, lorsque
le diamètre vertical est égal à la moitié du
diamètre transversal, ce qui arrive deux fois
pendant une révolution de la planète autour
du soleil, c'est-à-dire une fois en près de
quinze ans. L'anneau est fermé ou invisible

vers le même intervalle de temps. Il était invisible en juin 1803 et au commencement de 1819.

On remarque sur Saturne des zones ou bandes obscures, qui traversent de temps à autre tout le corps de la planète, comme dans Jupiter. On croit encore que ces bandes sont produites par l'atmosphère, qu'Herschel a observé être très considérable.

Indépendamment de l'anneau, Saturne est suivi dans ses mouvemens par sept petites étoiles ou satellites, qui accomplissent des révolutions autour du corps de leur planète primaire à des distances différentes, comme les satellites de Jupiter.

Ces corps sont si petits, par rapport à la distance qui nous en sépare, qu'ils sont presque toujours invisibles, à moins que de les observer avec un très bon instrument et d'être favorisé par un temps très clair.

Les premier et deuxième satellites furent découverts par Herschel en 1787 et 1788. Pour prévenir toute espèce de méprise, il les nomma les sixième et septième, quoique plus près de la planète que les cinq autres. Cet astronome observe que le septième ou le plus éloigné de Jupiter tourne autour de son axe, précisément dans le même temps qu'il opère sa révolution autour de Saturne, semblable en cela à notre lune. Toutes les planètes accomplissent leur révolu-

tion autour de Saturne, à l'extérieur des anneaux.

De la planète Herschel.

Cette planète est la plus éloignée du soleil, et
se trouve probablement située aux confins de
notre sytème planétaire; elle n'est pas la plus
considérable, car elle est moins grande que Jupiter et Saturne. La lumière qu'elle réfléchit est
d'un blanc bleuâtre, et ne peut s'apercevoir
qu'avec une très forte lunette.

Herschel découvrit cette planète en 1784, et
depuis, il lui a reconnu six satellites, qui cependant ne sont visibles qu'avec beaucoup de difficultés en employant les meilleurs instrumens.
Les orbites de ces satellites sont à peu près perpendiculaires à l'écliptique.

Il a été présumé que le mouvement réel de ces
satellites était rétrograde ou contraire à l'ordre
des signes; mais il y a tout lieu de croire que
ceci n'est qu'une illusion d'optique.

Des Astéroïdes.

Les quatre petites planètes qui se trouvent
entre Mars et Jupiter, appelées *Cérès*, *Pallas*,
Junon et *Vesta*, sont très petites, et ne s'aperçoivent qu'avec le concours des circonstances
les plus heureuses sous le rapport des instrumens, de l'œil de l'observateur et du temps.

Cérès fut découverte à Palerme, par Piazzi,

le 1er janvier 1801, dans la constellation du Taûreau ; Pallas, qui vient après, fut découverte à Brême, par Olbers, le 20 mars 1822 ; Junon le fut à l'observatoire de Lilianthal, près de Brême, par Harding, le 1er septembre 1804 ; et Vesta fut observée par le même M. Olbers, le 29 mars 1807.

Espaces parcourus dans leurs orbites en 1' (une minute de temps), *exprimés en lieues.*

Mercure............................	653 lieues.
Vénus.............................	485
La terre...........................	412
La lune............................	14
Mars..............................	329
Cérès.............................	252
Jupiter............................	178
Saturne...........................	132
Herschel..........................	93

Des Comètes.

Vues avec de fortes lunettes, les comètes ont un aspect très différent de celui que nous offrent les planètes. Le noyau d'une comète paraît beaucoup plus obscur ou sombre que celui d'une planète ; ce corps est, suivant toutes les apparences, environné d'une atmosphère très étendue, qui s'élève souvent dix fois plus haut que le noyau entier ou la tête de la comète.

Les queues des comètes paraissent beaucoup plus denses à l'œil nu qu'avec une lunette ; elles doivent probablement leur origine à de la va-

peur que la chaleur solaire élève en raison de
sa force, car plus une comète approche de cet
astre, plus sa queue prend de l'étendue et de
l'éclat; en s'éloignant, on observe les phénomènes contraires.

Les astronomes les plus célèbres pensent avec
raison que les queues des comètes doivent leur
origine à la réfraction et condensation de la
lumière solaire, par l'atmosphère brumeuse de
ces sortes de corps : il serait possible que les planètes offrissent le même spectacle, si leur
atmosphère était aussi chargée que celle des
comètes, et si elles étaient mues avec des rapidités aussi grandes.

On prétend que le noyau de la comète de
1618 se divisa en trois ou quatre parties irrégulières, peu de jours après qu'elle devint visible. Un observateur les compara à autant de
masses carbonneuses, changeant leur situation
pendant qu'il les considérait; quelques jours
après, ces premières masses se rompirent en
plusieurs fragmens. On ne saurait dire jusqu'à
quel point ces faits sont possibles, mais il serait
à désirer que ce spectacle s'offrît de nos jours;
on pourrait peut-être alors, avec de meilleurs
instrumens, acquérir des connaissances sur la
nature des comètes, qui nous manquent entièrement.

L'espèce de fumée que plusieurs observateurs
ont cru remarquer au milieu de la queue, et

qui appuie sa base sur le corps même de la
comète, n'est autre chose que l'ombre projetée
vers le côté opposé au soleil, parmi les rayons
solaires réfractés qui forment la queue.

Des Étoiles fixes.

La distance des étoiles fixes est telle que lorsqu'on les regarde avec les meilleures lunettes,
leur grandeur apparente n'en est que diminuée,
ce qui est dû à l'instrument qui détruit la radia-
tion de la lumière.

La vivacité de la lumière étoilaire, comparée à leur diamètre apparent si petit, nous conduit à conclure que ces corps sont à des distances beaucoup plus grandes que les planètes,
et sont des corps lumineux par eux-mêmes,
semblables au soleil.

Quoique les étoiles fixes ne soient pas augmentées par les lunettes, de manière à pouvoir
nous offrir un disque sensible, cependant Herschel a découvert qu'il en augmentait le nombre
en augmentant la force de ses instrumens, et
de là, il conclut que ces nombres étaient à
l'infini.

C'est au moyen de son grand télescope, décrit précédemment, qu'il vit dans une partie de
la voie lactée, près de la constellation d'Orion,
plus de 50,000 étoiles assez grandes pour permettre de les compter distinctement et passer
devant son instrument en une heure de temps;
et en outre, deux fois autant qu'il ne voyait que

de temps à autre, en formant des sillons de lumière.

Conséquences naturelles qui résultent des phénomènes précédens.

Il a été démontré que les apparences des objets sont variées et différentes suivant les situations et les mouvemens du spectateur. Afin que l'on ait une connaissance plus distincte du système solaire, et que la beauté admirable de l'univers, ainsi que les mouvemens harmonieux des corps qui y sont contenus, puissent être mieux compris, il est nécessaire d'observer ce *divin tout* d'un seul point; mais pour avoir une notion à la fois juste et vraie du monde, on doit le supposer observé dans des situations et des distances différentes, pour qu'en contemplant les différentes vues qu'il nous présente, et en les comparant ensemble, on puisse obtenir au moins une connaissance distincte de notre propre système, ainsi que des parties de l'univers les plus éloignées.

Ainsi donc, pour comprendre les corps célestes, leurs mouvemens et leurs apparences, que l'on appelle *phénomènes*, on ne doit pas se supposer habitant la terre, et fixé à une seule demeure, mais imaginer que l'on a le pouvoir de passer dans les régions de l'espace, et même sur le soleil, pour observer de là la régularité et l'harmonie des mouvemens. Il s'ensuivra que le

spectateur sera toujours dans le centre de sa
propre vue ; car dans un espace indéfini , où il
n'y a pas de bornes , tous les objets qui sont à
une grande distance, quoique très éloignés
les uns des autres, et paraissant sur la ligne
droite qui passe par notre œil , seront vus au
même point de l'espace ; tous les corps paraîtront
également éloignés, quand leurs distances de-
viendraient si grandes que l'œil ne pourrait les
estimer. En conséquence , le spectateur les con-
sidérera comme placés dans la surface d'une
sphère où ils paraîtront faire leurs mouvemens,
et dont son œil sera le centre. Ainsi, quoique
la lune soit quatre cents fois plus près de nous
que le soleil, et celui-ci beaucoup plus près
que les étoiles fixes, cependant tous paraissent
placés dans la même surface concave des cieux.
Dans quelque lieu que le spectateur réside , sur
la terre ou le soleil , dans Saturne ou Herschel,
même dans les étoiles fixes, celui-là sera considéré par les habitans comme point central de l'u-
nivers, puisque ce sera le centre de cette surface
sphérique sur laquelle tous les corps éloignés
sembleront être placés. Ainsi donc, un spectateur
placé dans le soleil et regardant le ciel , observera que sa surface est concave et sphérique,
qu'il s'y trouve des multitudes innombrables d'é-
toiles, que nous nommons fixes , dispersées de
tous côtés et servant d'ornement à la voûte
céleste.

Outre ces étoiles fixes, dont le nombre est incalculable et qui n'appartiennent pas au système solaire, il en est d'autres qui accomplissent leurs révolutions autour du soleil, dans des périodes de temps très différentes ; elles doivent par conséquent avoir des changemens très variables dans leurs positions, ainsi que dans leurs distances entre elles et à l'égard des fixes.

Ces globes ou étoiles sont appelés *planètes* ou étoiles *errantes;* parmi elles se trouve la terre : le soleil, les planètes, leurs satellites et les comètes, sont les corps qui composent ce qu'on nomme le *système solaire* ou *planétaire.*

Les noms et les caractères du soleil et des planètes sont comme suit : le soleil ☉ au centre ; ensuite Mercure ☿, Vénus ♀, la Terre ♁, Mars ♂, Vesta ⚶, Junon ⚵, Cérès ⚳, Pallas ⚴, Jupiter ♃, Saturne ♄ et Herschel ou Uranus ♅. Ce système contient en outre dix-huit *planètes secondaires :* la lune, les quatre satellites ou lunes de Jupiter, les sept satellites de Saturne, et les six appartenans à la planète Herschel ; le nombre des comètes est considérable, mais inconnu.

Le mouvement réel des planètes est dans la même direction que celui du soleil sur son axe, c'est-à-dire de l'ouest à l'est. Leurs orbites sont dans des plans peu inclinés les uns à l'égard des autres, de sorte que les plans de ces orbites, dans les cieux, forment des angles d'un petit nombre de degrés avec le cercle dans lequel la

terre tourne autour du soleil. Comme tous les
plans qui ne sont pas parallèles se coupent en
des lignes droites, ainsi les plans des orbites
dans lesquels les planètes se meuvent, se coupent en des lignes qui passent par le centre du
soleil : par conséquent, le spectateur qui y serait
placé observerait que les planètes se meuvent
dans la surface concave des cieux, et qu'elles accomplissent leurs mouvemens dans de grands
cercles qui divisent le ciel en deux parties égales.
L'œil se trouvant ainsi dans les plans des orbites de toutes les planètes, ne pourrait jamais, par
ce moyen, juger de leurs différentes distances
au soleil ; car de là elles lui paraîtraient toutes
également éloignées ; par conséquent, pour observer ces différentes distances, aussi-bien que
leurs périodes, il est nécessaire que le spectateur
se transporte au-dessus des plans de toutes les
orbites, dans une ligne perpendiculaire au plan
de l'orbite de la terre. Si l'on s'élève à une hauteur égale à la distance de la terre au soleil, on
n'observera pas seulement alors les étoiles fixes
dans les mêmes positions qu'auparavant, mais
on verra aussi le soleil et les planètes dans les
cieux ; le soleil, immobile comme une étoile fixe,
et les planètes, se mouvant autour de lui dans des
cercles plus ou moins grands, à des distances et
à des périodes très différentes. Les planètes qui
achèveront leurs révolutions plus tôt seront les
plus près du soleil, et leurs cercles seront les

plus petits ; celles qui prendront plus de temps pour accomplir leurs révolutions décriront des cercles plus grands, et se trouveront plus éloignées du soleil. Ainsi, l'ordre des planètes sera tel qu'il est représenté planche 8, où le soleil se trouve au centre de toutes leurs orbites, et autour duquel les planètes circulent de l'ouest à l'est, suivant l'ordre des signes.

Mercure, la plus rapprochée des planètes, tourne autour du soleil en 87^j 23^h 15' 44", et sa distance moyenne est de 13,361,000 lieues, à peu près.

Vénus tourne autour du soleil en 225 jours, à peu près, à la distance moyenne de 24,966,000 lieues.

La terre tourne autour du soleil en 365 jours un quart, à peu près, à la distance de 34,515,000 lieues.

Mars fait sa révolution en près de 687 jours ; sa distance moyenne est de 52,613,000 lieues.

Vesta, en 1,335 jours, à peu près, à la distance moyenne de 81,904,1000 lieues.

Junon, en 1,591 jours, à la distance moyenne de 92,051,500 lieues.

Cérès, en 1,681 jours et demi ; sa distance moyenne est de 95,532,000 lieues.

Pallas, en 1,682 jours; sa distance moyenne est de 95,600,000 lieues.

Jupiter, en près de 4,333 jours, à la distance moyenne de 179,575,000 lieues.

Saturne, en 10,759 jours, à la distance moyenne de 329,232, lieues.

Uranus ou la planète Herschel, en près de 30,689 jours, à la distance moyenne de 662 millions 114,000 lieues.

La lune, les satellites de Jupiter, de Saturne et d'Herschel, décrivent des orbites autour de leurs planètes respectives, semblables à celles que ces planètes décrivent autour du soleil.

Les comètes décrivent des orbites très excentriques; souvent une comète approche assez près du soleil pour être cachée dans ses rayons; et d'autres fois elle s'éloigne à de telles distances de cet astre, qu'elle en est probablement emportée hors de notre système planétaire, et reste ainsi des siècles sans revenir.

LEÇON IX.

De la terre, de ses mouvemens, des phénomènes physiques qui
en résultent, et de son atmosphère.

LA terre est un corps sphérique, aplati de
$\frac{1}{308.65}$ sous les pôles, d'après feu Delambre; on
peut donc la considérer comme un sphéroïde de
révolution assez semblable à un globe parfait.

Sans avoir recours à des principes géométriques, on peut démontrer la vérité de cette
forme par les voyages des différens naviga-
teurs, qui, en dirigeant toujours leur cours
vers l'ouest, sont revenus vers le lieu de leur
départ.

On en trouve encore la démonstration dans
l'aspect circulaire de la mer, et les circonstances particulières sous lesquelles on aperçoit
les grands édifices lorsqu'on les considère de
loin. Car, lorsqu'un navire met à la voile, on
perd d'abord de vue le corps du bâtiment, et ensuite la mâture et les cordages; enfin, en dernier lieu, les extrémités des mâts, qui semblent
se plonger dans l'eau, ce qui n'est évidemment
ment causé que par la convexité de la surface

de la mer, interposée entre l'œil et l'objet, sans quoi la partie la plus forte et la plus apparente de ce navire eût été visible la dernière.

L'ombre de la terre, projetée sur la lune dans une éclipse, qui est toujours circulaire dans toutes les positions, offre une autre preuve de la sphéricité de notre globe; on en déduit encore une autre par l'élévation graduelle de l'étoile polaire, par exemple, qui augmente de plus en plus au fur et à mesure qu'on avance vers le nord.

Les petites inégalités de la surface terrestre, causées par les montagnes et les vallées, ne sauraient produire une objection matérielle contre l'hypothèse de la sphéricité de la terre, puisque, suivant la remarque judicieuse du célèbre physicien français M. Biot, ces inégalités terrestres ne peuvent pas se comparer aux aspérités qui recouvrent la peau d'une orange, par rapport à son diamètre; ou bien à un grain de sable, comparé à un globe en carton qui aurait un pied de diamètre.

Le diamètre de la terre, au 45e degré de latitude, a 2865 lieues.

Du mouvement diurne de la terre.

La révolution journalière de la terre sur son axe, de l'ouest à l'est, occasione le mouvement apparent du soleil, de la lune et des étoiles, dans le même espace de temps et dans

un sens contraire ; c'est-à-dire de l'est à l'ouest.
Ce mouvement produit la succession des jours
et des nuits, suivant que les différens points de
la surface terrestre se rapprochent du soleil ou
s'en éloignent.

Comme un des hémisphères se trouve toujours éclairé pendant que l'autre est dans l'obscurité, le temps qu'un lieu emploie à décrire
l'hémisphère éclairé (par la révolution de la
terre sur son axe) forme la longueur du jour
de ce lieu ; et celui qui est employé à décrire
l'hémisphère obscur est ce qui détermine la
longueur de la nuit.

On démontre facilement ces deux vérités au
moyen d'un globe terrestre. Supposons en effet
que l'hémisphère supérieur, ou celui qui est au-
dessus de l'horizon, soit la partie éclairée de la
terre ; on élève le pôle nord si la déclinaison
du soleil est septentrionale ; on le porte sud
lorsque cette même déclinaison est méridionale ; on tourne doucement le globe sur son
axe de l'est à l'ouest, et les endroits que l'on
verra monter au-dessus de l'horizon occidental sont éclairés par le soleil levant ; ceux qui
se trouvent au méridien comptent alors midi, et
ceux qui descendent dans l'est voient le soleil
couchant. Quelques lieux vers les pôles n'ont
ni lever ni coucher lorsque le soleil est près
des tropiques ; ils tournent autour des pôles en
jouissant constamment du jour ou de la nuit,

suivant qu'ils sont dans l'hémisphère éclairé ou dans celui qui ne l'est pas.

On a observé que le soleil et les planètes sur lesquelles il y a des taches visibles, tournent autour de leur axe, car ces taches opèrent un mouvement régulier sur leur disque.

N'est-il pas raisonnable de conclure de ce phénomène, que les planètes sur lesquelles on ne voit aucune tache, ainsi que la terre qui est aussi une planète, opèrent des mouvemens de rotation semblables ? Comme il nous est impossible de quitter la terre pour l'observer à une certaine distance, et de plus, son mouvement de rotation étant très doux et uniforme, nous ne pouvons donc pas voir ce mouvement sur son axe, comme nous le voyons dans les autres planètes, ni nous en sentir affectés.

La forme sphéroïde de la terre, semblable à celle des autres planètes, nous donne tous les moyens nécessaires pour juger que les planètes tournent autour de leurs axes. Celles qui ont des taches permanentes, par lesquelles les mouvemens ont été déterminés, ont fait voir qu'ils avaient toujours lieu dans le même sens, de l'ouest à l'est, comme celui de la terre.

Du mouvement écliptique de la terre.

Comme la terre tourne autour du soleil en 365j 5^h 48' 51", ce dernier corps paraît tourner autour de nous dans le même temps, en décri-

vant dans le ciel un cercle qu'on nomme l'écliptique.

La portion du ciel, de seize degrés à peu près
de largeur, où l'écliptique passe par le milieu,
est nommée le *zodiaque*, dans lequel sont comprises toutes les déviations apparentes et toutes
les latitudes des planètes.

Le zodiaque est divisé en douze parties égales,
chacune de trente degrés, appelées les *signes
du zodiaque*, d'après les noms des constellations
qui y passaient autrefois, et qui en sont écartées
depuis une époque qui remonte à près de 1900
ans, par suite du phénomène de la précession
des équinoxes.

Les étoiles ayant un mouvement apparent de
l'ouest à l'est, dû à la précession des équinoxes,
ces constellations ne peuvent plus répondre à
leurs signes particuliers; par conséquent, quand
on dit qu'une étoile est dans tel signe du zodiaque, on ne doit point en inférer qu'elle se trouve
dans la constellation du même nom, mais bien
dans cette douzième partie du zodiaque, auquel
le nom primitif a été conservé.

Les constellations du zodiaque sont : le Bélier ♈, le Taureau ♉, les Gémeaux ♊, le
Cancer, ♋, le Lion ♌, la Vierge ♍, la Balance ♎, le Scorpion ♏, le Sagittaire ♐, le
Capricorne ♑, le Verseau ♒, les poissons ♓.
Les figures précédentes, qui représentent les
douze signes, sont ordinairement peintes sur

les globes artificiels, dans cette partie de sa surface sphérique qui correspond à la partie de la sphère concave des cieux dans laquelle se trouvent les signes respectifs.

Les six premiers de ces signes se trouvent dans la partie septentrionale, les autres dans la partie méridionale.

Comme l'axe de la terre est perpendiculaire à la ligne équinoxiale, et que le plan de ce dernier cercle fait, avec l'orbite terrestre, un angle de 23° 28', cet axe, dans toutes les parties de sa révolution autour du soleil, fait, avec le plan de l'orbite et de l'écliptique, un angle de 66° 72', complément du premier; cette inclinaison donne lieu au phénomène des saisons.

Comme il n'y a que l'hémisphère éclairé de la terre qui soit tourné vers le soleil, la ligne qui limite la clarté et l'obscurité est un grand cercle qui divise le globe en deux portions égales : ce cercle est nommé *cercle d'illumination* ou *terminateur*. Si l'axe de la terre était perpendiculaire à l'orbite, ce cercle passerait toujours par les pôles, et par conséquent il n'y aurait aucun changement dans les saisons. Mais comme cet axe est incliné sur le plan de l'écliptique ; ce *terminateur* ne passe par les pôles qu'aux équinoxes; à tout autre temps, les pôles s'éloigneront de ce cercle d'une quantité égale à celle qui est exprimée par la déclinaison du soleil; lorsque cet astre a 23° 28' à peu près de déclinaison nord, ou bien se trouve dans le premier point du Cancer, le terminateur touche alors les cercles arctique et antarctique; et toute cette partie de la terre qui environne le pôle nord, comprise entre le cercle polaire arctique, jouit d'un jour constant; la partie qui lui est opposée vers le sud éprouve une nuit pareille.

Au contraire, lorsque le soleil atteindra sa plus grande déclinaison méridionale, la zone glaciale méridionale sera éclairée, et celle du nord sera dans l'obscurité. Dans le premier cas, le pôle nord se présente ou incline vers le soleil; et dans le second, c'est le pôle sud : toutes les positions septentrionales jouissent donc d'un jour plus long, proportionnellement à leur proximité du pôle, et au fur et à mesure que le soleil augmente sa déclinaison nord, tandis que les positions méridionales éprouvent une diminution de jour due aux mêmes causes; le cas contraire a lieu lorsque le soleil acquiert une déclinaison méridionale.

L'obliquité de l'écliptique n'est pas constante; elle diminue continuellement, c'est-à-dire que l'équateur et l'écliptique tendent à se confondre en une seule ligne, puisque la diminution de l'angle d'obliquité est d'une demi-seconde à peu près par an.

Les calculs faits par M. Laplace ont prouvé que cette diminution est de 52″,1 par siècle.

On attribue ce changement de positions aux actions réciproques des autres planètes sur la terre, particulièrement celles de Vénus et de Jupiter, mais principalement celles de la première de ces deux planètes.

Indépendamment de ce mouvement progressif de l'axe de la terre vers une direction perpendiculaire au plan de l'écliptique, cet axe a encore un mouvement de *libration* qui fait continuellement varier l'inclinaison d'un certain nombre de secondes, soit en avant, soit en arrière : la période de ces variations est de neuf ans. Ce mouvement tremblant (si l'on peut s'exprimer ainsi) est nommé la *nutation* de l'axe terrestre. Il est occasioné par le double effet des inégalités d'action du soleil et de la lune sur le sphéroïde aplati de la terre.

Au commencement de 1817, l'obliquité de l'écliptique était de 23° 27′ 52″, et la nutation de 4″,5.

Les points équinoxiaux ont un *mouvement* rétrograde de l'est à l'ouest, contraire à l'ordre des signes. Ce mouvement est appelé la *précession des équinoxes ;* il a lieu dans la raison de 50″ par an, à peu près.

Quant aux causes physiques de ce dernier phénomène, Newton démontre qu'il provient de la figure de la terre, et qu'il est occasioné par la rotation sur l'axe ; car, comme les molécules sont venues s'accumuler, par suite de ce

mouvement, en plus grande quantité autour de
l'équateur que partout ailleurs, le soleil et la lune,
se trouvant de l'un ou l'autre côté de l'équateur,
en attirant ces molécules surabondantes, amènent
l'équateur plus tôt sous eux dans chacun de ses
retours, que si cette accumulation n'existait pas.

Considérations particulières sur les mouvemens de la terre.

La terre est un globe dont le diamètre est de
2865 lieues; le soleil, comme on a vu, est
beaucoup plus grand. Si le centre de la terre
coïncidait avec celui du soleil, son volume com-
prendrait l'orbite de la lune, et s'étendrait encore une fois aussi loin; en outre, sa distance
de nous est égale à vingt-quatre mille quatre-
vingt-seize rayons de la terre, ou son demi-
diamètre. Il est donc beaucoup plus simple
d'attribuer au globe que nous habitons un mouvement de rotation sur son axe, que de supposer
un mouvement aussi rapide que le serait celui
qui ferait tourner en un jour une masse aussi
considérable et si éloignée que le soleil? Qu'est-
ce qui pourrait contre-balancer sa force centrifuge? Chacune des étoiles présente cette même
difficulté, multipliée par la différence de leurs
distances; tout est expliqué par la simple rotation de la terre sur son axe. Le tableau suivant
offre les mesures précises des dimensions de la
terre en lieues de 2280 toises.

	licues.	toiscs.
Demi-diamètre de l'équateur......	1435.028 ou	3,271,864
Demi-diamètre du pôle..........	1430.379	3,261,265
Demi-diamètre du point à 45°.....	1432.703	3,266,564
Aplatissement...................	4.649	10,599
Quart du méridien de Paris.......	2250.03	5,130,740
Longueur d'un degré du méridien..	25	57,000

Le pôle de l'équateur paraît se mouvoir lentement autour de l'écliptique, d'où résulte la
précession des équinoxes. Si la terre est immobile, le pôle de l'équateur doit l'être également,
puisqu'il correspond toujours au même point de
la surface terrestre ; par conséquent l'écliptique
se meut autour de ces pôles, et dans ce mouvement il emporte les corps célestes. Ainsi, tout
le système composé de tant de corps qui diffèrent
entre eux en grandeurs, en mouvemens et en
distances, serait encore assujetti à un mouvement général, qui disparaît et se trouve réduit
à une simple apparence, si on suppose que l'axe
terrestre se meut autour des pôles de l'écliptique.

Emportés avec une rapidité qui est commune
à toutes les choses qui nous environnent, nous
sommes dans l'état du spectateur placé à bord
d'un vaisseau qui vogue. Il peut se croire en
repos, tandis que les côtes, les montagnes et
tous les objets placés en dehors, semblent en
mouvement. Mais, en comparant l'étendue de
la côte, des plaines, et la hauteur des mon-

tagnes, avec la petitesse du navire, il reconnaît
que le mouvement apparent de ces objets provient de son propre mouvement. Les étoiles
innombrables qui remplissent la région célest e
sont, relativement à la terre, ce que les côtes
et les montagnes sont au vaisseau; les mêmes
raisons qui persuadent le navigateur doivent
prouver le mouvement de la terre.

Ces raisons sont encore confirmées par l'analogie. Un mouvement de rotation a été observé
dans plusieurs planètes, et toujours de l'ouest
à l'est, semblable à celui que le mouvement
direct des cieux semble indiquer à la terre.
Jupiter, beaucoup plus grand que la terre, se
meut autour de son axe en moins de douze
heures. Un observateur placé à la surface verrait les cieux tourner en cet espace de temps;
et cependant ce mouvement ne serait qu'apparent.

Il n'est donc pas raisonnable de penser que
cet espace de temps soit le même que celui que
nous observons sur la terre. Et ce qui confirme
cette analogie, c'est que la terre et Jupiter sont
tous les deux aplatis aux pôles. Tout nous conduit donc à conclure que la terre a réellement
un mouvement de rotation, et que le mouvement diurne des cieux n'est qu'une illusion produite par cette rotation; illusion qui représente
les cieux comme une voûte bleue immense,
dans laquelle toutes les étoiles sont fixées, et la

terre comme un plan sur lequel cette voûte serait posée. Ainsi l'astronomie a surmonté les
illusions des sens ; mais ce ne fut qu'après que
ces illusions eurent été dissipées par un grand
nombre d'observations et de calculs , que
l'homme admit les mouvemens du globe , la
chute des corps graves vers le centre , et sa
vraie position dans l'univers.

Comme il est dit ci-dessus , le diamètre moyen
de la terre est de 2865 lieues , et elle tourne
sur son axe en 23ʰ 56′ 4″ à la distance moyenne
de 34,515,000 lieues.

La longitude de la terre , au 1ᵉʳ janvier 1819,
était de. . . . . .3ˢ 10° 18′ 57″

La longitude du périhélie, ou
du point le plus rapproché de
son orbite , au soleil. 3   9 48 40

L'inclinaison de l'axe sur l'é-
cliptique. 0 66 32 27

La plus grande équation. . . . 0   1 55 28

Le mouvement moyen jour-
nalier. 0   0 59   8,3

La parallaxe horizontale, ou
l'angle de son demi-diamètre,
vu au soleil. 0   0   0   8,6

La révolution sidérale s'accomplit en . . . . .
365ʲ 6ʰ 9′ 11″,5.

La révolution tropicale , ou année tropique ,
est de 365ʲ 4ʰ 48′ 51″,6.

Suivant M. Laplace , la proportion du diamètre polaire au diamètre équatorial est comme 331 à 332.

Si la distance moyenne de la terre au soleil est exprimée par 1, sa distance au périhélie sera de 0,9832, et celle de l'aphélie de 1,0168.

Ces deux points du périhélie et de l'aphélie, qu'on nomme les apsides, ont un mouvement sidéral direct, qui est de 19′ 38″,8 en un siècle ; mais son mouvement tropical direct est de 1′ 1″,9 par an, ou 1° 43′ 9″,8 par siècle.

Une révolution entière des apsides s'accomplit en 20931 ans à peu près.

La diminution séculaire de l'obliquité de l'écliptique est de 52″,1 ; et suivant l'illustre Laplace, l'inclinaison de l'écliptique sur l'équateur ne saurait dépasser les limites de 2° 42′.

Comme la force centrifuge est plus grande à à l'équateur qu'aux pôles, le poids des corps augmente de l'équateur aux pôles. Si la gravité d'un corps est 1 à l'équateur, il sera 1,00569 aux pôles. Cette variation d'action de la gravité à différentes latitudes fait vibrer le pendule plus lentement à l'équateur qu'aux pôles, car pour battre les secondes à l'équateur, un pendule ne doit avoir que 36ᵖ 7ˡ,07 de longueur, tandis qu'au Spitzberg il a 36ᵖ 9ˡ,38.

Le pendule prouve ainsi que toutes les parties de la surface de la terre ne sont pas équidistantes du centre ; le calcul donne à peu près quatre lieues et demie (chacune de 2280 toises) de plus au rayon équatorial qu'au rayon polaire : à peu près 10,599 toises. Comme la gravité varie en raison inverse du carré de la distance au centre, elle doit être différente dans toutes les latitudes.

La vélocité de la terre, semblable à celle des autres planètes, varie dans les différens points de son orbite ; elle est la plus rapide au périhélie, vers le 1er de janvier, et la plus lente dans l'aphélie, vers le 1er juillet : dans le premier de ces points, notre planète parcourt 62′ 12″ par jour, et dans l'autre, seulement 59′ 12″.

Cette inégalité dans le mouvement orbiculaire de la terre produit une inégalité dans les deux deux saisons opposées de l'été et de l'hiver : la première demi-partie de l'année, décrite au nord de l'équateur, est à peu près de huit jours plus longue que la dernière ; c'est-à-dire que l'intervalle qui sépare l'équinoxe du printemps de l'équinoxe d'automne est de huit jours plus long que l'intervalle compris entre l'équinoxe d'automne et celui du printemps.

De l'équinoxe du printemps au solstice d'été, on compte. . . . . 92^j 21^h 36^m

De ce dernier solstice à l'équinoxe d'automne, il y a. 93 13 58

A partir de cette époque jusqu'au solstice d'hiver. 89 16 51

Enfin, de ce solstice à l'équinoxe du printemps. 89 1 24

De là on trouve que de l'équinoxe de printemps à celui d'automne on compte 186 jours
11 heures 34 minutes, et de l'équinoxe d'automne à celui du printemps, 178 jours 18
heures 15 minutes, produisant une différence
de 7 jours 17 heures 29 minutes.

La vélocité de la lumière est à celle de la
terre dans son orbite comme 10,313 est à 1;
l'observation a prouvé que la lumière met
8′ 7″,5 à nous venir du soleil.

L'observation a encore démontré que lorsque
la terre est dans son périhélie, il faut 7′ 58″,2
pour que la lumière solaire nous parvienne,
tandis qu'à l'aphélie, ou la plus grande distance, elle prend 8′ 15″,9 : de là le mouvement à la moyenne distance qui se fait
en 8′ 7″,5.

Le mouvement progressif de la lumière, combiné avec le mouvement orbiculaire de la terre,
produit une illusion optique dans la lumière que
nous envoient le soleil et les étoiles, découverte
par Bradley, et nommée l'*aberration*.

L'aberration moyenne du soleil est de 20″,
ce qui fait paraître ce globe moins avancé de
toute cette quantité qu'il n'est réellement.

Cette aberration affecte les latitudes, longitudes, déclinaisons et ascensions droites des
planètes, dont il faut toujours tenir compte
dans le calcul de ces élémens. (Voir ces mots
la leçon 1ᵉ.)

De l'Atmosphère terrestre.

L'atmosphère est un fluide gazeux qui environne la terre de toutes parts ; elle est mélangée de plusieurs substances et cause des phénomènes divers ; elle contient de l'eau en vapeur qui n'en trouble pas la transparence, ou de l'eau en suspension, sous la forme de nuages et de brouillards.

Ce sont ces globules aqueux qui, réfléchissant la lumière après qu'elle les a traversés, la décomposent et en séparent les couleurs de *l'arc-en-ciel*. Les *étoiles filantes* et autres météores lumineux qu'on aperçoit voltiger dans l'air, les éclairs, le tonnerre et les aurores boréales, sont des phénomènes électriques qui se forment dans l'atmosphère. Quelque légères que soient ses dernières couches, elles sont cependant retenues par l'attraction de notre globe, qui, dans son double mouvement, emporte l'atmosphère avec lui, comme il entraîne les eaux qui sont à sa surface. La force centrifuge, due à la rotation de la terre, donne à cette masse aériforme la figure d'un sphéroïde aplati aux pôles, que déforment sans cesse l'action du soleil et celle de la lune. Au-delà de l'atmosphère est le *vide absolu ;* il est impossible d'admettre que l'immensité de l'espace soit occupée par *l'éther* (ce fluide impondérable et d'une excessive mobilité, selon quelques

savans), car ce gaz serait une cause retardatrice
du mouvement des planètes ; et, quelque faible
qu'on la supposât, dans la durée des siècles,
son effet devrait être sensible. L'espace sur-
atmosphérique qui nous sépare des astres est
donc vide, et librement traversé par le calorique et la lumière, à moins qu'on ne veuille
qu'il soit plein de ces deux fluides.

Comme l'air atmosphérique agit sur la lumière qui le traverse, et qu'il la décompose,
la réfracte et la réfléchit, il nous transmet cette
lumière avec une nuance bleue, et donne origine à l'azur, qui n'est sensible qu'en raison de
l'épaisseur de l'atmosphère, et qui s'affaiblit à
mesure qu'on s'élève. Le ciel paraît noir lorsqu'on s'élève au-dessus de l'atmosphère, ainsi
que le témoigne de Saussure ; et les couleurs
éclatantes dont le ciel paraît rempli au lever et
au coucher du soleil sont produites par elle.

L'air a la propriété d'affaiblir en partie la
lumière solaire qui le traverse, et qui éprouve
des réflexions multipliées ; sans atmosphère,
nous ne recevrions aucune lumière lorsque les
rayons ne seraient pas directs, et la nuit et le
jour se succéderaient brusquement. C'est à
l'atmosphère qu'est dû ce jour faible et croissant
qui précède le lever et suit le coucher du soleil.
Si on imagine un cercle parallèle à l'horizon,
et à 18° au-dessous de ce plan, l'expérience
démontre que c'est lorsque le soleil atteindra

ce cercle que commencera l'*aurore* et que le *crépuscule* finira ; leur durée varie avec les saisons et les lieux : à Paris, au solstice d'été, l'un suit immédiatement l'autre, et il n'y a pas de nuit véritable. Vers les pôles, le jour doit paraître un mois et demi avant que le soleil soit sur l'horizon, et un mois et demi après qu'il a disparu ; ce qui réduit à près de trois mois la nuit profonde à laquelle est condamnée cette région ; elle a donc un jour de neuf mois et une nuit de trois. En livrant au calcul la réflexion de la lumière dans la couche atmosphérique, lorsque le soleil se trouve encore à 18° au-dessous de l'horizon, on trouva que cette couche a environ 36,000 toises d'élévation. On est certain qu'en s'élevant à 40,000 toises, l'air y est si rare que sa pression n'y peut soutenir le mercure à $\frac{3}{100}$ de ligne de hauteur dans le tube ; on ne peut donc pas croire que l'atmosphère s'étende beaucoup au-delà, ce qui lui suppose environ 16 lieues d'épaisseur.

L'exemple des météores que l'on a vus brûler à des hauteurs plus considérables ne pourrait détruire ce calcul ; car on sait aujourd'hui qu'ils fournissent d'eux-mêmes une quantité assez grande de gaz combustibles pour produire ce phénomène dans le vide absolu.

Dans une ascension où il s'est élevé à sept mille seize mètres au-dessus du niveau de la mer, la plus grande hauteur à laquelle on soit

encore parvenu , et qui surpasse d'environ
500 mètres la cime du Chimboraço, la plus
haute montagne connue , M. Gay - Lussac a
mesuré l'intensité de la force magnétique et
l'inclinaison de l'aiguille aimantée , qu'il a trouvées les mêmes qu'à la surface de la terre ; au
moment de son départ de Paris , vers dix heures
du matin , la hauteur du baromètre était de
0^m7652 ; le thermomètre centig. marquait 30°7,
et l'hygromètre à cheveux , 60°. Cinq heures
après , à la plus grande élévation , les mêmes
instrumens marquaient 0^m3288 ; 9°5 et 33° ;
l'analyse de l'air n'a point offert de différence
sensible avec celle des couches les plus basses
de l'atmosphère.

On voit par ce qui précède que la *réfraction astronomique* est cette variation qu'éprouve
la lumière , en passant par l'atmosphère ; elle
occasione une élévation apparente plus grande
aux corps célestes , lorsqu'on les observe obliquement ; cet effet , produit par l'inflexion des
rayons lumineux , fait paraître le soleil , la lune
et les étoiles au-dessus de l'horizon , lorsqu'ils
sont réellement encore au-dessous.

La réfraction est la plus grande possible à
l'horizon , et nulle au zénith ; elle diminue proportionnellement de l'horizon au zénith ; elle est
de près de 30′ dans le premier cas , c'est-à-dire
plus grande que le diamètre apparent du soleil :
de là , le corps entier du soleil , soit au lever ,

ou bien au coucher, paraîtra au-dessus de l'horizon, tandis qu'il est au-dessous. La réfraction diminue rapidement en s'élevant au-dessus de l'horizon : à 29° d'élévation, elle n'est déjà plus que d'une minute quarante-trois secondes (1′ 43″) ; à 58°, seulement à 37″ ; et à 87°, sa valeur n'est plus que de 3″.

Non-seulement l'atmosphère réfracte les rayons de lumière, mais elle les réfléchit aussi ; cet effet donne naissance au crépuscule, en réfléchissant sur la terre les rayons solaires, tandis que cet astre se trouve encore sous l'horizon ; l'aurore est produite par le même effet ; celle-ci a lieu le matin, et l'autre le soir.

L'aurore commence ordinairement lorsque le soleil se trouve à 18° sous l'horizon le matin, jusqu'au lever de cet astre ; le crépuscule commence au coucher du soleil jusqu'à ce qu'il soit abaissé de 18° sous l'horizon.

Comme l'état de l'atmosphère est très variable, la réfraction d'une même hauteur n'est pas toujours la même ; elle est plus grande avec une atmosphère froide et très dense, que pendant un temps chaud. Mais le crépuscule, au contraire, est plus court avec une atmosphère froide et chargée, qu'avec celle dont la température est élevée, dans quelque lieu et pendant quelque temps que ce soit ; ce qui est dû à une moins grande élévation des molécules d'air atmosphérique dans le premier cas que dans le dernier. Le 19 juillet 1750, on observa à Paris un phénomène peut-être unique dans les annales de l'astronomie , qui fut causé par une force réfractive particulière; la lune parut visiblement éclipsée à l'ouest, pendant que le soleil paraissait au-dessus de l'horizon à l'est.

LEÇON X.

De la terre, considérée en elle-même.

Nous avons vu dans la leçon précédente que la planète que nous habitons circule comme les autres dans le système solaire. Sa situation à une distance moyenne du centre de ce système lui est très favorable; elle est privilégiée sous ce rapport; car se trouvant à une distance moins grande du soleil que Saturne, Jupiter, Mars, etc., et cependant plus éloignée que Mercure ou Vénus, qui sont en quelque sorte soumis trop violemment à son action calorifique, la terre semble avoir été l'objet de la sollicitude particulière de la Divinité.

Indépendamment de ce mouvement que la terre a autour du soleil, dont la circonférence est décrite en une année, cette planète a un autre mouvement sur son propre axe, qu'elle accomplit en vingt-quatre heures; on a souvent comparé ce mouvement double à celui d'une *roue de voiture*, qui, tout en avançant sur une ligne, fait néanmoins tourner toutes ses parties sur elle-même. Du premier de ces mouvemens proviennent les saisons et leurs vicissitudes, et du second les jours et les nuits : tous les deux engendrent la force centripète, qui soutient la masse entière et fait tomber les corps vers le centre. On peut aussi concevoir qu'un corps tournant ainsi en cercles, doit être lui-même un sphéroïde, ce qui est conforme à la figure exacte de notre globe. Toutes les fois que l'ombre de la terre porte, dans les éclipses de la lune, sur ce satellite, elle paraît toujours circulaire, dans quelque position qu'elle se trouve projetée ; il est également très facile de prouver qu'un corps qui, dans chaque position, fait des ombres circulaires, doit être sphéroïde lui-même. Deux vaisseaux qui se rencontrent en mer prouvent la même vérité ; car ici, tandis que l'on découvre es parties supérieures de la mâture, le corps des navires se trouve caché par la convexité du globe qui s'élève entre eux deux. Le cas est le même pour deux hommes qui s'approchent sur une hauteur par des côtés opposés ; la tête se découvre d'abord, et, en continuant de monter, toutes les parties du corps se présentent successivement. Néanmoins, quoique l'on dise que la figure de la terre soit sphérique, il ne faut concevoir cette sphéricité que comme apparente. On a trouvé, dans le siècle dernier, qu'elle est un peu aplatie vers les pôles, de sorte que sa forme n'est que celle d'un sphéroïde ou d'une sphère aplatie.

La terre est à 34,515,000 lieues du soleil, et fait sa révolution autour de cet astre en

365j 5ʜ 48′ 51″. Elle parcourt, dans cette orbite
annuelle, 412 lieues pendant une minute; ce mouvement, quoique cent vingt fois plus rapide que
celui d'un boulet de canon, n'est qu'un peu plus
de la moitié de la rapidité du mouvement de
Mercure dans son orbite. Le rayon ou demi-diamètre de la terre est de 1435 lieues à l'équateur. En tournant autour de son axe en vingt-
quatre heures, *de l'ouest à l'est*, la terre occasione
un mouvement apparent et diurne à tous les
corps célestes, *de l'est à l'ouest*. Par le mouvement rapide sur son axe, les habitans placés
sous l'équateur se trouvent emportés de 375 lieues
deux tiers par heure, puisque le périmètre est
de 9,016 lieues.

Comme la terre reçoit la lumière et le mouvement du soleil, elle tire également la chaleur
et la vie de la même source. Cependant les différentes parties du globe participent de ces avantages dans des proportions très variées, et se
montrent sous des aspects différens. Une vue
prise aux pôles, comparée à un paysage pris
sous l'équateur, produit des effets aussi opposés
que leur situation est différente.

Les extrêmes de notre globe paraissent également peu propres aux commodités de la vie :
l'imagination peut trouver quelque plaisir à contempler les précipices du Groënland, ou la verdure éternelle de l'Afrique; mais le vrai bonheur
ne peut se trouver que dans les climats plus

tempérés, où l'on jouit sans danger des dons de
la nature.

Les mouvemens de la terre, et la chaleur ou
l'action atomique du soleil, en décomposant les
parties aqueuses et volatiles de sa surface, créent
une atmosphère gazeuse qui l'environne de toutes
parts. Cette astmosphère est assez dense pour
réfléchir les rayons du soleil à la hauteur de 16
lieues; c'est de là que provient le crépuscule que
l'on observe même après que le soleil est des-
cendu de 18° sous l'horizon. Les animaux et les
végétaux, en attirant, par la respiration, les
atomes mouvans du gaz atmosphérique, tirent
de ces mouvemens leur chaleur et leur énergie
vitale.

Sur la surface de notre globe, la terre se
trouve divisée, d'un pôle à l'autre, en deux bandes de terre solide et deux de mer. La première
bande, et la principale des deux, constitue l'ancien continent, dont la plus grande longueur
comprend une ligne qui commence à la pointe
orientale de la grande Tartarie, qui passe par
le golfe de Linchidolin, Tobolsk, la mer Caspienne, la Mecque, l'Afrique septentrionale, le
Monomotapa et le cap de Bonne-Espérance.
Cette ligne est à peu près de 3,600 lieues de
longueur, et ne se trouve interrompue que par
la mer Caspienne; on peut aussi la considérer
comme le milieu de l'ancien continent; car, sur
la gauche, il y a 2,471,093 lieues carrées,

et sur la droite 2,469,687, ce qui est une
égalité étonnante.

Le nouveau continent est l'autre bande terrestre, dont la plus grande longueur peut être
prise depuis l'extrémité du pays des Patagons
jusqu'aux lacs du haut Canada.

Cette ligne, interrompue seulement par le
golfe du Mexique, est de près de 2,500 lieues
de longueur, et divise le continent de l'Amérique
en deux parties égales : celle qui est à gauche
comprend 1,069,287, lieues carrées, et la
partie de la droite 1,070,926. La somme totale
de la mesure terrestre des deux continens est
à peu près de 7,080,993 lieues carrées, ce qui
ne fait pas le tiers de toute la surface du globe,
qui contient 23,000,000 de lieues carrées.

Voici un relevé des mesures des différentes
parties du monde.

Les mers et les parties inconnues de la terre,
(mesurées sur les meilleures cartes) contiennent
160,522,026 milles carrés. — Les parties habitées, 38,990,569 : — l'Europe, 4,456,065 ;
— l'Asie, 10,768,823 ; — l'Afrique, 9,654,807 ;
— l'Amérique, 14,110,874. — En tout, 199
millions 512,595 ; nombre qui exprime les milles
carrés de la surface. Il faut observer que tous ces
nombres sont exprimés en mesures anglaises.

Lorsque l'on découpe un globe fait dans les
plus justes proportions, les parties marines pè-
sent 349 grains, et celles de la terre seulement

124 ; ce qui démontre que les trois quarts de
la surface de notre globe sont couverts d'eau, et
qu'il ne reste pour la terre qu'un peu plus du
quart.

Lorsqu'on fait attention à la surface de notre
globe, il se présente des milliers d'objets qui,
quoique connus depuis long-temps, excitent cependant une utile curiosité. La verdure qui la
couvre de toutes parts est sans contredit une
beauté qui ravit les sens par son heureux mélange d'arbres et de plantes, dont les dimensions et les usages sont si variés : d'autres objets
excitent l'admiration par leur volume, leur figure et leur situation ; telles sont les montagnes
qui s'élèvent au-dessus des nuages et dont les
sommets sont garnis d'une neige éternelle ; les
rivières, que l'inclinaison du sol porte à conduire
leurs eaux à la mer, après avoir reçu celles de
plusieurs autres courans ; le grand Océan, qui
couvre les deux tiers du globe, et qui sert de
moyen de communication entre les nations les
plus éloignées de la terre.

Si, quittant ces objets qui paraissent naturels
à la terre, on veut considérer les volcans, les
précipices, les cavernes, les cataractes, on croit
trouver de grandes irrégularités à la nature. Si,
poussé par la curiosité, on descend aux objets
qui gisent immédiatement sous la surface du
globe, on y trouve encore des objets dignes de
fixer l'attention : la terre est, pour la plus grande

partie, composée de couches régulières dont l'épaisseur augmente avec la profondeur ; une quantité prodigieuse de coquillages qui appartenaient autrefois à des animaux marins, et qui ne sont maintenant que des débris de la vie organique, placés à des distances considérables des bords actuels de la mer, et dont l'épaisseur est quelquefois de quinze à vingt pieds ; des substances aquatiques de différentes espèces qui se trouvent aux sommités des montagnes, et souvent comprises dans le marbre le plus compacte.

Ces recherches n'ont été faites qu'à une très petite profondeur sous la surface de la terre, et, dans ces sortes d'études, l'homme a été conduit plutôt par des motifs d'avarice que par le désir de s'instruire. La mine la plus profonde est celle de Cotterberg, en Hongrie, et cependant elle n'a pas plus de trois mille pieds de profondeur ; cette quantité est presque nulle, quand on la compare avec le rayon de la terre, qui est de 1435 lieues. Tout ce qu'on a pu dire sur l'intérieur de la terre n'est que conjectural, et ne se fonde que sur des suppositions.

En examinant la terre, partout où elle a été percée à une certaine profondeur, la première remarque porte sur les différentes couches dont elle est composée ; elles sont toutes superposées horizontalement l'une au-dessus de l'autre, comme le sont les feuilles d'un livre, et chacune d'elles est composée de matériaux qui augmen-

tent en poids ; en proportion de leur profondeur.

La première couche que l'on trouve le plus
souvent, à la surface, est cette terre noirâtre,
qu'on appelle *terre végétale*, dont la partie ha-
bitée du globe se trouve partout recouverte, à
moins qu'elle n'ait été enlevée par quelque accident violent. Cette couche paraît avoir été formée de la destruction successive des corps animaux et végétaux; on pourrait également deman-
der si cette couche de terre a été formée par les
êtres organisés, ou bien si elle a engendré elle-
même tout ce qui, à la surface, est doué de la
vie.

Lorsque de cette première couche on continue de descendre, et que l'on considère la coupe
faite dans un plan perpendiculaire à l'axe terrestre, soit aux bords des grands fleuves, des
côtes marines escarpées, ou dans les mines, on
voit que les couches conservent un ordre régulier, quoique leur épaisseur respective et leur
constitution varient considérablement. Dans
un puits qui fut creusé à Amsterdam, à la profondeur de deux cent trente pieds, on trouva successivement les substances suivantes : sept pieds
de terre végétale, neuf de tourbe, neuf de
glaise molle, huit de sable, quatre de terre, dix
de glaise, quatre de terre, dix de sable, deux
de glaise, quatre de sable blanc, un de terre
molle, quatorze de sable, huit d'un mélange de

glaise et de sable, quatre de sable marin et de coquillages, puis cent deux pieds de glaise molle, et enfin trente et un de sable.

Buffon donne une énumération encore plus exacte des couches de la terre, observées dans un puits creusé près de Paris à une profondeur de cent pieds : il y en avait trei ze d'une gravelle rougeâtre, deux de gravelle mêlée à du sable vitrifié, trois de vase, deux de marne, un de gravelle, un d'églantine (espèce de pierre qui a la dureté et le grain du marbre), un de marne gravelée, un de marne pierreuse, un d'une espèce encore plus dure que la précédente, deux de l'espèce la plus dure de toutes, un de sable vitrifié mêlé à des coquillages fossiles, deux d'une gravelle fine, trois d'une marne pierreuse, un de marne plus grossière et en poudre, un de pierre susceptible de se calciner comme le marbre, trois de sable gris, deux de sable blanc, un de sable rouge veiné de blanc, huit de sable gris et de coquillages, trois d'un sable très fin, trois de gravois, quatre de sable rouge veiné de blanc, trois de sable blanc, et quinze d'un sable rougeâtre vitrifiable.

De cette manière, on trouve que partout la terre est composée de couches ou de bancs, dont l'épaisseur est toujours égale, quelle que soit d'ailleurs leur étendue.

Après avoir considéré la structure intérieure de la terre, autant qu'il convient à notre sujet, il faut se rappeler que ce globe, si favorable à

ses habitans, n'est cependant qu'un atome infiniment petit sous le rapport de l'étendue immense de l'univers ; que cet univers peut être
considéré comme l'œuvre de la Divinité qui en
occuperait le centre, animant toutes choses, et
rendant le vide plus agréable par sa présence.
On y vôit des masses considérables et sans formes, converties en mondes par sa toute-puissance, dispersées à des intervalles que notre
imagination ne saura jamais mesurer. La terre,
en présentant successivement toutes ses parties
au soleil, centre de notre système, et par sa rotation sur son propre axe, obtient à la fois la
chaleur et la lumière nécessaires à sa végétation
et à sa fertilité ; une atmosphère transparente,
qui couvre entièrement sa surface, tourne en
même temps par son mouvement, et interrompt
ainsi les rayons solaires, pour les convertir en
une chaleur bénigne, seule capable de couvrir
la surface terrestre de cette verdure qui fait à
la fois l'objet de notre admiration et de nos besoins. Les eaux proviennent de la même atmosphère ; elles servent à soutenir la vie dans les
animaux et les végétaux : tout en variant la pers-
pective, les montagnes aident évidemment à
l'écoulement des eaux. Les mers qui s'étendent
d'un continent à l'autre sont pour l'homme un
nouveau sujet de reconnaissance envers le Créateur, par les nombreuses espèces d'animaux
qu'elles nourrissent, et par les nuages que l'é-

vaporation constante de leurs eaux engendre
dans l'atmosphère. Enfin, les vents qui soutien-
nent la santé et accélèrent la végétation; la fraî-
cheur du soir qui invite au repos, pour acquérir
de nouvelles forces; tous ces accidents, que
l'homme superficiel ne considère souvent que
sous le rapport de ses plaisirs, sont les grands
effets de la bonté éternelle du Créateur, qui paraîtrait n'avoir peuplé notre sphéroïde que pour
l'accabler de bienfaits.

Indépendamment des élémens déjà connus,
notre globe nous montre quatre autres particularités importantes : son antiquité; les accidens
d'une étendue et d'une force inconcevables; la
certitude de l'existence antérieure de certains
pays, engloutis depuis long-temps par les eaux,
et perdus dans la mémoire de l'homme; enfin, le
renouvellement de l'espèce humaine. On ne connaît en effet que la surface de la terre. Le cercle
seul en a été pénétré; les plus grandes cavernes,
les mines les plus profondes, ne descendent pas
à la treize millième partie de son diamètre. Le
jugement qu'on en peut porter se trouve donc
borné à la couche supérieure, composée d'objets
qui confondent les calculs humains, savoir, des
animaux, des végétaux, des minéraux et des
substances matérielles communes, qui ne sauraient nous donner d'idées précises sur les couches intérieures de la terre. Ne pourait-on pas
comparer l'étude de cette couche supérieure,

relativement aux principes qui composent toute
la masse du globe, comme on compare l'épi-
derme de l'homme à sa structure intérieure,
dont l'économie excite toujours l'admiration ?

C'est ainsi que l'on prouve que le sujet de nos
méditations sur les corps extérieurs est bien plus
étendu qu'il ne l'est sur la structure du ménisque que nous habitons. L'esprit peut saisir la
marche et les mouvemens des corps placés à
de grandes distances, tels que le soleil, les planètes, les étoiles ; tandis que nos efforts pour
étudier la nature de notre sol ne nous permettent
d'arriver qu'à de très-petites profondeurs. Quelle
est la matière qui remplit cette masse d'un pôle
à l'autre? Ce ne sera assurément pas par les propriétés de la *pellicule terrestre* que nous connaissons qu'on jugera de la forme des parties
intérieures centrales. L'analogie ne suffit pas
pour déterminer si ce centre est positivement
solide, fluide, ou igné. Vouloir admettre l'une de
ces hypothèses, serait absurde, et jamais système
ne parviendra à expliquer cette difficulté, même
avec le secours des éruptions volcaniques. Toutes les apparences nous portent bien à croire,
en effet, que la surface de notre globe n'est pas
seulement maintenue par des voûtes irrégulières
immenses, mais que nos villes ont leurs fondations posées sur des ruines, s'il faut en croire ce
passage de Pline, qui assure qu'en une seule
nuit, douze villes de l'Asie furent englouties par

une secousse de la terre. Fournier rapporte aussi
qu'au Pérou, un tremblement de terre se fit
sentir sur une étendue de trois cents lieues de
côtes, et de soixante-dix lieues dans les terres:
les montagnes furent aplanies dans sa direction;
les villes furent renversées; les rivières furent
chassées de leurs lits, et toute cette immense
étendue de pays fut en quelques heures dans un
bouleversement total. Mais quelle idée devrait-on
se faire de ces voûtes, de ces cavernes souter-
raines; quelle scène terrible se découvrirait, si
en effet cette supposition très probable pouvait
se rendre évidente à nos yeux ! Lorsqu'on vient
à réfléchir sur la cause des éruptions volcaniques, sur l'état où doit se trouver le foyer de
ce vaste réservoir de feu, que l'œil ne pourait
mesurer qu'avec difficulté, on serait tenté de
croire que la terre est minée de toute parts, et
que des masses presque inépuisables de combustibles alimentent ce fléau destructeur; que les eaux
intérieures, ou celles de la mer qui y trouvent
accès, ou venant à y être introduites, produisent
à la fois l'éruption de ces quantités énormes de
pierres, de cendres et de matières combustibles,
que les volcans vomissent par intervalle. Et cependant, malgré ces dangers effrayans, nous
vivons à la surface de ces terrains élevés sur les
ruines intérieures, dans la plus grande sécurité.

A ne considérer la terre que d'une manière
superficielle, on n'aperçoit pas d'abord un or-

dre bien parfait dans les dispositions locales de sa surface. Son apparence extérieure nous montre des élévations, des profondeurs, des plaines, des mers, des marais; des rivières, des cavernes, des golfes, des volcans, et un grand nombre d'autres objets irréguliers; dans l'arrangement intérieur, les métaux, les minéraux, les pierres, les bitumes, les sables, les terres, les eaux et les matières de toutes les espèces, paraissent placés par accident. Cependant toutes ces difformités apparentes sont absolument nécessaires à la végétation et à l'existence animale; la raison seule en indique suffisamment les causes. La surface de la terre unie et régulière ne serait pas très favorable à l'écoulement des eaux; on peut expliquer de même les autres irrégularités apparentes, telles que les mouvemens de la mer et les courans de l'air, qui sont réglés par des lois fixes. Le retour des saisons est uniforme, et la rigueur de l'hiver fait invariablement place à la beauté du printemps: de sorte que l'homme, les animaux et les plantes, se succèdent de génération en génération, et fleurissent sur le sol qui les a vus naître.

LEÇON XI.

De la lune, de ses phases et de son orbite.

LORSQUE pendant la nuit on considère le ciel, l'objet le plus considérable qui s'offre à la vue est la lune, dont l'aspect varie en raison de son mouvement autour de la terre.

Quand la *nouvelle lune* devient visible, elle paraît à l'occident non loin du soleil couchant ; elle augmente peu à peu en s'éloignant davantage du soleil, vers l'orient, jusqu'à ce qu'enfin elle paraisse pleine à l'horizon oriental, au moment où le soleil se couche à l'occident.

De toutes les découvertes scientifiques, il n'en est pas de plus intéressantes que celles qui ont eu la lune pour objet. Cet astre nous paraît d'un éclat approchant de celui du soleil : sans cesse voisin de la terre, et beaucoup plus près qu'aucune autre étoile, il a toujours été l'objet de l'attention particulière des observateurs.

Quand on regarde la lune à l'œil nu, on y remarque plusieurs taches noires qu'on juge facilement formées par les inégalités de sa surface, qui produisent des réflexions diverses de lumière, suivant la position du soleil. Vues au téles-

cope, elles augmentent prodigieusement en nombre, et s'étendent d'elles-mêmes, d'une manière
très variée, sur toute la surface de l'astre. La
lune, beaucoup plus saillante vers le milieu que
sur les bords, offre plutôt la figure d'un globe
que d'une surface plane, comme on pourrait
être porté à le croire par l'inspection à l'œil nu.

Quelques-unes des taches se trouvent constamment à l'ombre, vers le côté opposé du soleil; et à
la lumière, vers le côté qui lui est le plus rapproché; d'autres taches sont perpétuellement illu-
minées, dans la partie la plus reculée, tandis
qu'elles sont obscurcies vers l'endroit le plus
rapproché. Ces deux ombres se raccourcissent
à mesure que le soleil brille plus directement
sur sa surface, c'est-à-dire lorsque la lune devient pleine et lorsqu'elle l'est parfaitement;
alors ces ombres disparaissent tout-à-fait. Vers
es troisième et dernier quartiers, les ombres reviennent de nouveau; mais toutes tombent vers
le côté opposé de la lune, quoique toujours avec
la même distinction; c'est-à-dire qu'une série de
taches est éclairée vers le côté le plus éloigné du
soleil, tandis que l'autre, qui est plus rapprochée,
se trouve dans l'obscurité.

Les astronomes concluent de là que la première série de ces taches est due à des montagnes, et la dernière à des vallées. Si en effet on
compare ces apparences à ce qui se passe sur la
terre lorsque le soleil brille sur nos montagnes

et dans nos vallées, on accordera sans difficulté
que cette conclusion est plus que probable.
Comme il n'arrive jamais de changemens dans
ces apparences, il n'y a pas de raison de croire
qu'il existe de l'eau ou des mers dans la lune, et
par conséquent, point de nuages, d'atmosphère,
ni peut être de végétation.

Lorsque la lune est dans ses quartiers, un de
ses côtés paraît exactement fixe et circulaire ;
l'autre au contraire est confus et inégal. Il
n'existe donc point de ligne régulière pour servir
de borne à la lumière et à l'obscurité ; mais les
extrémités de ces parties paraissent fracturées
d'une manières très inégale. Dans l'obscurité
même, près des bords de la surface éclairée, on
peut observer de petits endroits éclairés déjà par
le soleil. Vers le quatrième au sixième jour
de la nouvelle lune, on remarque quelques points
éclairés, semblables à des rochers ou à de petites îles, dans le corps obscurci même de la lune :
près du bord inégal, ce sont d'autres petits espaces qui joignent la surface éclairée et qui se
projettent dans la partie obscurcie ; ces espaces
changent graduellement de forme et de figure,
jusqu'à ce qu'ils entrent enfin dans la partie entièrement éclairée et n'aient plus aucune obscurité autour d'eux. D'autres espaces brillans paraissent successivement dans la partie obscure
de la lune. A l'époque de son déclin, c'est tout
le contraire ; les espaces éclairés, qui se trou-

vaient d'abord entièrement compris dans la surface généralement éclairée, se perdent graduellement, et, restant isolément visibles pendant
quelque temps, finissent par s'évanouir tout-à-
fait dans l'obscurité. Ce sont autant de preuves
que les points brillans sont plus élevés que la
surface générale de la lune.

Les apparences de ces points éclairés, avant et
après l'illumination du reste de la surface, procurent une méthode facile aux astronomes praticiens, pour déterminer la hauteur de la montagne à laquelle ils appartiennent ; on a trouvé
que quelques-unes d'entre elles ont plus d'une
lieue d'élévation.

Plusieurs astronomes, et entre autres le célèbre Herschel, qui ont fait usage de télescopes
dont le pouvoir grossissant était très considérable, ont cru voir des éruptions volcaniques sur
différens points de la surface lunaire, semblables
en apparence et en effet à nos montagnes volcaniques, telles que l'Etna et le Vésuve. On peut
élever beaucoup de doutes à ce sujet; car,
comme la combustion n'a lieu que dans un air
atmosphérique, et que l'on n'a pas jusqu'à ce
jour découvert d'atmosphère autour de la lune,
on serait tenté de croire qu'il est impossible que
de pareils volcans existent dans ce satellite ; cependant les aérolithes, ou pierres de l'atmosphère, semblent être un produit de ces éruptions
lunaires, dont la force de projection ne doit pas

être beaucoup plus considérable que celle d'une bouche à feu, pour lancer les projectiles dans la sphère d'attraction de la terre. Il se peut donc que ces volcans existent réellement; ce qui prouverait que la lune a une atmosphère, ou que le médium gazeux qui remplit l'espace, qui sépare tous les corps célestes les uns des autres, peut être lui-même la base de la combustion. Cette dernière supposition paraît être une hypothèse probable et une preuve collatérale de la vérité de la *nouvelle théorie physique,* de *Richard Philips,* particulièrement en raison de ce que des météores brûlent avec le plus grand éclat, à des hauteurs qui ne sont pas moindres de trente-cinq lieues.

L'intérêt que présente l'inspection de la lune, tant à l'égard de sa proximité que du changement fréquent de son apparence, en fit naturellement l'objet d'un examen approfondi, lors de l'invention du télescope : on trouve en effet que les inventeurs de cet instrument furent les premiers qui observèrent les inégalités de sa surface. Ces découvertes furent suivies de tant d'études, que les astronomes dressèrent des cartes de sa surface; ces cartes ont été rectifiées au fur et à mesure que les instruments ont été perfectionnés.

Les figures des taches sont toutes distinguées, dans notre carte, par des noms propres : Riccioli, Cassini et d'autres, donnèrent à ces portions de la lune les noms des philosophes et des astro-

nomes qui s'étaient distingués dans cette science.
Un autre astronome, nommé Hévélius, divisa les
différentes parties de la lune en noms géographiques, tels que ceux des îles, des pays et des
mers de notre terre, sans avoir égard néanmoins
à la similitude de situation ou de figure. C'est la
méthode de Riccioli qui est généralement suivie :
les noms de Copernic, de Ticho, de Galilée, etc.,
paraissent en effet beaucoup plus propres à ce
sujet, que ceux de l'Égypte, de l'Afrique, ou de
la mer Méditerranée.

La lune étant, comme la terre, un corps opaque, sans lumière qui lui soit propre, et ne brillant entièrement que par la lumière reçue du soleil, que sa surface nous réfléchit, il suit que,
tandis que la moitié de cette surface tournée vers
le soleil se trouve éclairée, l'autre moitié doit
rester dans l'obscurité; elle disparaît donc entièrement lorsqu'elle se trouve entre le soleil
et la terre, parce que le côté non éclairé se trouve
alors seul tourné vers notre globe.

Tandis que la lune fait sa révolution autour
des cieux, elle subit en apparence un changement continuel. Elle se trouve souvent à notre
méridien à minuit, et par conséquent dans cette
partie du ciel qui est opposée au soleil. Sa surface paraît alors parfaitement circulaire, et on
l'appelle la *pleine lune*. Dans son mouvement
vers l'est, une portion de son côté obscur paraît
à son bord occidental, et en un peu plus de sept

jours, elle arrive au méridien vers les six heures
du matin, ayant l'apparence d'un demi-cercle,
dont le côté convexe est tourné vers le soleil ; en
cet état on l'appelle *demi-lune*.

En continuant son mouvement vers l'orient,
sa perte du côté occidental augmente, et elle
prend la forme d'un croissant, dont le côté convexe reste toujours tourné vers le soleil : ce croissant diminue graduellement jusque vers le qua-
torzième jour après la pleine lune, où elle est
alors si près du soleil (si l'on peut s'exprimer
ainsi), qu'elle en devient invisible par rapport à
la confusion de son faible croissant avec les
rayons solaires. Vers le quatrième jour après
cette disparition, on peut l'apercevoir le soir,
sous la forme d'un demi-cercle brillant, avec la
différence que la convexité reste toujours tournée
vers le côté où se trouve le soleil. En avançant
graduellement vers l'est, le demi-cercle de la
lune augmente et prend une forme ovale, qui,
à la fin, vers le vingt-neuvième jour et demi de
sa dernière opposition au soleil, se trouve de nouveau dans cette même situation, et la lune paraît
pleine à minuit. Il faut ajouter qu'il est impossible
que nous puissions jamais voir la lune parfaitement pleine : il faudrait pour cela que le soleil, la
terre et la lune se trouvassent sur une même
ligne droite, et alors l'ombre de la terre
occasionerait une éclipse de lune : il s'ensuit
donc que ce que nous appelons la pleine lune,

observée au télescope, laisse toujours l'un ou l'autre de ses bords dans l'obscurité, suivant qu'elle se trouve avant ou après le passage de notre méridien. Quoique la pleine lune soit très belle à voir dans un bon télescope, en offrant une grande variété de couleurs, cependant les montagnes sont mieux observées lors de son accroissement ou de son déclin.

On a fait beaucoup de conjectures relativement à la matière dont les points brillans peuvent être formés. Quelques auteurs, enchantés de leur beauté, voulaient qu'ils fussent des rochers de diamant : il est cependant plus raisonnable de croire que ce sont des sommités de rochers stériles, qui, par rapport à leur élévation, sont plus capables de réfléchir la lumière du soleil que les parties inférieures. Quoique les philosophes soient d'opinions très diverses, quant aux matériaux constitutifs des montagnes de la lune, il n'y a aucune diversité d'opinion relativement à leur usage. Si la lune était unie comme un miroir, ou bien couverte d'eau, elle ne réfléchirait aucunement la lumière qu'elle reçoit du soleil ; il y aurait absorption complète de tous les rayons solaires, et, dans certaines positions, elle nous représenterait l'image du soleil en un seul point, dont l'éclat pourrait fatiguer la vue ; mais sa surface, rendue inégale par ces montagnes et ces vallées, nous renvoie la lumière du soleil plus modérément, et de manière à nous laisser la possibilité de l'examiner avec plus de facilité et de précision.

Un observateur placé dans la lune remarquerait bientôt que nous voyons à peu près la même face pendant toute sa révolution, c'est-à-dire que la moitié de sa surface nous reste invisible. Cette raison provient de ses deux mouvemens, qui, relativement à la vue que nous avons de la lune, se détruisent mutuellement. Sa révolution autour de la terre se fait vers l'est, en un peu plus de vingt-sept jours, tandis que son mouvement sur son propre axe produit une révolution dans le même temps, mais vers l'ouest; de sorte que l'un de ces mouvemens détourne autant de sa surface, que l'autre mouvement en présente à nos yeux. Si on observe attentivement la lune pendant toute une lunaison, on trouvera que, d'une part, une partie de sa surface, vers le bord oriental, est emportée hors de notre vue, comme par suite de son mouvement sur son axe; et une portion semblable, vers le bord occidental, sera amenée à notre vue. Dans une autre partie de sa révolution, on pourra observer le contraire; la portion amenée à notre vue vers le bord occidental disparaîtra, et celle qui a été perdue vers le bord oriental reparaîtra de nouveau. Cette irrégularité est appelée la *libration de la lune en longitude*.

Outre ce mouvement, il y a une autre sorte de libration, qui provient de ce que l'axe de la

lune est incliné sur le plan de son orbite ; c'est
pour cette raison que l'un de ses pôles est quelquefois incliné vers la terre, et l'autre également :
en conséquence, nous voyons plus ou moins de
ses régions polaires nord ou sud, dans des temps
différens ; on appelle cette irrégularité sa *libration en latitude*.

La lune a un mouvement propre de l'occident
à l'orient. La longueur de sa révolution sidérale,
ou le temps de sa révolution autour de la même
étoile fixe, était, au commencement de l'année
1700, de $27^j 7^h 43' 4'' 7$. Ce temps n'est pas le
même pour tous les siècles ; car la comparaison
des observations anciennes et modernes montre
incontestablement une accélération dans son
mouvement. Cette accélération, quoique peu
sensible depuis la plus ancienne éclipse men-
tionnée, s'accroîtra par la suite des temps.

La lune se meut dans une orbite elliptique,
dont la terre occupe un des foyers. Son rayon
vecteur décrit autour de ce point des aires égales,
dans des temps égaux. La distance moyenne de
la lune à la terre étant prise pour unité, l'excentricité de cette ellipse est de 0.0549. Le périgée
de la lune a un mouvement direct, c'est-à-dire
dans la même direction que le mouvement du
soleil, et la période de sa révolution sidérale est
de 8 ans $312^j 11^h 11' 39'' 4$.

L'orbite lunaire est inclinée au plan de l'écliptique de $5° 9' 3''$; ses points d'intersection, ap-

pelés *nœuds*, ne sont pas fixes dans le ciel ; ils
ont un mouvement contraire à celui du soleil ;
ce qu'il est facile de reconnaître par la succession
des étoiles que la lune rencontre en traversant
l'écliptique. La longueur de la révolution sidérale de ces nœuds est de 18 ans 225j 7ʰ 15′ 17″ 7.
Le nœud ascendant est celui dans lequel la
lune s'élève au-dessus de l'écliptique, pour s'a-
vancer vers le pôle nord ; le nœud descendant
est celui dans lequel la lune s'avance vers le pôle
sud.

Le diamètre apparent de la lune varie d'une
manière analogue aux mouvemens lunaires ; il
est de 29′ 22″ 2 à sa plus grande distance, et
de 55′ 51″ à sa plus petite, ce qui le réduit à
781 lieues pour le diamètre moyen.

Les mêmes procédés qui furent insuffisans
pour déterminer la parallaxe du soleil, par rapport à sa petitese, ont produit 57′ 39″ pour celle
de la lune, à cette distance de la terre, qui est
le moyen arithmétique entre les deux extrêmes.
Ainsi, à la même distance à laquelle la lune nous
paraît mesurer un angle de 51′ 26″ 5, la terre
serait vue sous un angle de 1° 55′ 18″ ; leurs diamètres sont en raison proportionnelle de ces
nombres, ou à peu près de 3 à 11, et le volume
du globe lunaire se trouverait quarante-neuf fois
moindre que celui de la terre.

Les phases de la lune sont comprises parmi
es phénomènes les plus frappans des cieux. En

se dégageant le soir des rayons du soleil, elle reparaît sous la forme d'un croissant très brillant,
qui augmente avec sa distance et devient ensuite
un cercle entier de lumière, quand elle se trouve
en opposition avec le soleil. Quand elle se rapproche ensuite du soleil, le cercle se change en
un croissant qui diminue suivant les mêmes degrés
de son accroissement, jusqu'à ce que, le matin,
elle se plonge tout-à-fait dans les rayons du soleil. Le croissant, toujours tourné vers le soleil,
indique évidemment que c'est de cet astre qu'elle
reçoit sa lumière, et la loi de la variation de ses
phases nous prouve qu'elle est sphérique.

Ces phases se renouvellent à chaque conjonction ; leur retour dépend de l'excès du mouvement synodique de la lune sur celui du soleil,
lequel excès est appelé *mouvement synodique* de
la lune. La longeur de la révolution synodique
de la lune, ou la période de sa conjonction
moyenne, est de 29^j 12^h 44' 2''. Elle est à l'année tropique à peu près comme 19 à 235, c'est-
à-dire que dix-neuf années solaires forment à
peu près deux cent trente-cinq mois lunaires.

Les *syzygies* sont les points de l'orbite de la
lune dans lesquels ce satellite est en conjonction
ou en opposition avec le soleil : dans le premier
point, la lune est nouvelle ; et, dans le second,
pleine. Les *quadratures* sont les points de son
orbite où elle est à 90° de distance du soleil.
Dans ces points, qui sont appelés les premier

et second quartiers de la lune, on voit à peu près la moitié de son hémisphère éclairée, ou un peu plus, pour parler plus rigoureusement; car, lorsque la moitié se trouve exactement présentée à nos yeux, la distance angulaire de la lune au soleil est un peu moins de 90°; cet instant se reconnaît lorsque la partie éclairée de la lune se trouve séparée de la partie obscure, par une ligne droite qui se confond avec le rayon tiré de l'observateur au centre de la lune, perpendiculaire à celle qui joint les centres de la lune et du soleil.

Ainsi, dans le triangle formé par les lignes droites qui joignent ces centres et l'œil de l'observateur, l'angle opposé à la lune est droit; par conséquent, la distance de la terre au soleil peut être déterminée en parties de la distance de la lune à la terre. La difficulté de fixer avec précision l'instant où l'on voit la moitié du disque lunaire éclairée rend cette méthode peu exacte; nous lui devons cependant les premières notions justes sur la grandeur immense du soleil et sa distance à la terre.

L'inclinaison de l'écliptique à l'équateur occasione un phénomène particulier à la lune, qu'on appelle *lune des moissons*.

La pleine lune se lève plusieurs jours de suite après le coucher du soleil; et comme on croit communément que la lune se lève tous les jours 50' plus tard que les jours précédens, cette dé-

viation, vers l'époque de la moisson, étant favorable aux cultivateurs, ils l'ont nommée la
lune des moissons. Si la latitude de la lune se
trouve être septentrionale à la même époque,
l'effet en sera plus surprenant. Les signes auxquels la lune doit alors être pleine dans les mois
d'août, septembre et octobre, sont les Poissons,
le Bélier et le Taureau.

Ce phénomène est dû à l'ascension particulière de l'écliptique, comme on peut le découvrir en tournant un globe. Plusieurs signes montent rapidement et obliquement, d'autres lentement et presque perpendiculairement : c'est
pendant que la pleine lune se trouve dans les
premiers de ces signes que la lune des moissons
a lieu.

Ce phénomène a toujours lieu en septembre;
le soleil, vu de la terre, se trouve alors au commencement de la Balance : la lune cependant,
étant au côté opposé de la terre, est alors dans le
signe du Bélier; mais comme on observe que la
lune des moissons se lève plusieurs fois de suite
vers la même époque, on peut dire qu'elle est
dans les Poissons et le Bélier.

Après avoir rectifié un globe pour la latitude
de Paris, de manière à le mettre dans son horizon, si l'on y amène le signe du Bélier, on
pourra facilement expliquer ces différens phénomènes de la manière suivante: on observe que
la lune avance de 12° par jour dans son orbite;

puis on place, le long de l'écliptique et à 12° de
distance, des petits pains à cacheter, en mettant
l'aiguille du cadran du globe à une heure quelconque, à la sixième, par exemple; si l'on fait
tourner le globe vers l'orient, les marques indiqueront la différence actuelle en temps du lever
de la lune, jour par jour. La conséquence sera
que la lune n'éprouve pas un retard journalier
de 50 minutes pour nous, ni, pendant quelques
jours, de plus de 20 minutes. Il est, par conséquent, évident que ce qu'on appelle *lune des
moissons* dépend de l'obliquité de la route de
la lune sur notre horizon : il en résulte aussi
que les horizons des lieux dont la latitude est
moindre ne jouissent pas du même avantage;
les habitans de la zone torride n'en ont point du
tout.

Dans les latitudes méridionales, l'effet est tout
aussi régulier que dans nos climats, mais dans
des temps opposés : il est également démontré
que l'augmentation et la diminution des jours,
si rapides à certaines saisons de l'année, sont
occasionées par les mêmes circonstances que la
lune des moissons.

On peut souvent remarquer, aux approches
d'une nouvelle lune, la partie du disque lunaire
qui n'est pas éclairée par le soleil; cette lumière
faible, nommée *lumière cendrée*, est produite
par la réflexion de la lumière de l'hémisphère
éclairé de la terre, sur la lune; en effet, cette lu-

mière est la plus sensible à la nouvelle lune,
lorsque la plus grande partie de notre hémisphère éclairée est dirigée vers ce satellite. Pour le
spectateur placé dans la lune, la terre présente-
rait une suite de phases semblables à celles que la
lune nous montre, mais suivies d'une lumière
plus intense, provenant de l'étendue beaucoup
plus considérable de la surface terrestre.

Le disque lunaire contient une multitude de
taches invariables qui ont successivement été
observées avec le plus grand soin, et décrites
avec une précision remarquable. Les taches brillantes paraissent constituer des parties solides
de hautes montagnes, réfléchissant fortement
les rayons solaires. Il y a d'autres endroits et
des parties de la surface de la lune qui sont
d'une couleur plus foncée, et que l'on suppose
être des mers ou des lacs ; cependant les observations télescopiques ne justifient pas cette supposition ; l'apparence des ombres des montagnes
ferait croire, au contraire, que ce sont des cavernes. Ces taches noires ne sont certainement
pas des mers, mais bien quelque matière noire,
incapable de réfléchir la lumière aussi fortement
que les montagnes.

Dans l'intérieur de ces taches obscures sont
des corps d'une lumière plus brillante, qui nous
montrent que la lune présente toujours à peu près
le même hémisphère, d'où l'on conclut qu'elle
tourne sur elle-même dans une période de temps

égale à sa révolution autour de la terre ; car si
on imagine un observateur placé au centre de
la lune, supposée transparente, il verra la terre
et le rayon visuel tourner autour de lui ; et puisque ce rayon fait intersection à peu près au même
point de la surface lunaire, il est évident que ce
point doit tourner autour du spectateur dans le
même temps et dans la même direction que la
terre.

Cependant, des observations suivies du disque
lunaire ont découvert plusieurs irrégularités dans
ces apparences ; on remarque que certaines taches se rapprochent et s'éloignent alternativement des bords ; celles qui se trouvent très près
des bords disparaissent et reparaissent successivement par des oscillations périodiques que l'on
connaît sous le nom de *libration de la lune*.

Pour se faire une idée juste des causes principales de ces phénomènes, on doit considérer que
le disque de la lune, vu du centre de la terre,
se trouve terminé par un grand cercle du globe
lunaire, perpendiculaire au rayon tiré de ce
centre à celui de notre globe : c'est sur le plan
de ce grand cercle qu'est projeté l'hémisphère
de la lune, qui est tourné du côté de la terre :
ses apparences proviennent de son mouvement
de rotation, relativement à son rayon vecteur.
Sans ce mouvement de rotation, le rayon
vecteur tracerait, à chaque révolution lunaire,
la circonférence d'un grand cercle sur sa sur-

face, et tous les points de la lune se montreraient successivement à nos yeux; mais en même temps que ce rayon vecteur trace cette circonférence, le globe lunaire, par suite de sa révolution, amène toujours à peu près le même point de sa surface à ce rayon, et conséquemment le même hémisphère vers la terre. Les inégalités de mouvement de la lune produisent quelques variations dans ces apparences; car le mouvement de rotation, ne participant pas d'une manière sensible à ces inégalités, varie relativement à son rayon vecteur, qui coupe ainsi sa surface en différens points. Le globe lunaire fait donc, relativement à ce rayon, des oscillations correspondantes aux inégalités de son mouvement, qui occasionent la disparition et l'apparition des parties de sa surface les plus rapprochées des bords.

Il faut observer aussi que l'axe de rotation de la lune n'est pas exactement perpendiculaire au plan de son orbite. En le supposant à peu près fixe, pendant toute une révolution du globe lunaire, il incline plus ou moins sur le rayon vecteur de la lune, et l'angle formé par ces deux lignes est aigu pendant la moitié de sa révolution, et obtus pendant l'autre moitié; le spectateur, placé sur la terre, voit par conséquent l'un et l'autre pôle de rotation alternativement, ainsi que les parties de la surface qui les avoisinent.

Enfin, comme l'observateur ne se trouve pas

au centre de la terre, mais bien à sa surface, c'est le rayon visuel, tiré de son œil au centre de la lune, qui détermine le milieu de son hémisphère visible ; il en résulte que, par l'effet de la parallaxe lunaire, ce rayon coupe la surface de la lune en différens points, suivant la hauteur de la lune au-dessus de l'horizon.

Toutes ces causes ne produisent qu'une libration apparente du globe lunaire ; ce ne sont que des illusions d'optique, illusions qui n'affectent nullement son mouvement réel de rotation : il est néanmoins vrai de dire que cette rotation peut être sujette à quelques petites irrégularités ; mais l'observation ne les a pas encore rendues sensibles.

Il n'en est pas de même de l'équateur lunaire. En essayant de déterminer sa position par l'observation de taches de la lune, Dominique Cassini fut conduit à ce résultat remarquable, qui contient toute la théorie astronomique de la libration vraie de la lune : si l'on conçoit de faire passer un plan par le centre de la lune, perpendiculaire à son axe de rotation, lequel coïncidera avec celui de son équateur, et que l'on imagine en même temps un second plan parallèle à celui de l'écliptique, et un troisième, parallèle à l'orbite lunaire, ces trois plans auront toujours une intersection commune. Le second plan, situé entre les deux autres, forme avec le premier un angle de près de $11° 50' 10'' 8$, et

avec le troisième un angle de 5° 8' 49". Ainsi,
les intersections de l'orbite lunaire avec l'écliptique, c'est-à-dire ses nœuds, coïncideront toujours avec les nœuds moyens de l'orbite lunaire,
et auront, comme eux, un mouvement rétrograde
dont la période est de 18 ans 223j 7ʰ 13' 17", 7.
Pendant cet intervalle, les deux pôles de l'é-
quateur et de l'orbite lunaire décrivent de petits cercles parallèles à l'écliptique, renfermant
entre eux les pôles de l'écliptique, de telle manière
que ces trois pôles sont constamment situés sur
un grand cercle de la sphère céleste.

L'observation prouve que des montagnes d'une
hauteur considérable s'élèvent sur la surface de
la lune ; leurs ombres, projetées sur les plaines,
forment des taches qui varient avec la position
du soleil ; sur les bords du disque éclairé, on
voit que ces montagnes forment une bordure
dentelée, s'étendant, au-delà de la ligne de lumière, d'une quantité qui, étant mesurée, indique que leur hauteur est au moins de quatre
mille toises. On reconnaît aussi, par la direction des ombres, que la surface est remplie de
cavités ressemblant à peu près aux bassins des
mers terrestres. La surface lunaire paraît aussi
offrir des traces de volcans : le phénomène le
plus remarquable de cette espèce fut découvert
par Herschel, dans la partie nord-est de la lune,
à près de trois minutes de son bord, vers la tache appelée *Hélicon*; la seconde nuit après que

cet astronome l'eut observée, elle brûlait avec la
plus grande violence, et paraissait réellement
comme un volcan en éruption. La mesure lui
donna plus de trois milles anglais de diamètre
pour la matière enflammée. D'autres observateurs ont cru voir sur la partie non éclairée une
lumière vive, qu'ils ont attribuée à une éruption
volcanique. On pourrait également attribuer à
cette cause la formation de plusieurs nouvelles
taches lunaires.

Il paraît qu'il n'y a autour de la lune ni nuages, ni vapeurs, sources générales des pluies;
s'ils s'en trouvait, ils couvriraient quelquefois
la face de la lune, et nous cacheraient quelques-
unes des parties, circonstance qui, je crois, n'a
jamais été observée. On serait tenté de conclure
de là qu'il y a une sérénité constance dans la
lune, sans aucun temps obscurci; car, partout
où l'on observe la lune, lorsque notre atmosphère n'est pas chargée de nuages, on lui trouve
toujours le même éclat.

D'un autre côté, Hévélius affirme qu'il a remarqué souvent, lorsque le ciel, parfaitement
pur, laissait appercevoir les étoiles des sixième
et septième grandeurs, que la lune, étant à la
même hauteur, avec la même élongation et le
même télescope, ne paraissait pas également
brillante, et que ces taches n'étaient pas toujours aussi distinctes.

On a cherché à conclure de là que la cause de

ce phénomène ne dépend ni de notre atmosphère, ni du tube, ni de la lune, ni même de
l'œil de l'observateur, mais qu'elle doit être attribuée à quelque chose qui existerait autour de
la lune, c'est-à-dire à l'atmosphère lunaire.

La lune se trouvant très près de la terre, ses
irrégularités ont été beaucoup plus faciles à calculer que celles des autres satellites. Les calculs des différens astronomes ont produit des
tables si exactes, que le lieu de ce satellite dans
le ciel peut être déterminé en tout temps, avec
un degré de perfection que les anciens astronomes désespéraient de jamais obtenir. Les tables
lunaires des astronomes français surpassent à
cet égard tout ce que l'on pouvait espérer; elles
sont insérées dans la *Connaissance des temps*, pour
déterminer les longitudes en mer, et l'on peut s'y
fier beaucoup plus qu'on ne l'espérait d'abord.

Table des principaux élémens de la lune.

Le diamètre de la lune est de. 781^l de 2280^t
Distance moyenne de la terre. 85,000
Longitude vraie, le 1er jan-
vier 1819, à midi. . . . . . 11^s 17° 28′ 11″
Lieu moyen du périgée lu-
naire. . . . . 9　8　31　44,5
Lieu moyen du nœud ascen-
dant. . . . . 25　45　14,6
Inclinaison moyenne de l'or-

bite lunaire sur l'éclipti-

que. . . . .   o' 5° 9' 3".

La plus grande équation du

centre. 6 17 9,4

Diamètre moyen apparent. .   31 26,2

Parallaxe horizontale moyen-

ne. 57 34,5

Mouvement diurne moyen

en longitude. 13 10 35

Mouvement diurne moyen

du périgée. 6 41,1

Mouvement diurne moyen

des nœuds. 3 10,6

Révolution sidérable du pé-

rigée. . . . . 8ª 312j 11ᵇ 11′ 39″4

Révolution sidérale des

nœuds. 18 223 7 13 17,7

Révolution tropique moyen-

ne. 27 7 43 4,7

Révolution synodique. . .   29 12 44 2,8

    Excentricité. . 0,0548553.

LEÇON XII.

Des différentes planètes du système solaire.

Des Planètes primaires, dites inférieures.

LES planètes primaires du système solaire sont celles qui tournent autour du soleil, considéré comme le centre commun. Elles sont au nombre de sept, savoir : Mercure, Vénus, la Terre, Mars, Jupiter, Saturne et Herschel, dispersées dans l'ordre où on les voit à la planche annexée page 148.

Les quatre planètes télescopiques, que l'astronome Herschel a nommées des *astéroïdes*, dont les orbites se trouvent entre celles de Mars et de Jupiter, sont également des planètes primaires. Elles se trouvent décrites à la leçon 14 ; leurs noms sont : *Vesta, Junon, Cérès,* et *Pallas.*

Les planètes ci-dessus sont nommées *primaires*, pour les distinguer des satellites, qu'on appelle des *planètes secondaires*, qui opèrent leurs révolutions autour de leurs primaires, et non autour du soleil.

Des Planètes inférieures.

On a encore distingué les planètes primaires en *planètes inférieures* et *planètes supérieures*, suivant que leurs orbites sont comprises dans celle de la terre, ou bien qu'elles se trouvent en dehors de cette dernière.

Les planètes inférieures sont celles qui se trouvent le plus rapprochées du soleil, savoir : Mercure et Vénus.

Mercure. (☿)

Quoique cette planète soit très petite, elle est d'un éclat surprenant dû à la proximité du soleil ; cette dernière cause la rend aussi très rarement visible ; mais quand cela a lieu, son mouvement journalier est si rapide qu'on ne peut l'observer que pendant quelques soirs ou matins, un peu après le coucher du soleil, ou un peu avant le lever de cet astre.

On voit quelquefois cette planète traverser le disque du soleil comme une tache ; on appelle ce phénomène *transit*. Il prouve que Mercure est un corps opaque qui ne fournit aucune lumière par lui-même, qu'il est par conséquent éclairé par le soleil, et qu'à cette époque il présente le côté obscur vers la terre.

Les passages de Mercure sur le disque du soleil n'arrivent que très rarement, quoique plus souvent que ceux de Vénus.

Le temps le plus favorable pour observer Mercure est le printemps, vers le soir, lorsque la planète se trouve à l'orient du soleil, à sa plus grande distance de cet astre. On peut alors l'observer pendant quelques minutes, puisqu'elle se couche à peu près une heure cinquante-minutes après le soleil; mais lorsque la planète est à l'ouest du soleil, et à sa plus grande distance, elle se lèvera alors à peu près une heure cinquante minutes avant cet astre, et ne se montrera par conséquent que le matin, vers la fin de l'été ou au commencement de l'automne.

Mercure est la planète la plus rapprochée du soleil, autour duquel ce corps tourne en $87^j,96926$, à la distance moyenne de $13,361,000$ de lieues.

Longitude héliocentrique au 1ᵉʳ janvier 1819.....................	2ˢ	6°	15′	00″
Longitude géocentrique.......	9	23	39	00
Mouvement horaire moyen....	0	00	10	14
Longitude du périhelie.........	2	14	38	40
Nœud ascendant.................	1	16	10	30
Inclinaison de l'orbite sur l'écliptique............................	0	7	00	9
La plus grande équation......	0	23	39	59

Le diamètre est de 1130 lieues; le diamètre de la terre étant 1, celui de Mercure sera 0.3944.

L'excentricité est 0,2055141, lorsqu'on considère le grand axe comme égal à l'unité.

La rotation sur son axe se fait en $1^j,00382$.

La distance moyenne de la terre au soleil étant exprimée par 1, celle de Mercure sera 0.3871.

La ligne des apsides a un mouvement sidéral, suivant l'ordre des signes, qui est de 9′ 43″ 6 par siècle, ou bien de 1° 33' 43" 6 lorsqu'on le rapporte à l'écliptique.

Le mouvement sidéral séculaire des nœuds est rétrograde de près de 13' 2" 3. Mais quand on le rapporte à l'écliptique, le lieu des nœuds sera direct (par rapport à la pression des équinoxes) de près de 42" par an, ou 1° 10' 27" 7 par siècle.

L'inclinaison de l'orbite est sujette à une petite augmentation de près de 18" par siècle.

La plus grande élongation ou distance angulaire de la planète du soleil, varie de 16° 12' à 28° 48'

L'arc moyen de rétrogradation est de près de 13° 30', et la durée moyenne de 23 jours ; ces deux élémens sont sujets à de grandes variations. La rétrogradation commence ou finit lorsque la planète est à près à 18° de distance du soleil.

Mercure change de phases, comme la lune, suivant ses différentes positions par rapport au soleil et à la terre ; on ne peut les apercevoir qu'avec le secours de bonnes lunettes, puisque le diamètre moyen apparent n'est que de 7" à peu près.

Pour bien comprendre les mouvemens apparens de Mercure, il faut se rappeler que sa distance angulaire au soleil, observée sur la terre, n'excède jamais 28° 48', lorsqu'on commence à voir cette planète le soir ; on la distingue avec difficulté dans le crépuscule ; elle se dégage de plus en plus les jours suivans, et après être arrivée à la distance angulaire de 22° 30′ du soleil, elle retourne de nouveau vers cet astre. Dans cet intervalle, le mouvement de Mercure, relativement aux étoiles fixes, est direct ; mais, à son retour, cette planète arrive à 18° du soleil, et paraît stationnaire ; après quoi son mouvement devient rétrograde ; elle continue cependant d'approcher du soleil, et se perd de nouveau, le soir, dans ses rayons. Après être restée pendant quelque temps invisible, on la voit, le matin, se dégageant des rayons solaires, et se séparant du soleil ; son mouvement est encore rétrograde comme avant sa disparition. Arrivée à la distance de 18°, elle devient encore stationnaire ; puis reprend son mouvement direct ; la distance augmente jusqu'à 22° 30′ ; elle retourne de nouveau et disparaît dans la lumière de l'aurore, pour reparaître bientôt après, le soir, et produire les mêmes phénomènes.

La longueur de son oscillation entière, ou bien le retour à la même position relativement au soleil, varie également de 106 à 130 jours.

En général, le mouvement de Mercure est extrêmement compliqué : il n'a pas lieu exactement dans le plan de l'écliptique ; quelquefois la planète s'en écarte au-delà de 7 degrés.

Il n'y a pas de doute qu'une grande série d'observations ne fût nécessaire pour reconnaî-

tre l'identité de deux étoiles, que l'on voyait
alternativement le matin et le soir, suivant
qu'elles s'écartaient ou se rapprochaient du
soleil ; mais comme l'une ne se montrait jamais
que lorsque l'autre disparaissait, on se douta
enfin que c'était la même planète qui oscillait
ainsi des deux côtés du soleil.

Le diamètre apparent de Mercure est sujet à
de grandes variations, et ces changemens tiennent évidemment à sa position relative au soleil
et à la direction de son mouvement. Il est à son
minimum lorsque la planète se plonge dans les
rayons solaires le matin, et lorsque, le soir, elle
s'en dégage : son maximum a donc lieu quand
elle se plonge dans les rayons solaires le soir,
et lorsqu'elle devient visible le matin.

Le volume de Mercure est le $\frac{1}{16}$ de celui de la
terre. L'angle de son orbite avec son équateur
est très grand.

L'observation a fait croire que Mercure est
environné d'une atmosphère très dense ; Newton,
en comparant les distances au soleil, a reconnu
que, dans Mercure, la chaleur et la lumière
sont sept fois plus considérables que sur la
terre : cette température, qui est supérieure
à celle de l'eau bouillante, est sans doute
modifiée par son atmosphère considérable. On
a reconnu et calculé la hauteur de quelques
montagnes, dans cette planète, qui doivent
excéder 8000 toises.

Il résulte des observations précédentes que Mercure ne peut nous paraître que comme une étoile de 3e ou de 4e grandeur, presque toujours cachée dans les rayons solaires, puisqu'il ne s'écarte que de 28° de cet astre.

Quelquefois, dans l'intervalle de sa disparition le soir et de son apparition le matin, on l'observe sur le disque solaire comme une tache noire, dont elle décrit une corde.

Lorsque cette planète est dans sa conjonction inférieure, avec une latitude moindre que celle du demi-diamètre du soleil, elle passe sur le disque de cet astre. Ce phénomène est toujours observé avec le plus grand soin ; ce fut en novembre 1631, que Gassendi observa le premier ce passage : celui du 5 novembre 1822 était invisible en France ; il commença à 1ʰ 9′ 7″ du matin, le milieu à 2ʰ 22′ 15″, et la fin à 3ʰ 55′ 23″, passant sur la partie méridionale du disque solaire. Vers le milieu du passage, Mercure était de 13′ 58″,5 au sud du centre du soleil. Cet astre était vertical à 15° 29′ 36″ 5 de latitude méridionale, et à 141° 56′ 15″ de longitude orientale (méridien de Greenwich), ce qui a lieu près de la côte N. E. de la nouvelle Hollande. Le premier passage qui aura lieu à l'avenir sera en 1832.

Ces passages de Mercure sur le disque du soleil, sont de véritables éclipses annulaires.

Vénus (♀).

Cette planète, considérée comme la plus belle étoile du ciel, était appelée tantôt *étoile du matin*, tantôt *étoile du soir; lucifer* ou *vesper*. Vénus est à près du double de la distance de Mercure au soleil.

On ne voit jamais cette planète à l'orient lorsque le soleil est à l'occident; elle suit constamment cet astre vers le soir, ou le précède le matin.

On aperçoit quelquefois Vénus traverser le disque du soleil sous la forme d'une tache noire, ayant un diamètre apparent de 59″. Le dernier passage eut lieu en 1769; on en verra un autre en 1874.

Vénus est parfois assez brillante pour qu'on puisse l'apercevoir à l'œil nu, en plein jour.

Cette planète tourne autour du soleil en 224ᵢ,70082, à la distance moyenne de 24,966,000 lieues; la distance de la terre étant exprimée par 1, celle de Vénus sera 0,72333.

Son diamètre est de 2,787 lieues.

Longitude héliocentrique, le

1ᵉʳ janvier 1819	3ˢ 13°	50′	0″
Longitude géocentrique . .	9 0	56	0
Mouvement journalier moyen	0 1	36	8
Longitude du périhélie. . .	4 8	51	35
Longitude du nœud ascendant.	2 15	1	57

Inclinaison de l'orbite sur l'é-

cliptique . . . . o 3 23 33

La plus grande équation. . . o o 47 20

L'excentricité est o,006853 ; cet élément éprouve une variation séculaire de o , 0000627 ; c'est la moins excentrique de toutes les planètes.

La ligne des apsides a un mouvement sidéral de 4' 27", 8 par siècle. Mais en longitude, ce mouvement paraît direct dans la proportion de 47" 4 par an, ou à peu près 1° 19' 2" 2 par siècle.

Vénus tourne sur son propre axe en o^j, 99727.

L'inclinaison de son orbite sur l'écliptique est de 3° 387 ; elle diminue de 4" 6 par siècle.

Les nœuds ont un mouvement direct en longitude de 31" 4 par an, ou 52' 20" 2 par siècle.

La plus grande élongation, ou distance angulaire au soleil, varie de 45 à 48°.

L'arc moyen de cette rétrogradation est de près de 16° 12' dont la durée est de 42 jours à peu près ; il commence ou il finit lorsque la planète est à 28° 48' à peu près du soleil.

Son diamètre apparent varie de 9", 62 à 59", 84.

Vénus paraît la plus brillante des planètes ; suivant Halley, son plus grand éclat a lieu quand elle se trouve entre sa conjonction inférieure et la plus grande élongation, à 39° 44' de distance du soleil.

Cette planète offre les mêmes phénomènes

que Mercure, avec la différence que ses phases sont beaucoup plus sensibles, que ses oscillations sont plus étendues, et que leur période est plus considérable. Les plus grands écarts de Vénus varient de 45° à 47° 42', et la longueur moyenne de ses oscillations est de 225 jours. Les rétrogradations commencent ou finissent lorsque la planète, approchant du soleil le soir, ou s'en éloignant le matin, est à une distance de 28° 48'; la moyenne est vers les 16° 12', et sa durée moyenne est de 42 jours. Vénus ne se meut pas exactement dans le plan de l'écliptique, car elle dévie de 3° 23' 33".

Quand on observe Vénus avec un bon télescope, au moment où elle suit le soleil du côté oriental, et qu'elle paraît au-dessus de l'horizon après le soleil couché, on la trouve à peu près ronde, mais très petite; elle est alors au-delà du soleil, et nous présente tout son hémisphère éclairé. Lorsqu'elle commence à s'éloigner du côté de l'est, son volume apparent augmente, et on observe un changement dans sa partie éclairée, qui prend successivement toute l'apparence de la lune, dans les différentes périodes de son déclin; à la fin, lorsqu'elle est à sa plus grande distance apparente du soleil, elle est semblable à la lune dans son premier quartier; comme elle paraît ensuite s'approcher du soleil, elle semble être concave dans sa partie éclairée, ainsi que la lune, lorsqu'elle forme le croissant ; la planète continue de même jusqu'à ce qu'elle se soit entièrement cachée dans les rayons du soleil, où elle reste invisible.

Lorsqu'elle quitte les rayons solaires vers le côté occidental, on la voit le matin, et on l'appelle alors *étoile du matin* ou *Lucifer*, comme dans la position opposée on la nomme *étoile du soir* ou *Vesper*. C'est à cette époque qu'elle paraît la plus belle, formant un croissant mince de couleur argentine. A partir de cette période, elle devient chaque jour de plus en plus éclairée, jusqu'à ce qu'elle soit parvenue à sa plus plus grande distance apparente du soleil, où elle paraît encore comme une demi-lune, c'est-à-dire comme la lune dans son premier quartier ; en continuant l'observation au télescope, on trouve qu'elle s'éclaire de plus en plus, quoiqu'elle diminue néanmoins de grandeur : elle s'arrondit ainsi jusqu'à ce qu'elle se cache de nouveau, ou qu'elle se perde dans la lumière du soleil.

Lorsque Vénus se montre sous la forme d'un croissant, et quelquefois à l'époque de son plus grand éclat, elle produit la plus belle observation télescopique du ciel ; sa surface est remplie de taches comme la lune ; taches qui, par leur mouvement, font découvrir le temps nécessaire pour opérer sa révolution autour de son axe. Avec un télescope d'une force considérable, on y observe des montagnes, ainsi que dans la lune.

Vénus paraît quelquefois décrire, comme
Mercure, un arc sur le disque du soleil. Les
longueurs de ces passages sur le soleil, observées sur différens points de la terre, varient
considérablement ; la cause en est dans le parallaxe de Vénus, qui fait référer cette planète
à différens points du disque solaire, suivant la
situation des observateurs ; ils voient aussi qu'elle
décrit différentes cordes pendant son passage.
Ce phénomène est beaucoup plus rare que le
passage de Mercure sur le disque du soleil ; le
dernier qui eut lieu fut le 3 juin 1769, et le
premier qui aura lieu à l'avenir sera le 8 décembre 1874. Ainsi, toutes circonstances considérées, il peut s'écouler bien des générations
sans que ce phénomène intéressant se reproduise.

Lors du passage de 1769, la différence de sa
durée, déduite de la comparaison faite entre les
observations de Otaïti, dans la mer du Sud, et
de Lazanebourg, dans la Laponie suédoise, s'é-
levait à plus de 8′ 6″. Comme cette durée se
calcule avec la plus grande précision, la différence donne très exactement la parallaxe de
Vénus, et conséquemment sa distance de la
terre au moment de sa conjonction ; fait remarquable qui a mis les géomètres à même de déterminer la distance du soleil, et qui lie cette
parallaxe, avec celle du soleil et des planètes :
il en résulte que l'observation de ces passages
est de la plus grande importance en astronomie.

Après s'être succédés dans l'intervalle de huit années, ils restent ensuite plus d'un siècle sans se renouveler, pour se succéder encore en huit ans de temps, et continuer ainsi dans le même ordre.

Les deux derniers passages de Vénus sur le disque du soleil, eurent lieu en 1761 et 1769. Des astronomes furent envoyés dans les différens pays où les observations pouvaient être faites dans des circonstances favorables, et c'est le résultat de leurs observations, qui a fait déterminer la parallaxe du soleil à 8′ 8″ à sa distance moyenne de la terre.

Les grandes variations du diamètre de Vénus, prouvent que sa distance change continuellement; elle est la plus petite au moment de son passage sur le disque du soleil; son diamètre apparent est alors de près de 9″, 62. Son diamètre moyen est de 34″ 73.

Vénus se meut dans une orbite elliptique dont le soleil occupe le foyer. Sa moyenne distance à cet astre est d'environ les cinq septièmes de celle de la terre, ou 17,439 rayons terrestres (24,966,000 lieues). La chaleur et la lumière doivent y être deux fois plus grandes que sur notre globe, toutes circonstances d'atmosphère et de nature de globe étant égales. Cette planète oscille de part et d'autre du soleil comme Mercure, mais dans un arc plus étendu; elle s'éloigne de cet astre de 45 à 48° de l'écliptique :

sa digression moyenne est donc de 46° 20'. Elle
met 584 jours à passer d'une conjonction à
l'autre ; son rayon est presque égal à celui de la
terre, puisque son volume n'est moindre que
d'un 9ᵉ.

Le plan de l'orbite de cette planète coupe l'é-
cliptique suivant une ligne droite, *la ligne des
nœuds*, qui va maintenant du 75ᵉ degré de longitude au 255ᵉ. La révolution entière se fait,en
224ʲ 16ʰ 49', ce qui fait 1° 36' par jour. Lorsqu'on connaît l'*époque* ou le lieu de la planète,
à un instant donné, il est facile d'indiquer le
lieu moyen de ce corps dans son orbite vue du
soleil : on le corrige ensuite de l'équation du
centre, et on le réduit, à l'aide de la parallaxe
annuelle, à être vu de la terre ; c'est ainsi que
l'on parvient à former des tables de ses mouvemens.

Les mouvemens de quelques taches de la surface de Vénus, apprirent à Dominique Cassini,
que sa rotation sur son axe se fait dans un intervalle de temps moins grand que celui de notre
jour. Par l'observation de la variation du croissant et de quelques points lumineux vers les
bords des parties non éclairées, Schroeter a confirmé ce résultat, qui avait été sujet à quelques
doutes ; il a fixé la durée de son mouvement de
rotation à 23ʰ 21' 7", 2, et il a trouvé, comme
Cassini, que l'équateur de Vénus fait un angle
considérable avec l'écliptique. Enfin, il a conclu

à l'existence de montagnes prodigieuses sur sa surface, par suite de ces mêmes observations. Il pense aussi, vu la loi par laquelle la lumière varie graduellement du côté éclairé à celui qui ne l'est pas, que cette planète est environnée d'une atmosphère considérable, dont le pouvoir de réfraction ne diffère que peu de celui de l'atmosphère terrestre.

Le docteur Herschel, qui a fait un grand nombre d'observations de cette planète, entre les années 1777 et 1793, dit que probablement il existe des montagnes et de grandes inégalités sur sa surface; mais il n'a pas été capable d'en voir beaucoup par rapport à la densité de son atmosphère. Quant aux montagnes de Vénus, il dit qu'aucun observateur dont les yeux ne seront pas meilleurs que les siens, ou bien qui n'aura pas des instrumens plus parfaits, ne pourra jamais les remarquer.

La grande difficulté qu'on éprouve à voir ces taches, même avec les meilleurs télescopes, rend ces observations presque impossibles dans nos climats; mais elle méritent l'attention des observateurs, qui, situés sur un latitude plus méridionale, jouissent d'un ciel plus favorable.

LEÇON XIII.

Des différentes planètes du système solaire.

Des planètes primaires dites supérieures.

DANS l'ordre des distances au soleil, la planète qui suit immédiatement Vénus, est la terre, dont les principaux éléments ont été donnés à la leçon 9.

Mars.

Cette planète est d'une couleur rouge de feu, produisant une lumière moins apparente que Vénus, quoique lors de son passage méridien elle soit de la même grandeur apparente.

Les mouvemens de Mars ne sont point limités comme ceux de Mercure et de Vénus; mais quelquefois ce corps paraît très rapproché du soleil, et souvent à des distances considérables, se levant avec le coucher du soleil, ou se couchant avec le lever de cet astre.

Quand Mars est dans son apparition, sa distance à la terre est alors cinq fois moindre que dans sa conjonction : cette différence produit un effet très visible dans l'aspect de la planète, relativement à sa grandeur apparente.

Cette planète a un diamètre de 1592 lieues, et elle accomplit sa révolution autour du soleil en 686ʲ,97962, à la distance moyenne de 52,613,000 de lieues ; la distance de la terre étant 1, celle de Mars sera exprimée par 1,5236935.

La longitude héliocentrique, le 1ᵉʳ janvier 1819.	8ˢ	19°	37′	0″
Longitude géocentrique.	8	27	53	0
Longitude du périhélie.	11	2	44	24
Longitude du nœud ascendant.	1	18	9	40
Inclinaison de l'orbite sur l'écliptique.	0	1	51	03,5
La plus grande équation.	0	10	41	27,5
Mouvement moyen journalier.	0	0	31	26,7

L'excentricité de l'orbite est de 0,09334, la moitié du grand axe étant 1.

La rotation sur son axe se fait en 1ʲ,02733.

Le mouvement séculaire des apsides est de 1° 49′ 52″ 4, en longitude, dans l'ordre des signes.

Le lieu des nœuds est sujet à une variation directe de 44′ 41″5 en longitude.

L'inclinaison de l'orbite à l'écliptique, est sujette aussi à une diminution de 1″,4 par siècle.

La plus grande équation éprouve également une diminution séculaire de près de 37″.

Le célèbre Herschel, après plusieurs années d'*observations*, obtint les résultats suivans :

Le nœud de l'axe de Mars est dans les 11° 17° 47′, c'est-à-dire dans les 17° 47′ des poissons.

L'obliquité de l'écliptique sur le globe de Mars est de 28° 42′.

Le point *zéro*, ou le premier degré du ♈, sur l'orbite de mars (sur son écliptique) répond à nos 8° 19° 28′ ou bien aux 19° 28′ du Sagittaire.

La figure de Mars est celle d'un sphéroïde aplati, dont le diamètre équatorial est au diamètre polaire :: 1355 : 1272, ou comme 16 : 15 à peu près.

Le diamètre apparent varie de 9″,07 à 29″,02.

La lumière et la chaleur, à la surface de Mars, doivent être à celles de la terre :: 43 : 100.

Cette planète a une atmosphère très considérable, de sorte que ses habitans jouissent en quelque sorte de notre condition.

Avec l'aide d'un télescope, cette planète montre des taches plus grandes et plus remarquables qu'aucune autre ; elles ont été observées avec le plus grand soin par Herschel, dans l'intention de déterminer la figure de Mars, et la position de son axe.

Les ceintures de cette planète, qui ne sont réellement que des apparences nébuleuses, changent très souvent de forme et d'arrangement. On a observé des taches très brillantes vers ses pôles ; on suppose qu'elles sont produites par les parties de sa surface qui restent couvertes de glaces et de neiges.

Mars paraît la moins brillante de toutes les planètes ; son orbite se trouve entre celles de la terre et de Jupiter, mais à des distances très éloignées des deux. Sa couleur nous paraît être rougeâtre, ce qui a fait supposer qu'elle est environnée d'une atmosphère considérable, comme celle de la terre.

Les deux premières planètes que l'on vient de décrire dans la leçon 12, semblent accompagner le soleil comme ses satellites ; leur mouvement moyen autour de cet astre est le même que celui du soleil apparent. Les autres planètes s'éloignent du soleil à toutes les distances angulaires possibles ; mais leurs mouvemens sont tellement liés avec la position de cet astre, qu'il n'y a plus aucun doute sur l'influence qu'il exerce.

Mars paraît se mouvoir de l'ouest à l'est autour de la terre ; la longueur moyenne de sa révolution sidérale est d'un an 321j 23 h 30 ' 35 " 6. Son mouvement est très inégal. Lorsque cette planète commence à se montrer le matin son mouvement est direct et le plus rapide possible ; il diminue graduellement, et, lorsqu'elle arrive vers les 236° 48' du soleil, elle reste stationnaire ; le mouvement devient rétrograde et augmente en rapidité jusqu'à ce que la planète soit en opposition avec le soleil ; cette rapidité est alors à son *maximum*, et elle commence à diminuer jusqu'à ce qu'elle soit à 136° 48'. Le mouvement devient alors direct, après avoir été ré-

trograde pendant 73 jours ; et dans cet intervalle, la planète décrit un arc de rétrogradation
de près de 16° 12′; en continuant d'approcher
du soleil, elle finit par se perdre dans ses rayons,
vers la nuit. Ces singuliers phénomènes se renouvellent à chaque opposition de Mars, mais avec
des différences considérables relativement à l'é-
tendue et à la dureé des rétrogradations.

Mars ne se meut pas exactement dans le plan
de l'écliptique, mais il s'en écarte de près de
2° : les variations dans son diamètre apparent
sont très grandes ; il est de 9″ 07à peu près,
dans son état moyen, et il augmente jusqu'à
29″ 02, à mesure que la planète approche de son
opposition. Vers cette époque, la parallaxe de
mars devient sensible ; la même loi qui existe
entre les parallaxes du soleil et de Vénus, se
maintient entre le soleil et Mars ; l'observation
de cette dernière parallaxe, a donné lieu a une
estimation très rapprochée de la parallaxe solaire,
avant que le passage de Vénus sur le disque du
soleil ne l'eût déterminé avec la plus grande précision.

Le disque de Mars change de forme et devient
sensiblement ovale, suivant la position relative
du soleil.

La lumière que cette planète réfléchit est obscure et rougeâtre ; ce qui fait présumer qu'elle
est environnée par une atmosphère très épaisse
et nébuleuse. De grandes taches paraissent et se

détruisent en des temps plus ou moins longs ;
elles doivent être produites par des changemens
considérables qui laissent un vaste champ aux
conjectures. Les bandes de Mars, parrallèles à
son équateur, ont fait remarquer que cette planète tourne d'occident en orient, en 1j, 02733 :
cette rotation s'exécute sur un axe incliné de
61° 33' sur son orbite. Le temps de la révolution de Mars autour du soleil est presque le double
de celui de la terre ; on a reconnu que son année
est de 686j 23h 30' 41" 4. Enfin, l'angle que
forment entr'eux les deux orbes, celui de Mars
et de la terre, est de 1° 51' 3" 5, ce qui prouve
que cette planète s'écarte très peu de notre écliptique.

Dans son mouvemant autour du soleil, Mars
décrit un arc de 31' 27" par jour, ou environ 11°
en 21 jours. Le rayon moyen de l'orbe terrestre
pris pour point de comparaison, la plus grande
distance de Mars à la terre est de 1,52, et sa
moindre, de 0,52. Près de ses oppositions, cette
planète est donc très brillante et se trouve alors à
peu près à la même distance, que soleil de la terre ;
ce phénomène revient tous les 2 a nset 50 jours. Au
mois d'août 1719, Mars était à la fois périhélie
et en apposition : aussi l'éclat en était extraordinaire ; son diamètre apparent était de 25".

Les phases de Mars ne commencent à se faire
voir que lorsque cette planète se rapproche du
soleil ; mais bientôt son diamètre devient si petit,

qu'on ne peut l'apercevoir sans lunettes : car à la conjonction, son diamètre n'est que de quelques secondes.

Suivant que Mars est en opposition ou en conjonction, cette planète paraît de 1ʳᵉ ou 2ᵉ grandeur ; elle parcourt de droite à gauche environ 16° par mois, ou 6ˢ 11° par an ; ce qui permet d'en assigner la place à toute époque. Il suffit de procéder, pour chaque mois écoulé, de 16° de longitude vers l'est, à partir du lieu pris pour point d'origine ; ainsi, après un an, on peut prendre le point opposé de l'écliptique (6ˢ ou 180° de plus), et en outre procéder de 11° à l'orient.

L'explication la plus satisfaisante que l'on puisse donner de la formation des bandes de Mars, et en général de celle des autres planètes, provient de la disposition presque perpendiculaire de leurs axes sur leurs orbites ; de là résultent peu de variations dans les saisons, un jour partout égal à la nuit, en tout temps, et presque point de différence de l'été à l'hiver sur le même parallèle. Cette égalité de température à une même latitude, est favorable à la formation des taches ou bandes que l'on voit tant à la surface que dans l'atmosphère de Mars ; les intensités du froid et du chaud, constamment différentes en différens parallèles, et cependant égales entre elles, peuvent permettre aux nuages, aux neiges, ou bien aux matières solides de la surface, de s'étendre en cercles parallèles à l'équateur ou au cercle de la révolution diurne. Ce principe donne aussi la solution du phénomène des bandes de Jupiter.

Jupiter.

Cette planète est la plus brillante de toutes après Vénus ; sa couleur est d'un blanc rougeâtre ; Jupiter ne varie pas en grandeur ni en éclat apparens, comme Mars.

Lorsque cette planète est occultée par la Lune, elle offre un spectacle très agréable à observer, par rapport à ses bandes et ses satellites.

Toutes les planètes, ainsi que les étoiles qui se trouvent sur la route de la Lune, sont susceptibles d'être occultées par cette dernière : ces occultations sont du plus grand secours dans le calcul des longitudes. Jupiter est aussi nommé *étoile du soir* et *étoile du matin*.

Jupiter opère sa révolution autour du Soleil en 4332j, 59 631, à la distance moyenne de 179,575,000 de lieues ; cette dernière est égale à 5. 20 279, celle de la terre étant 1.

Le diamètre de Jupiter est de 33,121 lieues.

Sa longitude héliocentrique au 1er janvier 1819 . .   9ˢ   2°   36′   0″
Longitude géocentrique .   9   21   29   0
Longitude de périhélie. .   0   11   26   32
Longitude du nœud ascendant.   3   8   36   26

Inclinaison de l'orbite
sur l'écliptique. . . . .   o' 1° 18' 47'',2.

La plus grande équation o   5   29 24,6.

Mouvement moyen jour-
nalier. . . . .   o   o   4 59,3.

L'excentricité est de oo 481 784, la moitié
du grand axe étant exprimé par 1.

L'inclinaison de son axe est de 86° 54' 30''.

Le mouvement séculaire apparent en longitude des apsides, est de 1° 34' 33'', 8 : le mouvement séculaire direct des nœuds, est de 57'
12'', 4.

L'inclinaison de l'orbite sur l'écliptique subit
une petite diminution séculaire de près de 22'',6.

La plus grande équation de Jupiter diminue
aussi de près de 55'', 15 par siècle.

La lumière et la chaleur solaires sont représentées par 0,036 875, celles de la terre étant 1.

Un habitant de Jupiter ne doit voir le soleil
que sous un angle de 6' 9'', c'est-à-dire un cinquième de la grandeur apparente vue de la Terre.

La proportion du diamètre polaire au diamètre
équatorial, est de 13 à 14. La masse de Jupiter
comparée à celle du soleil, est exprimée par
$\frac{1}{106709}$

Le diamètre moyen apparent équatorial est
de 38'' 2, et dans l'opposition de 47'' 6.

Jupiter est la planète la plus considérable de
notre système ; son arc moyen de rétrogradation est de près de 9° 54' et sa durée de 121 jours.

Cette rétrogradation commence ou finit lorsque la planète se trouve à 115° 12' de distance du soleil.

Quelques bandes obcures s'observent à la surface de Jupiter, évidemment parallèles à elles-mêmes et à l'écliptique ; la forme de ces bandes peut être expliquée en supposant que l'atmosphère de Jupiter réfléchit plus de lumière que la planète, et que les nuages qui les constituent, se trouvant disposés en couches parallèles par la rapidité de son mouvement diürne, forment des interstices réguliers, au travers desquels on découvre le corps opaque de Jupiter.

Il existe aussi d'autres taches dont le mouvement à démontré que la rotation de cette planète de l'ouest à l'est, sur un axe presque perpendiculaire au plan de l'écliptique, se fait dans une période de 9ʰ 56'. La variation de quelques-unes de ces taches, et la différence sensible dans la période de la rotation, déduit de leurs mouvemens, font penser qu'elles ne tiennent pas au corps de la planète. Ce pourraient être des nuages que les vents transportent, avec plus ou moins de rapidité, dans une atmosphère extrêmement agitée.

L'inspection de Jupiter, au moyen d'un bon télescope, ouvre un champ très vaste aux conjectures. Sa surface n'est pas également brillante, mais se trouve bigarrée par certaines bandes dont l'aspect est plus foncé que le reste;

elles se meuvent parallèlement, et enveloppent
tout le corps de la planète ; elles ne sont ni régulières ni constantes dans leur apparition : on
n'en voit quelquefois qu'une seule, et souvent il
y en a six ou huit à la fois ; leur largeur est également très variable ; on en voit qui deviennent
moins larges, tandis que celles qui les avoisinent
prennent plus d'étendue, comme si elles finis-
saient par se joindre ; dans ces cas, une bande
oblique se forme souvent entre les deux, comme
pour établir la communication ; il arrive aussi
souvent, que plusieurs taches se forment entre
les bandes qui vont en augmentant, jusqu'à ce
qu'elles constituent une bande très large de couleur brune.

On découvre aussi des taches brillantes à la
surface de Jupiter ; celles ci sont plus permanentes que les bandes, et reparaissent après des
intervalles de temps inégaux. La tache remarquable dont le mouvement a fait découvrir la
rotation de Jupiter sur son propre axe, fut d'a-
bord bien observée ; elle disparut en 1694, et
ne fut reconnue ensuite qu'en 1708, exactement
à la même place ; on l'a successivement vue depuis. La disparition et l'apparition de ces taches
ne sont cependant nullement capables d'exci-
ter la curiosité de l'observateur, comme les
changemens que l'on observe dans les bandes.

Une observation télescopique très remarquable, dans cette planète, est produite par les

quatre satellites ou lunes qui tournent autour de
Jupiter, à des distances différentes ; elles sont
invisibles à l'œil nu, mais elles offrent un fort
joli spectacle vues à l'aide d'un bon télescope.

Jupiter est, après Vénus, la plus brillante des
planètes ; il la surpasse quelquefois en éclat ; son
diamètre apparent est le plus grand possible
dans son opposition ; lorsqu'il est de 47″6, son
diamètre moyen dans la direction de l'équateur est
de 38″2 ; mais il n'est pas égal dans toutes les
directions. Cette planète est évidemment aplatie
vers son axe, et on a trouvé, par une mesure
très soignée, que son diamètre, dans la direction des pôles, est à celui de son équateur,
comme 13 : 14.

La masse énorme et le court espace de temps
que Jupiter emploie pour faire son mouvement
de rotation sur son axe, produit une vélocité
extraordinaire dans les parties équatoriales, qui
est de plus de 8000 lieues par heure.

Les quatre lunes de Jupiter doivent produire
les phénomènes les plus étonnans aux yeux de
ses habitans, pendant leur course nocturne dans
les cieux ; leurs éclipses nombreuses, qu'elles
occasionent tant entre elles qu'avec le soleil
et les étoiles, doivent être intéressantes au plus
haut degré : les diamètres apparens de ces quatre
satellites, vus de Jupiter, sont comme il suit :
le 1er, de 60′ 20″ ; le 2e, de 29′ 42″ ; le 3e, de
22′ 28″ ; et le 4e, de 9′ 39″. Le diamètre moyen

apparent de notre lune, est de 3 1' 26", 5. Voy.
leçon 15, pour plus de détails sur ces satellites.

Un observateur placé dans Jupiter ne pourrait jamais voir Mercure, Vénus, la terre ni Mars,
par rapport à l'immense distance dont il en serait éloigné. Ces quatre planètes doivent toujours être plongées dans les rayons du soleil,
se levant et se couchant avec lui. Les seuls
corps célestes qu'il pourrait remarquer sont les
quatre lunes de cette planète, Saturne avec son
anneau et ses satellites, et probablement Herschel.

Saturne.

Cette planète est très remarquable, quoiqu'elle ne soit pas aussi brillante que Jupiter.

Son mouvement apparent parmi les étoiles
fixes, est si lent, qu'à moins de l'observer avec
soin, elle paraîtra n'en pas avoir du tout. Ce
mouvement s'exécute de l'ouest à l'est, en s'é-
cartant très peu de l'écliptique, et en montrant
des irrégularités semblables à celles de Jupiter et
de Mars.

Les mouvemens des planètes, observés sur
la terre, sont tous *directs*, c'est-à-dire de l'*ouest*
à l'*est*; mais quelquefois ils paraissent *rétrogrades*, c'est-à-dire se portant de l'*est* à l'*ouest*,
et quelquefois *stationnaires*, ce que l'on peut
observer en remarquant particulièrement leurs
situations parmi les étoiles fixes.

13.

Saturne accomplit sa révolution autour du soleil en 10758^j,96984, à la distance moyenne de 329,232,000 lieues. Suivant M. Laplace, la distance moyenne relative est exprimée par 9,5387705, celle de la terre étant 1.

Son diamètre est de 27,529 lieues.

Longitude héliocentrique, le
1er janvier 1819. . . . . . 11^s 18° 37' 0"
Longitude géocentrique. . . . 11 13 23 0
Longitude du périhélie. . . . 2 29 30 58,4
Longitude du nœud ascendant 3 22 4 27,5
Inclinaison de l'orbite sur l'é-
cliptique. 0 2 29 35,2
La plus grande équation. . . . 0 6 27 57,9
Mouvement moyen journalier 0 0 2 0,6

L'excentricité est de 0,056168, le demi grand axe étant 1.

La rotation sur son axe s'exécute en 0^j,428.

L'inclinaison de son axe sur l'écliptique est de 58° 41'.

Le mouvement sidéral séculaire des apsides est de 32' 17",1 ; mais le mouvement apparent tropical est de 1° 55' 47",1.

Le mouvement séculaire des nœuds est rétrograde de 37' 46",5 ; mais le mouvement tropical est direct de 45' 43",5.

L'inclinaison de l'orbite diminue de 15",5 à peu près par siècle.

L'augmentation séculaire de la grande équation est de 1' 50",2.

La lumière et la chaleur solaires de la terre étant 1, celles de Saturne seront exprimées par 0,0011.

Le diamètre apparent du soleil, vu de Saturne, est de 3' 22",2.

La densité de Saturne est à celle de la terre :: 1035 : 10,000.

Le diamètre moyen apparent de cette planète est de 17",6. Le diamètre équatorial est au diamètre polaire :: 11 : 10.

Le mouvement de Saturne se fait de l'occident à l'orient, et à 2° et demi hors du plan de l'écliptique; il est sujet à des inégalités semblables à celles de Jupiter et de Mars. Cette planète commence et finit son mouvement rétrograde, lorsque, après et avant son opposition, elle se trouve à 108° 54' de distance du soleil. La durée de sa rétrogradation est de près de 131 jours, et le même arc, de 6° 18'. Au moment de l'opposition, son diamètre est au maximum, et sa grandeur apparente de 26",12.

La distance de Saturne au soleil est immense, puisque le rayon de son orbite est neuf fois et demie celui de l'orbite terrestre, c'est-à-dire de plus de 329 millions de lieues. Le plan de l'orbite de Saturne est incliné de 2° et demi sur l'écliptique, et la planète décrit cette courbe en 10,758 jours, ce qui fait 1° en 30 jours, et un signe en 900 jours, ou deux ans et demi. Les oppositions reviennent après un an, et chaque fois sa longitude augmente de 11° à 13° ; en 29 ans, les oppositions ont accompli le tour entier de l'orbe.

Quoique neuf cents fois plus gros que la terre, Saturne, à raison de sa distance, ne nous envoie qu'une lumière pâle, et ne paraît que comme une étoile de deuxième grandeur, son diamètre apparent variant de 16″ à 20″.

Le célèbre Herschel a reconnu que Saturne a un mouvement de rotation d'occident en orient, en dix heures et demie environ ; d'où l'on conclut un applatissement d'un onzième sous les pôles, ce que l'observation confirme. La surface de Saturne offre aussi une série de bandes parallèles à l'équateur. Vu de cette planète, le soleil doit y paraître quatre-vingt-dix fois moindre qu'à nous, et sous un angle d'environ 5′ et demie.

Saturne est environnné de tous côtés par un anneau qui l'accompagne sans cesse, et par sept satellites ou lunes ; les principaux phénomènes qui se rapportent à ces différens corps sont décrits dans la leçon 15.

Herschel.

Cette planète, qui se trouve vraisemblablement aux confins du système solaire, accomplit sa révolution autour du soleil en 30688^j,61269, à la distance moyenne de 662,114,000 lieues ; c'est la plus éloignée des planètes que l'on connaisse, aussi emploie-t-elle près de 84 ans pour accomplir sa révolution sidérale.

Le diamètre de cette planète est de 12,212 lieues, ou bien 4.3177 plus grand que celui de la terre.

La longitude héliocentrique, le

1er janvier 1819..........	8ˢ	20°	34′	0″
Longitude géocentrique.....	8	21	31	0
Longitude du périhélie.....	5	17	38	19,3
Longitude du nœud ascendant	2	12	55	42,3
Inclinaison de l'orbite sur l'écliptique.............	0	0	46	26,6
La plus grande équation.....	0	5	21	7
Mouvement moyen journalier.	0	0	0	42,4

L'excentricité est de 0,0466703.

La distance moyenne relative de cette planète au soleil est de 19.1833, celle de la terre étant 1.

Le mouvement sidéral des apsides est de 3′ 59″,34 par siècle; mais le mouvement tropical est de 1° 27′ 29″,34, selon l'ordre des signes.

Le lieu des nœuds a un mouvement rétrograde de 59′ 57″,96 par siècle; mais par rapport à la précession des équinoxes, leur mouvement apparent est direct de 23′ 32″ dans le même espace de temps.

L'inclinaison de l'orbite est sujette à une petite augmentation de 3″,13 par siècle.

La plus grande équation a une augmentation séculaire de près de 11″.

L'intensité de la lumière et de la chaleur sur cette planète éloignée , est à celle de la terre :: 276 : 100,000.

Le diamètre du soleil, vu de la planète Herschel , n'est que de 1′ 38″,4 , ce qui n'est pas beaucoup plus grand que le diamètre apparent de Jupiter en opposition.

Le diamètre apparent de cette planète ne va pas jusqu'à 4″. Herschel fut découvert à Bath , en Angleterre , par l'astronome de ce nom., le 13 mars 1781.

Cette planète avait échappé aux observations des astronomes anciens , par rapport à son peu peu d'apparence. Flamstead , vers la fin du dernier siècle , ainsi que Mayer et Lemonnier, l'avaient regardée comme une petite étoile. Herschel découvrit son mouvement, et peu après , en suivant cette étoile avec soin , il lui reconnut toutes les propriétés des planètes. Comme Mars, Jupiter et Saturne , Herschel se meut de l'ouest à l'est, vue de la terre ; la durée de sa révolution sidérale est de 84 ans 29 jours. Son mouvement, qui est presque dans le plan de l'écliptique, commence à être rétrograde , lorsque , avant son opposition , la planète se trouve à 115° de distance du soleil.

Elle cesse d'être rétrograde, lorsque, après son opposition, et en approchant vers le soleil, elle n'en est plus qu'à 115° de distance. La durée de sa rétrogradation est de près de 151 jours, et l'arc décrit, de 4°. Si on estimait la distance d'Herschel par la lenteur de son mouvement, cette planète se trouverait aux confins du système planétaire. Au moyen d'un télescope considérable, Herschel découvrit six satellites, qui se meuvent autour de cette planète, dans des orbites presque circulaires et à peu près perpendiculaires au plan de l'écliptique.

Le mouvement de ces satellites semble être rétrograde; ce qui n'est dans tous les cas qu'une illusion d'optique, provenant de la difficulté de déterminer la partie de l'orbite inclinée vers la terre et celle qui lui est opposée.

Lorsque le plan, dans lequel ces satellites se meuvent, passe par le soleil, ils sont éclipsés, à moins qu'Herschel ne soit près de son opposition.

Les phénomènes particuliers de ces satellites sont expliqués dans les leçons 15 et 16.

Considérations particulières sur les Planètes.

Si les planètes Mercure, Vénus, la Terre, Mars, Jupiter et Saturne, se trouvaient en conjonction, en quelque temps que ce fut, la conjonction suivante aurait lieu en 280,000 ans à peu près; le calcul donne les élémens suivans :

	Révolutions.	Secondes.
Mercure, après...........	1162577 en	8836185098921.
Vénus..................	455122 en	8835595689448.
La Terre...............	280000 en	8835940680000.
Mars..................	148878 en	8835946519500.
Jupiter...............	23616 en	8835946544448.
Saturne...............	9516 en	8835946558608.

LEÇON XIV.

Des différentes planètes du système solaire.

Des Planètes primaires, dites Astéroïdes.

CES planètes sont au nombre de quatre ; leurs orbites sont comprises entre celles de Mars et de Jupiter, à une même distance à peu près du soleil, et dont l'inclinaison sur l'écliptique varie peu, excepté celle de Pallas ; ces élémens semblables ont fait penser à plusieurs astronomes que ces quatre corps sont les fragmens d'une planète beaucoup plus grande, qui aurait pu être brisée par une cause quelconque.

Il est bon d'observer que Képler, dès le 16e siècle, pensait qu'il devait se trouver là une planète inconnue ; il était conduit à cette idée par la considération de la grande différence qui existe entre les distances réciproques de Mars et de Jupiter au soleil, et celles que les autres planètes gardent proportionnellement à cet astre.

Ces quatre planètes nouvellement découvertes, ou astéroïdes, sont Vesta, Junon, Cérès et Pallas. Elles sont invisibles à l'œil nu, et l'énumération ci-dessous est donnée suivant l'ordre des distances au soleil.

Vesta. (⚶)

Cette petite planète opère sa révolution en 1335 jours à peu près, à la distance moyenne de 81,904,000 lieues ; la distance relative est 2.373, celle de la terre étant 1.

Longitude moyenne, le 1ᵉʳ janvier 1801................................. 8ˢ 27° 25′ 1″

Longitude du périhélie......... 8 9 43 0

Longitude du nœud ascendant. 3 13 1 0

Inclinaison de l'orbite sur l'écliptique................................... 0 7 8 46

Excentricité, 0,09322, celle du grand axe étant 1.

Suivant les observations de Schroeter, le diamètre apparent de Vesta ne serait pas tout-à-fait d'une demi-seconde.

La planète Vesta fut découverte par M. Olbers en 1807.

Junon. (⚵)

Cette planète accomplit sa révolution autour du soleil en 1590 jours 23 heures 57 minutes 7 secondes de temps, à la distance moyenne de 92,051,000 lieues ; la distance moyenne de Junon au soleil est exprimée par 2.667163, celle de la terre étant 1.

Longitude moyenne au 1ᵉʳ janvier 1801................................. 9ˢ 20° 30′ 52″

Longitude du périhélie........ 1ˢ 23° 18′ 41″

Longitude du nœud ascendᵗ.. 5 21   6 38

Inclinaison de l'orbite sur l'é-

cliptique............................ 0 13   3 28

L'excentricité 0,254944, celle du demi-grand axe étant 1.

Le diamètre apparent, vu de la terre, est 5″,057, selon Schroeter.

Cette planète fut découverte par M. Arding, en 1804.

Cérès. (♀)

La révolution de cette planète s'exécute en 1681ʲ 12ʰ 56′ 10″, à la distance moyenne de 95,532,000 lieues; cette distance est à celle de la terre dans le rapport de 2.767406 à 1.

Longitude moyenne, le 1ᵉʳ jan-

vier 1801........................... 8ˢ 24° 45′ 10″

Longitude du périhélie........ 4 26 39 39

Longitude du nœud ascendant. 2 20 55   3

Inclinaison de l'orbite sur l'é-

cliptique........................... 0 10 37 34

L'excentricité est de 0.0783486, le demi-grand axe étant pris pour 1.

Le diamètre moyen apparent de cette planète, vue de la terre, ne s'élève pas à plus de 1″.

Pallas. (♀)

La révolution de Pallas se fait en 1681ʲ 17ʰ 58′,

à la distance moyenne de 95,600,000 lieues au soleil.

Cette distance est à celle de la terre ∷ 2.767592 : 1.

Longitude moyenne le 1ᵉʳ janvier 1801...................... 8ˢ 12° 37′ 2″

Longitude du périhélie......... 4 1 14 1

Longitude du nœud ascendant. 5 22 32 36

Inclinaison de l'orbite sur l'écliptique.......................... 0 34 37 8

L'excentricité est au demi-grand axe ∷ 0.245384 : 1.

Ces corps, qui conservent entre eux une si grande analogie, et qui sont en même temps si dissemblables des autres planètes de notre système, ont été dénommés sous le nom d'astéroïdes par Herschel, qui les a étudiés d'une manière particulière. On a pensé qu'ils pouvaient être des fragmens d'une comète ou d'une planète; peut-être existe-t-il d'autres corps semblables qui opèrent leurs révolutions autour du soleil, et dont la petitesse nous a jusqu'à ce jour dérobé la vue.

Herschel donne 54 lieues au diamètre de Cérès, et seulement 49 à celui de Pallas; le diamètre apparent ne surpassant pas une demi-seconde, selon cet astronome.

Il est une chose très remarquable, c'est que les orbites de ces deux petits corps s'entrecoupent; ce phénomène est causé par la très grande excentricité de Pallas ; ce corps est de plusieurs millions de lieues plus rapproché du soleil dans son périhélie que Cérès dans le même point de son orbite ; dans son aphélie, c'est tout le contraire, et sa distance surpasse alors celle de Cérès de la même quantité.

Junon est plus éloignée du soleil dans son aphélie que Cérès dans le même point de son orbite, et Vesta est plus éloignée du soleil dans son aphélie que Junon, Cérès ou Pallas dans leurs périhélies. La distance périhélie de Vesta est plus grande que celle de Junon et de Pallas.

D'après cela, il paraît que Vesta est souvent à une plus grande distance du soleil que Junon, Cérès ou Pallas, quoique sa distance moyenne soit moindre que celles de ces planètes, de plusieurs millions de lieues ; de sorte que l'orbite de Vesta coupe les orbites des trois autres.

Ces élémens, qui ont été donnés par l'illustre géomètre français Laplace, offrent ce qu'il y a de plus correct, et se trouvent exposés dans son *Exposition du Système du Monde.*

Enfin, pour faire juger des dispositions relatives des planètes, on peut consulter le tableau suivant, qui offre une récapitulation des parties principales, évaluées par approximation.

PLANÈTES.	☿	♀	♂	☾	♂	♀	♃	♄	♅
Dist. au ☉	9	17	23	•	35	63	120	220	440
Diamètres	8	21	22	6	12	0,2	255	211	95
Volumes.	$\frac{1}{2}$	9·	10	$\frac{1}{5}$	1,3	$\frac{1}{11}$	12809	9748	813
Vitesses.	22	16	14	$\frac{1}{2}$	11	8	6	4	3
Révol. sid.	88j	225j	1 an	27j$\frac{1}{3}$	2ans	4ans	12ans	29ans	84ans
Révol. syn.	116j	584j	•	29j$\frac{1}{2}$	780j	480j	399j	378j	370j

Les nombres de ce tableau sont dans le rapport approché des grandeurs auxquelles elles sont relatives; c'est ainsi que les distances de Mars et de Jupiter au soleil sont entre elles ∷ 35 : 120 (à peu près ∷ 1 : 3); que le diamètre de Mercure est à celui de Mars ∷ 8 : 12, ou ∷ 2 : 3; que la vitesse de translation de Vénus est quatre fois celle de Saturne, etc., etc. Pour réduire en lieues les distances au soleil, il faut prendre pour unité un million et demi; ainsi, en prenant vingt-trois fois cette unité, on aura la distance de la terre au soleil. Dans la ligne des *diamètres*, l'unité est de 130 lieues; dans celle des *vitesses*, par minute, l'unité est de 30 lieues, de 2280 toise.

LEÇON XV.

Des satellites, ou planètes secondaires.

CES corps sont au nombre de dix-huit dans notre système, savoir : un qui se trouve près de la terre, c'est notre lune ; quatre qui tournent autour de Jupiter ; sept qui se trouvent autour de Saturne, à l'extérieur de l'anneau ; et six qui opèrent leurs révolutions autour de la planète Herschel.

Nous allons les considérer dans l'ordre des distances de leurs planètes primaires au soleil.

De la Lune.

Plusieurs des élémens de notre satellite ont été donnés à la leçon 11. Nous ajoutons ici quelques définitions indispensables que nous croyons devoir compléter ce qu'il y a à dire de plus intéressant sur la lune.

On appelle révolution sidérale, le temps que la Lune emploie à revenir à une même étoile, par rapport à la terre ; elle est plus longue que la révolution tropique par rapport à la précession des équinoxes. Cette dernière révolution se dit du temps que la lune met pour revenir

au même équinoxe. Enfin , la révolution synodique est le temps qui s'écoule entre deux conjonctions de la lune avec le soleil , c'est-à-dire
entre deux néomémies ou deux nouvelles lunes.

Lorsque la lune se trouve à la plus grande
distance possible de la terre , dans son orbite,
elle est alors dans son apogée; sa plus petite
distance est désignée par le mot *périgée*.

La ligne qui joint l'un de ces points à l'autre ,
se nomme la *ligne des apsides* : elle a un mouvement, lorsque la lune est dans les syzygies ,
qui se fait dans le sens des signes, et un autre
mouvement lorsque la lune est dans les quadratures , mais qui est contraire à l'ordre des
signes. Dans la révolution entière de la lune ,
le premier de ces deux mouvemens excède le
second. Les syzygies avancent selon l'ordre des
signes, avec la plus grande rapidité, lorsque la
ligne des apsides correspond aux nœuds ; et
lorsqu'ils reculent contre l'ordre des signes ,
en même temps qu'ils sont dans les nœuds ,
cette rétrogradation est alors la plus petite de
toutes dans la même révolution.

L'inclinaison du plan de l'orbite de la lune
est altérée par la même cause qui met les
nœuds en mouvement ; elle est augmentée lorsque le satellite s'éloigne du nœud , et diminuée
lorsqu'il en approche.

Cette inclinaison est la moindre de toutes
lorsque les nœuds correspondent aux syzygies ;

car, dans le mouvement des nœuds vers les
quadratures, et pendant une révolution entière
de la lune, la force qui augmente l'inclinaison
excède celle qui la diminue ; elle doit nécessairement l'augmenter ; elle est la plus grande
de toutes lorsque les nœuds sont dans les quadratures. La plus grande inégalité est quelquefois de 8′ 47″,1.

L'excentricité de l'orbite lunaire subit plusieurs changemens à chaque révolution. Elle
est la plus grande de toutes lorsque la ligne
des apsides correspond aux syzygies, et la moindre, quand cette ligne est dans les quadratures.
Cette variation de l'excentricité affecte l'équation du centre.

Quant à l'inégalité du mouvement de la lune,
elle se meut plus rapidement dans les syzygies
que dans les quadratures. Le rayon mené de la
lune à la terre décrit une aire plus étendue proportionnellement au temps, et une orbite moins
courbe, ce qui fait rapprocher davantage la
lune de la terre. Le mouvement de la lune est
aussi plus rapide lorsque la terre est dans son
aphélie, que lorsqu'elle se trouve dans son périhélie ; enfin, la lune change continuellement
la forme de son orbite, ou l'espèce d'ellipse dans
laquelle elle se meut.

Il y a encore un grand nombre d'autres iné-
·galités dans les mouvemens de ce satellite,
qu'il est très difficile de réduire à des lois fixes,

et qui rendent très pénibles les calculs de son lieu vrai dans le ciel. Il y a près de trente équations à appliquer à la longitude moyenne, pour obtenir la longitude vraie, et à peu près vingt-quatre pour sa latitude et sa parallaxe.

D'après ce qui précède, on établit donc pour principes constans, que plus la lune approche de ses syzygies, plus sa vélocité est grande; et plus elle est près de ses quadratures, moins cette rapidité de mouvement est grande; que lorsque la terre est dans son périhélie, le temps périodique de la lune, est le plus grand, et qu'au contraire, quand la terre entre dans son aphélie, le temps périodique de la lune est le plus court.

Puisque toutes les inégalités du mouvement lunaire proviennent de l'action du soleil, il s'ensuit que là où cette action est la plus grande, les irrégularités qui en proviennent seront aussi les plus grandes. Mais plus la terre sera proche du soleil, plus l'action de celui-ci sur la lune sera grande; et plus la lune tend vers le soleil, moins nécessairement elle tendra vers la terre. Il s'ensuit donc que lorsque la terre est dans son périhélie (et conséquemment à sa plus petite distance du soleil), l'action du soleil sur la lune sera la plus grande, et elle contrariera alors davantage la tendance du satellite vers la terre, qu'à toute autre distance. Donc lorsque notre planète est dans son périhélie, la lune décrit

13*.

une plus grande orbite autour de la terre, et son temps périodique doit croître proportionnellement : c'est ce qui a lieu en hiver, et ce qui est conforme à l'observation. Par la même raison, lorsque la terre est dans son aphélie, la tendance de lune vers nous sera la plus grande, et par conséquent son temps périodique plus court ; ce qui a lieu en été quand, suivant l'observation, la lune décrit le cercle le plus intérieur autour de la terre. La gravité ou l'inclinaison de la lune vers la terre, est augmentée par l'action du soleil, quand le satellite est dans les quadratures, et diminuée dans les syzygies ; l'augmentation croît proportionellement de la syzygie à la quadrature, et diminue de même de cette dernière à la première station.

Toutes les inégalités lunaires sont de différens degrés, suivant que le soleil est plus ou moins éloigné de la terre ; elles sont toutes plus grandes dans le périhélie que dans l'aphélie.

Cette différence dans la distance de la terre au soleil, produit un autre effet sur le mouvement lunaire ; elle fait dilater son orbite lorsqu'elle est la plus rapprochée du soleil, et la rend par conséquent plus grande que lorsque la distance est plus grande.

D'après l'inspection des taches qui couvrent la surface de la lune, on s'aperçoit qu'elle a toujours à peu près le même côté tourné vers nous.

Il suit de là que le temps de la rotation sur son axe doit être égal à sa révolution synodique, de 29^j 12^h 44' 3''.

On dit à peu près le même côté, car il y a un petit changement vers les bords de la lune qui donne lieu au phénomène de *la libration*, Voir la leçon 11 ; pour la *parallaxe lunaire*, voir la leçon 21.

Des Satellites de Jupiter.

En dirigeant le télescope vers Jupiter, on voit cette planète accompagnée de quatre petites étoiles, rangées à peu près dans une ligne droite, parallèle au plan de ses *bandes*. Ces petites étoiles sont les lunes ou satellites de Jupiter, qui tournent autour de lui dans des temps différens et à des distances inégales.

Cette découverte, due à Galilée, peut être considérée comme la première que l'invention du télescope ait fait faire. Ces satellites ne sont jamais visibles à l'œil nu, mais ils peuvent aisément se distinguer avec un télescope d'une force moyenne. Leur situation relative, à l'égard de Jupiter et entre eux-mêmes, change constamment ; quelquefois ils paraissent à l'un des côtés de son disque, quelquefois vers l'autre bord ; mais plus communément quelques-uns se trouvent d'un côté, et les autres du côté opposé ; par exemple, le 20 décembre 1822, à huit heures du soir, la situation des satellites était ainsi :

Le 20 :	4.	3.	02.	1.		
Le 21 :	4.	2. 1.	0	3.		
Le 22 :	4.		0	2. 1.	3.	
Le 23 :		4.	1. 0		2.	3.

Leur rang est déterminé par l'étendue de
leurs oscillations, c'est-à-dire par les distances
dont ils s'éloignent de Jupiter, à droite et à
gauche; le premier est celui dont la plus grande
élongation de Jupiter est la moindre de toutes.
Si on observe un des satellites pendant une oscillation, on trouve que lorsqu'il est parvenu à
sa plus grande distance de Jupiter, à l'est, il
retourne graduellement vers la planète et passe
au-dessus ou au-dessous d'elle; quelquefois,
traversant son disque, et semblable alors à une
tache noire, il se retire par degré vers la droite,
et, après avoir atteint la plus grande élongation
vers le bord occidental, il s'approche de nouveau; ayant passé derrière la planète, il se meut
vers la gauche et se trouve de nouveau à sa plus
grande élongation orientale. Il résulte de leurs
mouvemens d'occident en orient, que les satellites disparaissent quelquefois lorsqu'ils arrivent
à une certaine distance du disque de la planète;
on a même observé que les troisième et quatrième satellites reparaissaient vers le même côté
du disque. Cette ciconstance très singulière est
nécessairement occasionée par le passage de
ces satellites dans l'ombre de Jupiter, et se

trouve en effet analogue à une éclipse de nôtre lune ; la preuve en est que l'on peut remarquer que ce satellite, éclipsé, disparaît toujours vers le côté de Jupiter qui est opposé au soleil, c'est-à-dire dans la ligne de son ombre.

On remarque également que le satellite est éclipsé le plus près du disque, lorsque la planète est le plus près de son opposition, et que la durée de cette éclipse correspond exactement au temps nécessaire pour le passage du satellite à travers l'ombre.

L'étendue de leurs orbites respectives se détermine en mesurant leur distance de Jupiter, au moment de leur plus grande élongation ; et la période de leurs révolutions synodiques, en observant le temps qui s'écoule entre deux immersions consécutives dans l'ombre. La forme de leurs orbites, spécialement celle du premier, du second et du troisième, est à peu à près circulaire, et la rapidité de leurs mouvemens presque uniforme.

Le premier satellite, celui qui est le plus rapproché, achève la révolution moyenne sidérale en 1^j 18^h 27' 33", à la distance de 96,135 lieues du centre de Jupiter.

Le second fait la même révolution en 3^j 13^h 13' 42", à la distance moyenne de 153,087 lieues.

Le troisième, en 7^j 3^h 42' 35", à la distance moyenne de 244,112 lieues.

Le quatrième, en 16ʲ 16ʰ 31′ 50″, à la distance moyenne de 429,307 lieues.

Les satellites paraissent être de grandeurs différentes, autant que l'œil peut en juger; mais l'angle qu'ils mesurent est trop petit pour qu'on puisse l'apprécier. On a cherché à vaincre cette difficulté en marquant le temps que chaque satellite emploie pour entrer dans l'ombre; mais comme dans ces sortes d'observations, presque tout dépend de la force du télescope, de la vue de l'observateur, de l'état de l'atmosphère et de la hauteur des satellites au-dessus de l'horizon, il n'est nullement étonnant que les computations des différents observateurs, varient considérablement entre elles.

En conséquence de l'observation des changemens périodiques de l'intensité de leur lumière, le docteur Herschel conclut qu'ils tournent autour de leurs axes, et que la période de leur rotation est égale au temps de leur révolution autour de Jupiter; mouvement entièrement semblable à celui de la lune autour de la terre.

Si, dans deux endroits différens de la terre, on observe les temps du commencement de l'éclipse d'un des satellites de Jupiter, la différence, convertie en degrés, minutes et secondes de l'équateur, indique la différence en longitude des lieux des observations; il en résulte qu'avec des éphémérides où les mouvemens et les éclipses des satellites de Jupiter sont calculés avec soin, pour un méridien quelconque, comme on a fait dans la *Connaissance des temps*, publiée tous les ans par le bureau des longitudes ; il ne sera plus nécessaire que d'avoir une seule observation de l'éclipse dans quelque lieu que ce soit, et de comparer le temps où elle a lieu à celui où l'on doit l'observer au méridien indiqué pour en déduire la différence, que l'on réduit ensuite en degrés quidonnent la longitude.

Par les éclipses des satellites de Jupiter, on obtient la solution du problème le plus curieux de la philosophie naturelle, celui qui consiste à savoir si la lumière est instantanée ou progressive. Roëmer observa le premier que les éclipses de ces satellites arrivent quelquefois plus tôt, et souvent plus tard que les époques trouvées par le calcul ne l'indiquaient ; que le temps observé était avancé ou retardé suivant que la terre était plus près ou plus éloignée de Jupiter. Roëmer et Cassini conclurent de là que cette circonstance dépendait de la distance de Jupiter à la terre ; qu'alors la lumière était progressive, et prenait à peu près seize minutes et demie de temps pour traverser l'orbite de la terre ; on a trouvé depuis, par des expériences nombreuses, que lorsque notre planète est exactement entre Jupiter et le soleil, on voit ses satellites s'éclipser huit minutes et demie plus tôt qu'ils ne devraient suivant les tables ; mais lorsque la terre est à peu près vers le point opposée de son orbite, l'éclipse a lieu huit minutes et demie plus tard que la table ne l'a marquée.

Ainsi donc, il est certain que le mouvement de la lumière n'est pas instantané, mais qu'elle prend près de seize minutes et demie de temps pour traverser un espace égal au diamètre de l'orbite de la terre, qui est au moins de 70,000,000 lieues; ce qui ferait près de soixante-six mille lieues trois quarts par seconde.

Lorsque les satellites se trouvent vers le côté droit, ou à l'ouest de Jupiter, tandis qu'ils *se rapprochent* de son corps, et lorsqu'ils sont à l'opposé de cette situation, à l'est et en *s'éloignant* de lui, on dit alors qu'ils se trouvent dans les parties supérieures de leurs orbites, c'est-à-dire le plus éloigné possible de la terre. Au contraire, lorsqu'ils sont vers la droite, à l'occident de la planète, en *s'éloignant* d'elle, ou bien à la gauche (côté oriental), en se *rapprochant*, on dit que ces satellites sont dans les parties inférieures de leurs orbites, c'est-à-dire le plus rapproché de la terre.

En comparant les distances des quatre satellites de Jupiter, avec la durée de leurs révolutions, on observe entre ces quantités la même loi qui existe entre les distances moyennes des planètes au soleil, et la durée de leurs révolutions; c'est-à-dire que les carrés des temps des révolutions sidérales des satellites, sont en proportion avec les cubes de leurs distances moyennes de Jupiter; ce qui s'accorde avec la théorie du mouvement.

Leurs mouvemens moyens sont tels que celui du premier satellite, plus deux fois celui du troisième, est à peu près égal à trois fois le mouvement moyen du second. La même proportion existe entre les mouvemens moyens synodiques, car ce mouvement n'est autre chose que l'excès du mouvement sidéral d'un satellite sur celui de Jupiter; et si on substitue le mouvement synodique au mouvement sidéral, le mouvement moyen de Jupiter disparaîtra, et l'égalité restera la même.

Les longitudes moyennes, synodiques ou sidérales des trois premiers satellites, vus du centre de Jupiter, sont telles, que le mouvement du premier satellite, moins trois fois celui du second et plus deux fois celui du troisième, est à peu près égal à la demi-circonférence. Cette égalité est si approchée, que l'on est tenté de la considérer comme rigoureuse, et de rejeter comme une erreur résultant de l'observation, la très petite différence qui s'y trouve. On peut au moins être assuré que cette égalité sera la même pendant une longue suite de siècles, et que peut-être jamais les trois premiers satellites de Jupiter ne seront éclipsés en même temps.

Des Satellites de Saturne.

Indépendamment de son anneau, décrit dans

la leçon 16 , Saturne se trouve suivi de sept
lunes ou satellites , qui se meuvent autour de
lui à des distances différentes , comme celles de
Jupiter.

Le plandans lequel ils se meuvent , est tellement incliné sur celui de l'orbite de la planète,
que souvent ils nous paraissent passer à travers
ou derrière Saturne , de sorte que leurs éclipses
ne sont pas aussi fréquentes que dans les satellites de Jupiter. Les satellites de Saturne sont
si petits , relativement à leur immense distance
de la terre , qu'on ne les voit que difficilement,
même avec un bon télescope , à moins que l'atmosphère ne soit extrêmement pure.

Des sept satellites de Saturne , le quatrième
fut découvert par Huygens en 1655 ; Cassini en
découvrit quatre , savoir : le premier , le second,
le troisième et le cinquième , entre les années
1671 et 1684. Les sixième et septième furent
découverts par Herschel en 1789 : ces nombres,
à l'exception du quatrième , marquent l'ordre
de leur découverte , et non , comme pour ceux
de Jupiter , la proximité de leurs orbites du
corps de leur planète. Quand on les range dans
l'ordre de leur distance de Saturne , on commence par le sixième , le premier , le second,
le troisième , le quatrième et le cinquième ; lesquels nombres , pris dans un ordre inverse , indiquent l'ordre de leur éclat , à l'exception du
cinquième , qui n'est jamais aussi brillant que

le quatrième ; leurs orbites sont à peu près circulaires. Les six satellites intérieurs se meuvent
presque dans le plan de l'anneau ; le cinquième
approche davantage du plan de l'écliptique. Ce
dernier satellite a en outre quelque chose de
très particulier dans son apparence : lorsqu'il
se trouve vers la droite de Saturne, ou près de
sa plus grande élongation occidentale, il est
d'un éclat très remarquable, qui surpasse tous
les autres, excepté le quatrième ; mais lorsqu'il
se trouve dans une position diamétralement opposée, cet éclat diminue, et il disparaît entièrement lors de sa plus grande élongation orientale. Cette apparence n'est pas occasionelle ;
elle a toujours lieu pour le même satellite et
dans la même position ; on en conclut que, semblable à la lune, il tourne sur son axe dans une
période de temps égale à celle de la révolution
autour de Saturne, et qu'une de ses faces réfléchit plus la lumière que l'autre.

Le premier, ou celui qui est le plus rapproché du corps de la planète, opère sa révolution moyenne sidérale en $22^h 37' 23''$, à la
distance de 39,878 lieues du centre de Saturne.

Le second, en $1^j 8^h 53' 9''$, à la distance de
51,165 lieues.

Le troisième, en $1^j 21^h 18' 26''$, à la distance
de 63,344 lieues.

Le quatrième, en $2^j 17^h 44' 51''$, à la distance
de 81,149 lieues.

Le cinquième, en 4ʲ 12ʰ 25′ 11″, à distance de 113,335 lieues.

Le sixième, en 15ʲ 22ʰ 41′ 14″, à la distance de 262,086 lieues.

Le septième, en 79ʲ 7ʰ 54′ 57″, à la distance de 765,513 lieues.

Des Satellites d'Herschel ou Uranus.

Cette planète est suivie de six satellites, qui furent tous découverts par Herschel ; les second et quatrième en janvier 1787, et les quatre autres en 1790 et 1794. Toutes leurs orbites se trouvent presque dans le même plan, mais leur position nous est encore inconnue ; car, au lieu de faire leurs révolutions dans l'ordre successif des signes comme les autres planètes et les satellites, c'est-à-dire dans des plans inclinés seulement d'un petit nombre de degrés sur l'écliptique, ils se meuvent dans des orbites qui lui sont à peu près perpendiculaires. Les distances et les temps périodiques du second et du quatrième ont été déterminés avec soin ; les autres ont été calculés d'après les lois de Képler.

Comme le plan dans lequel les satellites se meuvent doit passer, deux fois l'an, par le centre du soleil, il peut y avoir des éclipses ; mais on ne peut, dans tous les cas, les voir que lorsque Herschel se trouve près de son opposition. Les éclipses des satellites de cette planète ont été visibles en 1799, et, suivant Herschel, elles le seront de nouveau en 1828, lorsque les satellites paraîtront monter vers l'ombre de la planète, dans une direction à peu près perpendiculaire à l'écliptique.

Le premier de ces satellites achève ses révolutions sidérales en 5ʲ 21ʰ 25′ 21″, à la distance moyenne de 74,718 lieues du centre d'Herschel.

Le second, en 8ʲ 16ʰ 57′ 47″ et demie, à la distance de 96,940 lieues.

Le troisième, en 10ʲ 23ʰ 5′ 59″, à la distance de 113,017 lieues.

Le quatrième, en 13ʲ 10ʰ 56′ 30″, à la distance de 129,572 lieues.

Le cinquième, en 38ʲ 1ʰ 48′, à la distance de 259,162 lieues.

Le sixième, en 107ʲ 16ʰ 39′ 56″, à la distance de 518,254 lieues.

Tous ces satellites ayant les plans de leurs orbites à peu près perpendiculaires au plan de l'orbite de la planète, ont produit une illusion qui a fait croire que leur mouvement était rétrograde, ou contraire à l'ordre des signes; mais cette illusion d'optique s'explique facilement en l'attribuant à la difficulté de déterminer exactement quelle partie de leur orbite incline vers la terre.

Quand le plan dans lequel ces satellites se meuvent passe par le soleil, ils sont éclipsés; mais on ne peut les voir à moins que la planète

ne soit près de son opposition. Des éclipses semblables ont été observées en 1818.

L'inclinaison de leurs orbites et les lieux des
nœuds ne sont donc pas encore parfaitement déterminés.

Le tableau suivant peut être considéré comme
offrant une partie des élémens des satellites, avec
la plus grande exactitude possible.

DES PLANÈTES SECONDAIRES OU SATELLITES.

DE LA LUNE , SATELLITE DE LA TERRE.				DES SATELLITES DE JUPITER.		
DISTANCE moyenne DE LA TERRE.	INCLINAISON de son orbite A L'ÉCLIPTIQUE.	RÉVOLUTION autour DE LA TERRE.		DISTANCE moyenne DE JUPITER.	INCLINAISON de leurs orbites.	RÉVOLUTION au tour DE JUPITER.
LIEUES communes. 85,928	5° 8′ 49″	27j 7ʰ 43′ 5″	I	LIEUES communes. 96,155	»	1j 18ʰ 27′ 33″
			II	153,087	6″ 4	3 13 13 42
Le diamètre réel est de 781 lieues.			III	244,112	5′ 1″ 68	7 3 42 33
Le diamètre apparent = 31′ 444.						
Elle fait sa rotation sur son axe en 29j 12ʰ 44ᵐ 3ˢ.			IV	429,307	24 33 15	16 16 31 50
Cet axe est incliné au plan de l'éclipt. de 88° 29′ 49″						

DES PLANÈTES SECONDAIRES OU SATELLITES.

	DES SATELLITES DE SATURNE.				DES SATELLITES D'HERSCHEL.		
	LEUR DISTANCE moyenne DE SATURNE,	INCLINAISON de leurs orbites sur celle DE SATURNE.	TEMPS de leurs révol. autour DE SATURNE.	♄	LEUR DISTANCE moyenne D'HERSCHEL.	INCLINAISON de leurs orbites sur celle D'HERSCHEL.	TEMPS de leurs révol. autour D'HERSCHEL.
	lieues.				lieues.		
I	39,878	30°	0j 22h 37m 23s	I	74,718		5j 21h 25m 21s
II	51,165	Id.	1 8 53 09	II	96,940		65 7 47
III	63,344	Id.	1 21 18 26	III	115,017		10 23 3 59
IV	81,149	Id.	2 17 44 51	IV	129,572		13 10 56 30
V	113,535	Id.	4 12 25 11	V	259,162	99° 45' 55" à 81° 61' 4°	38 1 48 0
VI	262,086	Id.	15 22 41 14	VI	518,254		107 16 59 56
VII	765,513	42° 45'	79 7 54 37				

~~~~~~

LEÇON XVI.

De l'anneau de Saturne.

———

Un des phénomènes les plus curieux du ciel, celui qui frappe le plus l'imagination, est sans contredit l'aspect du bel anneau double qui environne Saturne de toutes parts, à une extrême distance, semblable à l'horizon d'un globe artificiel.

Ce double anneau concentrique est incliné de 30° sur le plan de l'orbite de la planète, et de 31° 19' 12" sur celui de l'écliptique; il tourne de l'ouest à l'est en 10ʰ 29' 17" autour d'un axe perpendiculaire à son plan, et qui passe par le centre de la planète.

D'après les observations qu'Herschel a faites sur les deux anneaux concentriques qui environnent le corps de Saturne, il paraît que le diamètre intérieur du plus petit anneau est de 48,782 lieues, et son diamètre extérieur de 61,464 lieues; que le diamètre intérieur du plus grand anneau est de 63,416 lieues, et son diamètre extérieur de 68,294 lieues. Il suit delà que la distance la plus rapprochée de l'anneau intérieur à la surface de Saturne, n'est pas de

moins de 11,444 lieues, ou à peu près le septième de la distance de la lune à la terre; ce
qu'on trouve en comparant le diamètre de la
planète au diamètre de l'anneau.

La largeur de l'anneau intérieur est de 6,341
lieues à peu près , et celle de l'anneau extérieur
de 2,439 lieues , laissant un espace vide entre
deux de 980 lieues. Il paraît d'après ce qui précède , que le diamètre extérieur du plus grand
anneau comprend à peu près vingt-six diamètres
de la terre.

Comme cet anneau est incliné de 31° sur le
plan de l'écliptique , il se présente toujours obliquement à la terre, sous la forme d'une ellipse,
dont la largeur, à son maximum, est de près de la
moitié de sa longueur. Dans cette position , le
diamètre de son plus petit axe excède celui du
disque de la planète; l'ellipse devient plus étroite,
en proportion du rayon visuel, tiré de Saturne
à la terre; elle devient moins inclinée au plan
de l'anneau , dont le bord opposé se couche à la
fin derrière la planète; mais son ombre se projette sur le disque et forme une bande obscure
que l'on peut voir avec un très fort télescope;
ceci démontre que la planète et son anneau sont
des corps opaques éclairés par le soleil.

Aucune partie de l'anneau ne peut alors se
distinguer, excepté celle qui se projette de chaque côté de Saturne; elle diminue graduellement et disparaît enfin lorsque la terre, en

conséquence du mouvement de Saturne, se
trouve dans le plan de l'anneau, dont l'épaisseur, quoique de plus de quinze cents lieues,
reste en quelque sorte imperceptible. L'anneau
disparaît lorsque le soleil, dans son opposition,
n'éclaire que son épaisseur. Il reste alors invisible aussi long-temps que son plan demeure
entre le soleil et la terre, et ne se montre qu'à
l'époque où ils se trouvent tous les deux du
même côté de la planète, ce qui est dû aux
mouvemens respectifs de Saturne et de la terre.

Comme le plan de l'anneau rencontre l'orbite terrestre à chaque demi-révolution de Saturne, les phénomènes de sa disparition et de
son apparition reviennent tous les quinze ans,
mais souvent avec des circonstances très différentes; deux disparitions et deux apparitions
peuvent avoir lieu tous les ans, mais jamais
plus. Lorsque l'anneau disparaît, son épaisseur
nous renvoie les rayons du soleil, mais en quantité trop faible pour les rendre sensibles; néanmoins on conçoit que l'on pourrait apercevoir
cette réflexion, en augmentant le pouvoir de nos
télescopes; car le docteur Herschel l'observa
dans la dernière disparition de l'anneau de Saturne; elle fut visible pour lui pendant toute
la période de temps de cette disparition, tandis
qu'elle avait été invisible pour tous les autres
observateurs.

L'inclinaison de l'anneau à l'écliptique, se me

sure par la plus large ouverture que l'ellipse nous présente. La position de ses nœuds peut être déterminée par la situation apparente de Saturne, lorsque l'anneau disparaît et reparaît, la terre se trouvant dans son plan. Toutes ces disparitions et ces apparitions, d'où résultent les positions sidérales des nœuds, ont lieu lorsque son plan rencontre la terre ; les autres, lorsque le même plan rencontre le soleil. On peut donc connaître, par la situation de Saturne, l'époque où l'anneau sera visible, et si le phénomène se produit par la rencontre de son plan avec le soleil ou bien avec la terre. Lorsque ce plan passe dans le soleil, la position de ses nœuds donne celle de Saturne, comme si on voyait cette planète du centre du soleil ; et la distance de Saturne à la terre peut être déterminée, comme celle de Jupiter, par les ellipses de ses satellites. C'est ainsi que l'on a trouvé que Saturne est à peu près neuf fois et demie plus éloigné que nous du soleil, lorsque son diamètre apparent est de 17″ 6. La largeur apparente de l'anneau est presque égale à sa distance de la surface de Saturne, et tous deux paraissent avoir le tiers du diamètre de cette planète ; néanmoins, par rapport à l'irradiation, sa largeur réelle doit être moindre. Sa surface n'est pas uniforme ; une bande noire concentrique le divise en deux parties, et semble en faire deux anneaux. Des observations de quelques points brillans de cet anneau ont prouvé à Herschel que son mouvement de rotation, de l'ouest à l'est, se fait en 1 ᶜʰ 29′ 16″ 8, sur un axe perpendiculaire à son plan, et passant dans le centre de Saturne.

Enfin, comme l'anneau est incliné de 31° au plan de l'écliptique, il se présente toujours obliquement à la terre et sous la forme d'une ellipse, dont la largeur, à son maximum, est à peu près de la moitié de sa longueur. Dans cette position, le plus petit axe de l'anneau excède toujours le disque de la planète. L'éllipse devient plus étroite à mesure que le rayon visuel de la terre devient moins incliné au plan de l'anneau, dont le bord opposé finit par se cacher derrière la planète. C'est alors que l'ombre se projette sur le disque et forme une bande obscure, que l'on ne peut apercevoir néanmoins qu'à l'aide d'un très bon télescope.

Tels sont les principaux phénomènes qui se rattachent à l'anneau de Saturne; mais il s'y rapporte encore différentes questions, dont la solution n'a pas jusqu'à ce jour été faite d'une manière convainquante; par exemple, celle de la loi qui tient cet anneau suspendu autour d'une planète d'un volume considérable sans en être attirée; celle de l'uniformité de son épaisseur et de sa densité, etc., que l'on ne parviendra sans doute à bien connaître qu'avec le perfectionnement des instrumens qui permettront d'en observer les inégalités.

LEÇON XVII.

Des comètes et de leurs queues.

———

Les planètes ne sont pas les seuls corps célestes, qui soient doués d'un mouvement visible ;
il en est d'autres que l'on nomme *comètes*, nom
qui provient de leur queue et de sa ressemblance
à des cheveux.

Toutes les comètes ne sont pas exactement
définies ; il y en a dont le noyau ou le cœur est
non déterminé, et d'autres où ce noyau est très
apparent et aussi rond que dans les planètes ;
mais en général elles ont autour d'elles une
matière lumineuse très diffuse, qui ne peut être
comparée qu'à celle que nous présente une aurore
boréale.

Il arrive quelquefois qu'il n'y a que la queue
de visible dans un lieu donné, le noyau de
la comète restant sous l'horison ; on désigne
alors ce phénomène sous le nom de *rayon*.

En général, les queues des comètes sont toujours dans une direction opposée au soleil ; elles
s'étendent en évantail, c'est-à-dire qu'elles sont
beaucoup plus étendues à une certaine distance
que près du centre de la comète. Ces queues

LA COMÈTE DE 1811

Pl. II.

sont toujours transparentes et divisées près du noyau, de manière à ce qu'on puisse apercevoir les plus petites étoiles à travers.

On a observé des queues qui avaient jusqu'à 90° d'étendue dans le ciel; on a attribué leur formation à plusieurs causes, et la dernière explication, qui est de M. Richard Philips, les attribue à la réfraction de la lumière solaire produite par l'atmosphère extrêmement dense de la comète; laquelle lumière, ainsi condensée par la réfraction, devient visible par la réflection.

Le docteur Herschel s'exprime ainsi, sur la longueur réelle de la queue de la comète de 1811: (voir la planche 8 annexée ci-contre.) « Des deux observations qui furent faites sur la plus grande longueur de la queue, je préfère celle du 15 octobre, par rapport à la pureté de l'atmosphère de cette nuit. »

« La longueur apparente étant de 23° 30', son étendue réelle, en y comprenant le calcul de la position oblique sous laquelle nous observâmes, doit avoir surpassé cent millions de milles (anglais), et la largeur de près de quinze millions de milles. »

Les comètes décrivent des orbites très excentriques; quelquefois elles s'approchent assez du soleil pour être cachées par ses rayons, et elles s'en éloignent assez pour être emportées hors du système planétaire, pour ne revenir peut-être jamais. Ces corps passent donc dans

14*

l'espace qui sépare Mercure du soleil, et au-delà des limites connues de notre système.

Le docteur Halley donne o. oo 6 1 7 pour distance périhélie de la comète de 1680, et 138.2957, pour la distance aphélie, ce qui produit à peu près un rapport de 1 à 22412, ou vingt-deux mille quatre cent douze fois plus éloignée du soleil dans une position que dans l'autre.

Depuis le commencement de l'ère chrétienne, il n'a pas paru moins de cinq cents comètes; mais on n'a calculé les élémens que de quatre-vingt-dix-neuf d'entre elles : de ce dernier nombre, vingt-deux parurent entre le soleil et Mercure; quarante entre Mercure et Vénus; dix-sept entre Vénus et la terre; seize entre la terre et Mars, et quatre entre Mars et Jupiter.

Quelques comètes ont leurs mouvemens héliocentriques directs, ou suivant l'ordre des signes; d'autres sont rétrogrades, ou contre l'ordre des signes. Mais le mouvement géocentrique de la même comète peut être rétrograde ou direct, suivant la position de la terre relativement à la comète et leurs rapidités respectives.

Comparée à la distance périhélie, la distance aphélie est si grande, qu'une petite partie de l'orbite décrit au premier lieu, peut, sans une grande erreur, être confondue avec une partie de la parabole.

Les comètes ne sont jamais visibles que lorsqu'elles se rapprochent de leur périhélie; alors, on peut réellement croire qu'elles décrivent des orbites paraboliques. Semblables à ce qu'on observe dans les planètes, le mouvement des comètes s'accélère depuis l'aphélie jusqu'au périhélie, et se retarde depuis ce dernier point jusqu'au premier. Par rapport à la grande excentricité de l'orbite d'une comète, son mouvement dans la périhélie est considérablement rapide, tandis que dans l'aphélie, il est proportionnellement plus lent.

D'après Newton, la rapidité de la comète de 1680 (c'est celle qui approcha la plus du soleil, de toutes les comètes connues), était de 294,000 lieues par heure, dans son périhélie. En prenant la distance périhélie de cette comète, suivant que Pingré l'a donnée, de o. oo 6o8 (proportionnée sur la parallaxe moyenne du soleil, déduite du passage de Vénus de 1761), on trouve par deux calculs différens, que la rapidité de cette comète dans son périhélie, n'était pas moindre de 313,369 lieues par heure; elle n'était alors qu'à 190,950 lieues du centre du soleil, ou à près de 43,000 lieues de sa surface.

La rapidité d'une comète dans son périhélie, est beaucoup plus grande que celle qui serait nécessaire à un corps pour tourner dans un cercle autour du soleil, à la même distance de son centre; car ce corps prendrait 4^h 6' pour achever sa révolution autour du soleil, tandis qu'une comète complèterait cette révolution circulaire en moins de trois heures.

Au périhélie, la rapidité de la comète de 1680 était si grande, que si elle avait continué, le corps aurait pu traverser cent vingt-quatre degrés par heure ; la vélocité réelle pendant une heure, avant et après le passage de la périhélie, lui fit parcourir 81° 46' 52".

D'après les calculs de Halley, le diamètre de l'orbite de cette comète ne peut pas être moindre de 4 à 500,000,000 de lieues.

Le mouvement héliocentrique de la moitié des comètes, dont les élémens sont connus, est rétrograde ; l'autre, directe. Leurs orbites sont inclinées sur le plan de l'écliptique depuis 1° 35' 40" jusqu'à 88° 37' 40".

Halley ayant calculé les élémens de plusieurs comètes, observa une grande similitude entre ceux des comètes de 1456, 1607 et 1682, ce qui lui fit supposer que c'était un même corps qui avait paru dans ces années, dont le période était de près de soixante-quinze ans.

Les inégalités observées dans les révolutions périodiques de cette comète, doivent être attribuées aux actions réciproques de Jupiter et de Saturne ; les effets de ces deux planètes furent calculés par Halley et Clairaut, et les mit à même de prédire son retour au périhélie en 1759, à peu de jours près. On peut s'attendre à voir la même comète vers le milieu de mai 1836, si

toutefois sa période est aussi longue que la dernière.

On ne connaît pas encore de période fixe pour
aucune autre planète, du moins pas jusqu'à un
degré suffisant; on croit que celle de 1680 est
de 575 ans, et celle qui passa au périhélie en
1770, suivant le calcul de Pingre, Lexel et
Burckhardt, achève sa révolution en près de
5 ans et demi; on en doute cependant, car depuis cette époque, on n'a observé aucun corps
qui eût à peu près les mêmes élémens.

Les élémens de l'orbite d'une comète déterminent sa position dans les cieux, soit héliocentrique, soit géocentrique. Les principaux sont :
le temps où la comète passe au périhélie, le lieu
du périhélie et sa distance au soleil, en parties
proportionnelles de la distance moyenne de la
terre au soleil; le lieu du nœud ascendant, et
l'inclinaison de l'orbite au plan de l'écliptique.

Suivant Pingré, les élémens de l'orbite de la
comète de 1680, sont comme il suit : elle passa
au périhélie le 8 décembre à 1' 2" après midi,
temps moyen de Greenwich; le lieu du périhélie
était de 8ˢ 22° 40' 10", ou 22° 40' 10" du Sagittaire; sa distance au soleil était alors de 0.00 603,
la distance moyenne de la terre au soleil étant 1.
La longitude ou le lieu ascendant, 9ˢ 1° 57' 13",
c'est-à-dire 1° 57' 13" du Capricorne; et l'inclinaison de l'orbite au plan de l'écliptique, de
61° 22' 55". Par la proximité du corps de la co-

mète au soleil, lors de son passage périhélie,
Newton a calculé que la chaleur a dû y être 2000
fois plus élevée que celle du fer rouge. Avant de
rien conclure de ce degré effrayant de chaleur,
on devrait savoir si réellement la chaleur solaire
augmente en proportion que le carré de la distance diminue, c'est-à-dire quel est le rapport
exact; et enfin, savoir si les parties constituantes
d'une comète ont la même affinité pour les rayons
calorifiques du soleil, que celles de la terre.

Lorsque la comète de 1680 passa au périhélie,
le diamètre du soleil devait y mesurer un angle
de 101° 19′ 46″, ce qui le fait 186 fois plus grand
que nous ne le voyons de la terre.

Le grand mouvement diurne de quelques comètes fait penser que quelques-unes d'entre elles
sont passées très près de la terre. Car, suivant
Régiomontanus, la comète de 1472 parcourait
un arc de 120° par jour; et une autre comète de
1759 décrivit un arc apparent de 41° dans le
même espace de temps.

L'observation a démontré que les comètes ne
contiennent que très peu de matière, et ne produisent que très peu d'effet, ou peut-être point
du tout, sur le mouvement des planètes près
desquelles elles passent dans leurs courses. Il
est rapporté que la comète de 1454 éclipsa la
lune, de sorte qu'elle a dû approcher très près
de la terre; cependant aucun effet sensible ne
fut produit, qui dût lui être attribué, dans les

mouvemens de la terre ou de la lune. En 1770, une comète passa très près des satellites de Jupiter, sans produire aucun changement dans leurs mouvemens orbiculaires, ni dans ceux de Jupiter.

Les élémens donnés ci-après sont ceux de la comète de 1811, que toute l'Europe a pu voir, tant par rapport à sa beauté, que par le long espace de temps qu'elle a été visible.

Élemens de la comète de 1811.

Temps que la comète a mis pour passer au périhélie. . . . . 12^j 9^h 48'

Lieu de périhélie. . . . . 74° 12

Distance du périhélie au soleil. 1.02241

Lieu du nœud ascendant. . . 140° 13

Inclinaison de l'orbite sur le plan de l'écliptique. . . . . . . 72° 12

Son mouvement héliocentrique était rétrograde.

La distance périhélie était de 32,376,3 7 lieues du soleil, le 12 septembre 1811.

Le 23 septembre, la distance de la comète à la terre était de 44,133,000 lieues, et celle du soleil à la comète, de 32,912,750 lieues.

Le 2 octobre suivant, cette première distance était de 40,137,640 lieues, et la seconde de 34,173,180 lieues.

La distance la plus rapprochée de la comète à la terre, eut lieu le 11 octobre; elle était alors de 37,876,820 lieues ; son mouvement apparent était à cette époque de près de 4 degrés en 24 heures.

Le 12 octobre, la distance de la comète au soleil était de 36,114,155 lieues, et celle de la terre, de 37,982,742 lieues.

Le 22 octobre, la première distance était de 38,695,080 lieues, et la seconde de 38,735,300 lieues.

Le 25 octobre, la première distance était de 39,559,997 lieues, et celle de la terre, de 39,435,513 lieues.

Le 1er novembre, la distance au soleil était de 41,702,340 lieues, et celle de la terre, de 42,205,300 lieues.

Le 17 novembre, la première distance était de 47,072,500 lieues, et la seconde, de 52,012,500 lieues.

Le 26 novembre, la première distance était de 50,306,930 lieues, et celle de la terre, de 58,776,500 lieues.

Le 5 décembre, la distance de la comète au soleil était de 53,628,100 lieues, et celle de la terre, de 65,857,200 lieues.

Le 14 décembre, la 1re distance était de 57,005,000 lieues, et la 2e, de 72,972,700 lieues.

Le 1er janvier 1812, la distance de la comète au soleil était de 65,506,600 lieues, et celle de la terre, de 86,548,100 lieues.

Quoique l'orbite réelle ou héliocentrique de
la comète ne coupât point l'orbite de la terre, cependant sa trace géocentrique, rapportée à l'é-
cliptique, coupait cette orbite ; de là vient que
le lieu apparent de la comète, pendant la plus
grande partie du temps qu'elle fut visible, était
vers la partie opposée du ciel, de son lieu vrai.

Herschel ne donne pas plus de 143 lieues de
diamètre au noyau de cette comète ; mais il lui
attribue un diamètre de plus de 42,000 lieues
pour tout son volume.

Le mouvement apparent de cette comète était
direct, quoique très inégal ; car lorsqu'elle devint d'abord visible, après son passage au nœud
ascendant, elle fut presque stationnaire, ce qui
arriva encore vers le temps de la disparition ;
quand elle était la plus rapprochée de la terre,
ce mouvement était à peu près égal à celui de
Mercure.

Cet astre a été visible pendant un espace
de temps beaucoup plus considérable qu'aucune
autre comète observée ; par conséquent, aucune
n'a pu donner des élémens aussi certains pour
le calcul de son orbite. Si son mouvement héliocentrique avait été direct, elle eût été visible
pendant un temps encore plus grand, et elle aurait passé à 14,828,600 lieues de la terre, en
supposant qu'elle aurait traversé en même temps
la ligne de ses nœuds. Son aspect alors eût été
celui d'un grand corps nébuleux, mais sans

queue visible, car elle eût été projetée derrière la comète.

M. Burckhardt observe que le noyau de cette comète, et probablement ceux de toutes les autres, ne sont autre chose qu'une agglomération de vapeurs, dont la densité n'est même pas très considérable.

Herschel fait les remarques judicieuses suivantes, publiées dans les transactions philosophiques de 1812, sur les effets qui se produisent sur une comète lors de son passage au périhélie. Quoique la qualité d'émettre de la lumière, puisse toujours résider dans une comète, comme elle réside dans la quantité immense de matière nébuleuse que l'on voit dans les cieux, elle augmente prodigieusement par l'approche de ce corps du soleil. Nous ne pourrions en juger sous aucun rapport, sans l'*expansion* et la *raréfaction* inconcevables de la substance lumineuse de la comète, vers le temps de ce passage.

Il est généralement admis que l'*acte de briller* indique une décomposition, dans laquelle au moins la lumière se trouve dégagée; mais il n'est pas moins probable que beaucoup d'autres substances peuvent se dégager en même temps, particulièrement dans un si haut degré de raréfaction. Il s'ensuit que si la lumière, et probablement d'autres substances fluides, s'échappent aussi en grande abondance pendant un temps considérable avant et après l'approche de la comète du soleil, on est conduit à considérer le passage au périhélie comme une espèce d'acte de consolidation.

Si cette idée pouvait être admise, on pourrait en déduire plusieurs conclusions intéressantes. Par exemple, comparant les phénomènes qui accompagnèrent les comète de 1807 à ceux de 1811 : la première de ces comètes arriva jusqu'à 20 millions de lieues du soleil, et montra une queue dont la plus grande longueur couvrait 5 millions de lieues. La comète de 1811 se tint à 12 millions de lieues plus loin, et cependant elle acquit une queue qui avait 30 millions de lieues; la différence dans leurs distances de la terre n'était pas d'un million de lieues.

Ne pourrait-on pas en conclure que la consolidation de la comète de 1807, lorsqu'elle arriva au périhélie, était déjà beaucoup plus avancée que celle de 1811; soit que cet effet fût produit par un passage antérieur près du soleil, soit par son approche de quelque autre corps céleste semblable à celui qui nous éclaire.

Cette dernière hypothèse qui suppose que les comètes pourraient sortir du système solaire, pour opérer leurs révolutions autour des étoiles, repose sur ce qu'on n'est encore parvenu à déterminer avec certitude que le retour d'une seule comète, sur le grand nombre qui en a été observé.

Puisqu'il semblerait, d'après ce qui précède,

que le soleil a agi plus puissamment sur la comète de 1811, que sur celle de 1807, et que
l'on ne peut pas supposer que le soleil ait depuis
cette époque, altéré à ce point son·pouvoir ra-
diant, pour produire cette différence; on est
donc conduit à penser que cette comète n'a
passé que très rarement dans le voisinage d'un
soleil, car sans cela elle eût été condensée au
même degré que l'autre. Delà suit l'idée que la
comète de 1807 était plus avancée en maturité
que celle de 1811, c'est-à-dire qu'elle était comparativement beaucoup plus ancienne.

Si on ne veut pas admettre l'idée de l'âge de
ces corps, on peut encore recourir à une autre
supposition pour expliquer leur formation; par
exemple, en supposant que la comète de 1811
aurait, depuis le temps de son dernier passage au
périhélie, acquis une quantité additionnelle de
matière, en se mouvant suivant une direction
parabolique dans l'immensité de l'espace, à travers les nombreuses couches de matière nébuleuse; on peut penser en effet qu'une petite comète, d'un noyau insensible, puisse emporter
une portion de cette matière. La ressemblance
qui existe entre les comètes et le grand nombre
de nébuleuses que j'ai vues, dit Herschel, me
fait penser qu'il n'est pas improbable que la
matière que ces corps contiennent, ne soit de
nature nébuleuse. Il peut donc arriver, que
quelques-unes des nébuleuses, dans lesquelles la

matière se trouve déjà à un certain degré de condensation, soient attirées vers le corps céleste le plus proche, et qu'après leur premier passage périhélien, ils soient mus suivant une direction parabolique vers quelque autre corps céleste, ou étoile; et, passant successivement de l'un à l'autre, arriver dans notre système, où ils sont rendus visibles à nos yeux sous la forme cométaire.

L'aspect brillant de cette petite comète, peut donc être attribué à ce qu'elle n'a changé que depuis peu, son état de nébuleuse à celui de comète; ou bien à ce qu'elle n'a emporté que nouvellement une partie de la matière nébuleuse dont elle est environnée, en traversant les couches de matière nébuleuse qui se trouvaient dans la partie supérieure de la parabole que le corps décrit. Le premier cas nous conduit à réfléchir sur l'état primitif des corps planétaires qui forment notre système, et qui probablement ont une origine semblable; et le second nous fait voir comment ces corps peuvent augmenter de volume, et arriver en quelque sorte vers leur état de maturité parfaite. Si on admet une fois l'addition successive de nouvelle matière nébuleuse à un noyau concentré, rien n'empêche d'adopter cette idée de la formation de tous les corps : et dans le cas des mouvemens paraboliques, le passage d'une comète dans des régions immenses de pareille matière, est impossible à ne point admettre.

Classification et apparences diverces des comètes.

On classe ordinairement les comètes en deux
espèces ; celles qui sont chevelues, et celles qui
sont suivies de longues queues : mais, en général, cette division se rapporte plutôt aux différentes circonstances d'un météore, qu'aux phénomènes que pourrait produire la vue de plusieurs
d'entre eux. Ainsi, lorsque la comète se trouve
à l'est du soleil et s'éloigne de cet astre, elle doit
être chevelue, parce que la lumière semble la
précéder ; quand elle se trouve à l'ouest, et
qu'elle se couche après le soleil, alors elle offre
l'aspect d'une queue, parce qu'une traînée de
lumière la suit. Lorsque la comète et le soleil
sont diamétralement opposés, et la terre sur la
ligne qu'on suppose menée d'un astre à l'autre,
toute la traînée de lumière, excepté aux extrémités, reste cachée derrière la comète ; c'est
alors qu'elle offre un aspect chevelu remarquable ; le nom latin de *coma*, qui lui est appliqué
dans cette circonstance, paraît être l'origine du
nom même de la comète.

Les grandeurs de ces corps célestes paraissent
différer prodigieusement. Plusieurs comètes,
observées sans chevelure, n'avoient que la
grandeur apparente des étoiles de première grandeur : il en est qui ont paru infiniment plus
grandes, comme celle qui se montra au temps
de Néron, et qui, au rapport de Sénèque, n'é-

tait pas inférieure en grandeur apparente au soleil. La comète observée par Hévélius, en 1652, ne parut pas moins grande que la lune, quoique moins éclairée; sa lumière était pâle, et paraissait d'une faiblesse extrême. La plupart des comètes ont des atmosphères très denses qui les environnent, ce qui affaiblit la réflection des rayons solaires; mais à l'intérieur, on voit cependant paraître le noyau ou corps solide de la comète, lequel réfléchit une lumière beaucoup plus vive quand le ciel est pur.

Les philosophes anciens plaçaient les comètes parmi les corps célestes, et les rangeaient par stations beaucoup au-dessus de la lune; car Aristote, dans son premier livre des Météores; Plutarque, dans son troisième livre des Opinions philosophiques, et Sénèque, dans son septième livre des Questions naturelles, affirment que les pythagoriciens et toute la secte italique, maintenaient que les comètes étaient des espèces de planètes ou d'étoiles errantes, qui ne paraissaient pas constamment dans les cieux, mais seulement à des temps marqués après avoir accompli certaines révolutions. Hippocrate, Chios et Démocrite, furent de la même opinion, d'après ce que nous apprennent Aristote et Sénèque, ce dernier assure aussi qu'au rappport d'Apollonius Myndius, un des hommes les plus habiles dans la recherche des causes naturelles, les Chaldéens rangeaient les comètes parmi les autres étoiles

errantes, et qu'ils connaissaient leurs révolutions.
Apollonius lui-même pensait qu'une comète était
une étoile d'une espèce particulière, comme le
soleil et la lune, mais dont la course n'était pas
encore connue; que par son mouvement, elle s'é-
lève beaucoup dans les cieux, et ne commence
à paraître que lorsqu'elle descend dans la partie
inférieure de son orbite. Sénèque est de la
même opinion : « Je ne puis croire, dit-il qu'une
comète soit un feu allumé soudainement; elle
doit être rangée parmi les *œuvres éternelles* de
la nature. Elle a son lieu propre et n'en peut
point sortir; elle achève sa course, et ne s'éteint
pas, mais seulement elle s'éloigne jusqu'à se
perdre à notre vue. On prétend que si elle cons-
tituait une étoile errante, elle serait renfermée
dans le zodiaque; mais qui pourrait mettre des
bornes aux courses de toutes les étoiles? qui
pourrait resserrer les œuvres du Tout-Puissant
dans des limites étroites ? »

Cependant toute la secte des péripatéticiens,
qui craignait que les comètes n'amenassent quelques désordres dans les cieux, soutenait que ce
n'était qu'une espèce de météores, compris dans
les limites de notre atmosphère; quelques savans ont même voulu soutenir cette opinion
beaucoup plus tard. Mais il est trop manifeste
que les comètes se trouvent hors de notre atmosphère; car lorsqu'on les observe de lieux
différens, elles paraissent à la même distance des

étoiles fixes qui sont près d'elles, ce qui n'aurait pas lieu si leur parallaxe n'était pas très petite, et par conséquent leur distance considérable.

On détermine facilement aujourd'hui si les comètes ont une parallaxe sensible; car, avant l'apparition de l'astre, sa marche est si lente, que pendant plusieurs jours, il paraît n'être doué d'aucun mouvement par rapport aux étoiles fixes : ce qui offre la circonstance la plus heureuse pour l'observer une première fois, et comparer cette observation à une autre que l'on fait lorsque la comète approche de plus près de l'horizon. Toutes ces observations ont prouvé que ces corps n'ont aucune parallaxe sensible, et que leur distance de la terre doit être très grande. Il résulte de cette distance que les comètes, semblables aux autres étoiles, paraissent avoir un mouvement d'orient vers l'occident autour de la terre, apparence que nous avons vue précédemment produite par la rotation de la terre sur son propre axe. Mais outre ce mouvement apparent, elles en ont un autre qui leur est propre, qui leur fait changer de place dans les cieux, et qui détermine leur course particulière dans les régions célestes. La détermination de leurs orbites est une opération remplie de difficultés, résultant principalement de ce qu'aucune d'elles n'est visible pendant toute sa révolution. Une comète se voit rarement soit en conjonction, soit en opposition avec le soleil, et

rarement à son nœud dans le plan de l'écliptique. Comme il n'y a qu'une très petite partie
de son orbite qui soit visible, on ne peut pas lui
appliquer les méthodes qui servent à calculer
les mouvemens des planètes; néanmoins elle
leur est semblable sous plusieurs rapports. On
mesure aussi souvent que possible le diamètre
apparent de la comète, ce qui conduit à juger de
ses distances relatives à des époques différentes.
On considère aussi la rapidité de ses mouvemens, et sa clarté; car, lorsqu'elle se meut avec
la plus grande rapidité possible, ou lorsqu'elle
paraît la plus brillante, on peut en conclure son
approche vers le périhélie. Quand on parvient à
observer une comète à zéro de latitude, le lieu
et le temps de son passage par le nœud seront
exactement connus; mais comme ces observations sont rarement possibles, ces élémens ne
sont souvent qu'approchés, et donnés par d'autres observations.

La route d'une comète peut se trouver en observant chaque nuit sa distance à deux étoiles
fixes dont les longitudes et les latitudes soient
connues, ou en cherchant sa hauteur lorsqu'elle
se trouve avoir le même azimut que deux étoiles
fixes connues. Chacun de ces moyens donne facilement le lieu de la comète pour chaque nuit,
et par suite son orbite. Lorsqu'on marque les
lieux ainsi observés sur un globe céleste, en les
joignant par un trait continu, on représentera

la route de la comète parmi les étoiles : un grand cercle, mené par trois lieux très éloignés, montrera à peu près la route qu'elle doit suivre ; l'intersection de cette ligne avec l'écliptique, le lieu de son nœud, et l'inclinaison de son orbite à l'écliptique à peu près. Ces deux élémens ainsi déterminés, on peut, en répétant la méthode, prendre un terme moyen dont le résultat est considéré comme passablement exact.

D'après les observations faites avec le plus grand soin, il paraît que les comètes décrivent des courbes autour du soleil ; elles doivent donc être attirées par le soleil dans ses propres révolutions autour du centre du système. Puisque cette force de mouvement, transmise à toutes les planètes provient du soleil, comme étant le corps le plus considérable du système, on doit conclure, par la même raison, que cette loi existe aussi pour les comètes. Comme elles décrivent des courbes très excentriques, dont le soleil occupe un des foyers, on explique facilement leurs disparitions et la lenteur de leurs mouvemens ou retours périodiques ; car si le grand axe de l'orbite d'une comète était quatre fois plus long que celui de l'orbite d'Herschel, le temps nécessaire pour accomplir sa révolution entière serait à celui de la planète comme 8 : 1, et prendrait nécessairement près de 666 ans.

On a formé des conjectures diverses quant à la nature des comètes et à l'origine de leurs

queues ; mais ce sujet reste encore plongé dans
une grande obscurité. Lorsqu'on observe une
comète à l'aide d'un télescope, on a l'aspect d'un
rassemblage de vapeurs qui enveloppent un noyau
obscur et mal défini. Ce noyau est très différent
dans les comètes ; les couleurs en sont plus ou
moins brunes. Mais en général le noyau devient
de plus en plus brillant, en approchant de son
périhélie : quelques astronomes ont voulu affir-
mer que ce noyau est transparent, et qu'on peut
y voir des étoiles à travers.

Le noyau des comètes paraissant opaque
doit nécessairement, comme ceux des planètes,
montrer différentes phases ; c'est ce qui a été
observé en effet par Hévélius et Lahire, dans la
comète de 1682.

Les vapeurs lumineuses qui enveloppent la
comète à son apparition, forment graduellement une longue traînée, à mesure qu'elle approche du soleil. Cette traînée est toujours transparente, car on observe à travers les étoiles
les plus petites. Les opinions des astronomes,
sur la cause de ce phénomène curieux, sont
aussi différentes que nombreuses. Quelques-uns
l'attribuent à une apparence électrique, d'autres
à la réfraction, comme on a vu plus haut. On
croit encore que ce pourrait être la transmission
des rayons solaires à travers le noyau de la comète, considérée alors comme transparente ; on
suppose aussi que cette queue peut être produite

par le dégagement de l'atmosphère de la comète, causé par les rayons solaires ; enfin d'autres considèrent cette effet comme produit par l'évaporation de toutes les parties liquides, occasionée par la chaleur solaire.

Cette dernière opinion est de Newton et paraît très fondée. Elle explique, d'une manière assez satisfaisante, la projection de la queue et son augmentation ou sa diminution, suivant que la comète s'approche ou s'éloigne du soleil, par conséquent son maximum au point du périhélie. Cette hypothèse correspond aussi avec les effets connus de la chaleur sur les corps qui arrivent trop près de son influence ; elle explique même la légère courbure observée dans la queue, due à la rapidité de la marche de la comète : néanmoins on ne saurait considérer cette hypothèse que comme une conjecture heureuse.

On peut en général remarquer à ce sujet, que cette apparence bizarre des comètes peut encore être occasionée par l'inflexion et la condensation de la lumière solaire au travers de l'atmosphère de la comète, et que, si les planètes se trouvaient enveloppées d'une atmosphère aussi dense que les comètes, il est plus que probable qu'elles montreraient le même phénomène dans leurs révolutions autour du soleil.

Lorsqu'on connaît la distance d'une planète et l'espace qu'elle parcourt en un jour, on peut facilement trouver l'axe de son orbite et le temps de sa révolution ; mais, pour une comète, il faut avouer que, dans des orbites très excentriques, une erreur, quelque légère qu'elle soit, faite dans une des observations, peut avoir un effet considérable sur le résultat du calcul ; et comme par l'irrégularité de l'apparition d'une comète, il est presque impossible de déterminer avec rigueur la position apparente, soit du bord, soit du centre, il doit nécessairement s'ensuivre des erreurs. Ne pouvant donc trop se fier aux résultats de ses sortes de calculs, plusieurs astronomes ont pensé que le moyen le plus sûr de déterminer les périodes des révolutions des comètes était de comparer les élémens de toutes celles qui ont été calculées, et (étant peu probable que les orbites de deux comètes différentes aient la même inclinaison, la même distances périhélie, les mêmes nœuds, etc), lorsque les élémens de deux d'entre elles paraissent s'accorder, on en conclut qu'ils appartiennent en effet à la même comète, dont la période se détermine alors par l'intervalle de temps écoulé entre les deux passages du périhélie ; de là on tire également l'axe de l'orbite.

Cette méthode a cependant induit en erreur, particulièrement pour la comète dont on espérait le retour en 1789 ou 1790 ; peut être la comète était-elle sur notre horizon en même temps que le soleil.

Quoi qu'il en soit de cette non-apparition,

elle a fait reproduire la question de savoir, si une comète passant à son périhélie, n'y acquiert pas une rapidité assez considérable pour que sa force centripète ne soit détruite par sa force centrifuge, ce qui mènerait alors la comète à s'échapper par la tangente, et à décrire une parabole ou une hyperbole, jusqu'à ce qu'elle arrive dans l'attraction d'une étoile fixe ; cette nouvelle attraction pouvant lui donner une direction nouvelle et augmenter la rapidité de sa marche, jusqu'à ce qu'elle arrive à l'apside au-dessous de l'étoile, d'où elle partirait encore, suivant la tangente et décrivant une parabole ou une hyperbole ; continuer de tomber ainsi dans l'attraction d'une autre étoile, pour visiter ainsi plusieurs système différens.

Le nombre de comètes qui ont paru en différens temps, dans les limites de notre système, est porté de 350 à 500. Les orbites de 100 de celles-ci, jusqu'à l'année 1820, ont été calculées d'après les observations des temps auxquels elles approchaient le plus près du soleil ; d'après leur distances de cet astre et de la terre à ces temps, et la direction de leurs mouvemens, soit de l'est à l'ouest, soit dans un sens contraire ; d'après les lieux vers lesquels leurs orbites traversaient celle de la terre, enfin d'après leurs inclinaisóns diverses. Le résultat montre que, de ces 100 comètes, 24 ont passé entre le soleil et Mercure, 33 entre Mercure et Vénus, 21 entre Vénus et la terre, 18 entre la terre et Mars, 3 entre Mars et Cérès, et 1 entre Cérès et Jupiter; que 50 de ces comètes se meuvent de l'est à l'ouest; que leurs orbites étaient inclinées, suivant toutes les positions possibles, sur celle de la terre.

Lorsqu'une comète se trouve le plus près possibles du soleil, la rapidité de sa course est alors prodigieuse. Celle de la comète de 1680, calculée par Newton, était de plus de 294,000 lieues heure, comme il est dit ci-dessus. Cette comète descendait des régions supérieures de l'espace, en faisant un angle droit avec l'orbite terrestre, et en passant entre la terre et Vénus; elle remonta de nouveau après son passage périhélie. On la vit pendant quatre mois de suite; sa queue était énorme, puisqu'elle embrassait un cinquième de la circonférence entière des cieux.

Bridone observa une comète à Palerme, en 1770, qui parcourut 50° d'un grand cercle en 24 heures; en supposant que sa distance fût égale à celle du soleil, son mouvement doit avoir été de 22,000,000 de lieues par jour. Mais comme quelques comètes se sont approchées de la terre de moins de 80,000 lieues seulement, entre la terre et la lune., il faut remarquer que cette rapidité doit alors paraître beaucoup plus grande, que si elles étaient à de plus grandes distances.

Il est reconnu que les comètes empruntent leur lumière au soleil, non-seulement d'après la

direction des rayons lumineux, mais aussi parce
que, dans quelques-unes, on a remarqué la
croissance et la décroissance de la lumière,
comme dans la lune, lors de ses différentes positions relativement au soleil et à la terre. Mais,
quoique peu de comètes aient pu offrir cette
apparence, d'où l'on conclut la solidité du noyau
intérieur, cependant un grand nombre d'entre
elles paraissent n'être entièrement constituées
que de nuages avec un noyau à peine sensible.
On dit qu'en 1454 la lune fut éclipsée par une
comète, qui doit par conséquent s'être très rapprochée de la terre; cependant elle ne produisit
aucun effet sensible sur la terre ni sur son satellite, car elle n'occasiona aucun changement
appréciable dans leurs mouvemens autour du
soleil. Ainsi, quoique les comètes soient déran-
gées de leurs courses par les mouvemens des
planètes, transmis dans l'espace de l'une à l'autre,
néanmoins il ne paraît pas que les planètes soient
affectées par les comètes; ce qui supposerait
leur noyau d'une densité peu considérable. Celle
de 1770 s'approcha très près de la terre, au
point que le temps périodique de la révolution
fut augmenté, par les mouvemens de la terre
qui lui étaient contraires, de la valeur de deux
jours et une fraction, suivant le calcul de l'illustre Laplace : si cette comète avait été égale
en masse à la terre, le calcul a prouvé à ces
géomètres que son mouvement aurait retardé

celui de la terre dans son orbite, et aurait par
conséquent augmenté la longueur de l'année
d'une quantité assez considérable. Il est certain
qu'aucune augmentation n'eut lieu, et que la
force avec laquelle l'impulsion de la comète af-
fectait le mouvement de la terre, était insensible : on a conclu de là que la masse de la
comète était à celle de la terre de moins de 1 à
0, 05. La même comète passa au milieu des
satellites de Jupiter, sans y occasioner le moindre
dérangement.

La comète de 1744 fut très brillante et très
distincte pendant son passage au périhélie ; le
diamètre de son noyau était presque égal à celui
de Jupiter et sa queue s'étendait à plus de 40°
du corps de l'astre. Les nœuds de cette comète
et de Mercure étaient à moins d'un demi degré
de distance. Elle est la plus considérable qui
ait paru depuis 1680. Sa queue était encore
visible long-temps après son abaissement au-
dessous de l'horizon, et s'étendait de 20 à 30°
au-dessus de l'horison deux heures avant le
lever du soleil.

Les comètes de 1744 et 1759 sont très célèbres dans les annales de l'astronomie, mais celle
de 1680 est la plus remarquable de toutes : elle
approchait tant du soleil, lors de son passage au
périhélie, que sa distance à cet astre n'était plus
que de 43,000 lieues. Suivant Newton, la rapidité de sa marche à cette époque était de 294,000

lieues par heure, en supposant que sa distance
périhélie était de 0,00608, d'après le calcul de
Pingré ; distance calculée d'après la parallaxe
moyenne du soleil déduite du passage de Vénus
en 1769.

La rapidité d'une comète dans son périhélie
est beaucoup plus grande que celle qui serait
nécessaire à un corps pour décrire un cercle
parfait autour du soleil, à la même distance de
son centre ; car, dans le cas de cette dernière
comète, la révolution entière serait achevée en
$4^h 6'$. Si cette rapidité avait continué, elle aurait
fait décrire 124° par heure à corps ; mais quelque
temps après ce passage, son mouvement n'étant
plus que de 81° 46' 52'' par heure. D'après le calcul des élémens de cette comète, fait par Halley,
sa distance au soleil, hors de son passage dans
l'aphélie, ne peut pas être moindre de cinq mille
millions de lieues.

Lorsque les terreurs excitées par la superstition et l'astrologie furent dissipées par la philosophie des derniers siècles ; lorsque Newton,
dévoilant le système de l'univers, eut décrit les
lois suivant lesquelles les mouvemens des comètes s'opèrent, et que Halley eut porté la
théorie de son prédécesseur à un grand degré
de certitude et de perfection, leurs découvertes
donnèrent lieu à une nouvelle espèce d'inquié-
tude et de crainte. On pensa que quelques-unes
des comètes qui se meuvent dans toutes les

directions au travers des régions différentes de
notre système planétaire pourraient quelque
jour rencontrer notre terre dans leurs courses :
on supposa que cette rencontre pouvait déjà
avoir eu lieu, et aurait produit les révolutions
dont les vestiges se trouvent en tant de parties
différentes de notre terre. C'est ainsi que Wiston
considéra le déluge universel comme une inon-
dation produite par la queue d'une comète, et
supposa que la conflagration universelle sera
produite par la rencontre de la terre avec un
de ces corps, après son passage périhélie. Mau-
pertuis imagina que les queues des comètes confondant leurs exhalaisons avec notre atmosphère,
il pourrait en résulter une influence pernicieuse
à la santé des animaux et à la croissance des
plantes. Il craignait encore que leur attraction ne
forçât notre globe, tôt ou tard, à changer son orbite, et à circuler autour de l'une d'elles, comme
un satellite, ou du moins ne l'exposât à des vicissitudes plus violentes de chaleur et de froid qu'il
n'en éprouve à présent. Mais ces terreurs sont
entièrement imaginaires, et ont été réfutées par
un grand nombre d'écrivains.

Que l'on suppose que la position de l'orbite
d'une comète soit si constante, que lorsque ce
corps passe sur l'écliptique il sera exactement
dans le même plan et sur cette partie de ce
grand cercle qu'occupe la terre, il restera encore à examiner, en suivant les lois des proba-

bilités, quelles seraient les chances possibles pour que la terre se trouve en un point suffisamment rapproché de la comète, pour pouvoir la toucher, ou la heurter par son contact immédiat.

Lorsqu'une comète arrive dans l'écliptique, il y a pour la terre autant de positions différentes dans ce grand cercle, que celui-ci contient de diamètres terrestres. Dans la chance d'un contact, on doit encore considérer qu'il n'y a que trois positions absolument critiques ; celle où le choc deviendrait central, et les deux autres à à la distance d'un diamètre avant ou après le lieu de la comète, qui ne donneraient que des chocs superficiels, il est prouvé que la circonférence de l'orbite terrestre contient 72,450 diamètre de la terre, et en divisant ce nombre par trois, le quotient donnera 24,150. Il résulte de là qu'en supposant que la comète se trouve sur la route de la terre, il y a 24,150 contre 1 a parier que la dernière ne sera exposée à aucune espèce de contact, même superficiel. Du Séjour a trouvé que si une comète aussi considérable que la terre la dépassait à la distance de près de 14,000 lieues, elle pourrait changer sa révolution périodique ; cette révolution, au lieu de se faire en 365j $\frac{1}{4}$, deviendrait de 377j et une fraction. Mais il n'en résulterait aucun mal physique pour la terre ; les astronomes auraient à calculer de nouvelles tables, puisque les ancien-

nes seraient entièrement détruites ; les chrono-
logistes seraient nécessairement obligés d'altérer
leurs méthodes de compter le temps ; enfin , les
calendriers aussi subiraient une réforme complète ; mais tous ces travaux ne seraient suivis
d'aucune chance fâcheuse ; ils donneraient seulement un peu plus d'occupation aux savans.

On pense donc que les mouvemens d'une comète pourraient troubler ceux de la terre , et
réciproquement ; mais le contact est impossible ,
car leur action mutuelle les tiendra toujours à
une certaine distance. Ce principe a conduit à
penser que tous les satellites des planètes ont été
autrefois des comètes qui , en approchant de ces
premiers corps , se sont assujetties à leurs réac-
tions , et même ont été comprises dans leurs
mouvemens , de manière à circuler dans des orbites locales , comme la lune. On observe que
les planètes les plus éloignées de leur centre de
mouvemens (le soleil) , sont celles qui ont le
plus grand nombre de satellites , tandis que Mercure , Vénus et Mars (sans doute par rapport
à la petitesse) en sont dépourvus , ce qui vient
à l'appui de cette théorie ; car la rapidité du
mouvement des comètes , lors de leur passage périhélie , beaucoup plus considérable que celle des
planètes inférieures , ne leur permettrait pas de
se laisser entraîner par ces planètes , tandis que ,
vers leur aphélie , où le mouvement est extrêmement lent , elles peuvent avoir été comprises

et entraînées par les mouvemens beaucoup plus considérable d'Herschel, de Saturne et de Jupiter.

Les queues des comètes, suivant les observavations de Newton et d'autres, ont souvent mesuré des angles de plus de 90°, ce qui mettait leur longueur à 15, 20 et 30 millions de lieues.

Lors de l'apparition d'une comète, sa queue est toujours très courte ; elle augmente en approchant du soleil : immédiatement après le passage périhélie, elle est la plus longue et la plus brillante ; on l'observe alors généralement courbée, la convexité tournée vers la partie du ciel où la comète se retire ; le côté convexe est aussi plus brillant et mieux fini que le côté concave. Quand la queue atteint son maximum de longueur, elle diminue rapidement et se dissipe entièrement à nos yeux, à peu près vers le temps où la comète disparaît elle-même. La matière qui forme ces queues est extrêmement rare, puisque la lumière des plus petites étoiles n'éprouve aucune diminution en passant au travers, suivant la remarque de Newton. Ce philosophe astronome cite trois opinions diverses qui avaient cours de son temps : « On pense, dit-il, que la queue d'une comète n'est produite que par les rayons solaires transmis au travers du corps de la comète, supposé transparent ; d'autres croient que ce phénomène est produit par la réfraction qu'éprouve la lumière, en passant du corps de

la comète vers la terre ; enfin une troisième
opinion admet que c'est une sorte de nuages
ou de vapenr qui s'élèvent continuellement
du corps de la comète, et qui tendent tou--
jours à se diriger vers le côté opposé. » Cette
opinion, qui est de Newton, est la plus probable.

Euler pense qu'il y a une grande affinité entre
les queues des comètes, la lumière zodiacale et
les aurores boréales, et que la cause commune
de ces phénomènes se trouve dans l'action de la
lumière solaire sur les atmosphères des comètes,
du soleil et de la terre. Il suppose que l'impulsion des rayons de lumière, sur l'atmosphère des
comètes, peut chasser les molécules les moins
denses beaucoup au-delà de leurs limites ; que
cette force impulsive, combinée avec celle de
la gravité qui tend vers la comète, peut produire
la queue toujours en opposition du soleil, comme
si la terre était fixe. Mais le mouvement de la
comète, dans son orbite et autour de son axe,
doit varier la position et la figure de la queue,
en lui donnant une courbure, et en la faisant
dévier de la ligne que l'on suppose menée du
centre du soleil à celui de la comète ; cette déviation sera en raison de la courbure et de la
rapidité du mouvement : il peut arriver, en
suivant cette hypothèse, que le mouvement
dans le périhélie soit si considérable que la force
des rayons solaire produise une nouvelle queue,

avant que l'ancienne ait eu le temps de suivre le corps de la comète ; dans ce cas, on pourra observer deux queues, semblables à ce qu'offrait la comète de 1744, lorsqu'elle était dans son périhélie.

Halley, en parlant des grandes traînées de lumière de l'aurore boréale de 1716, dit qu'elles ressemblaient tellement aux longues queues des comètes, qu'à la première vue on pouvait s'y méprendre, et que cette lumière paraissait avoir la plus grande affinité avec celle de l'électricité vue dans l'obscurité ; de là on a été porté à penser que ces trois corps étaient de même nature.

Les grandeurs réelles des comètes varient depuis celle de la lune jusqu'à trois fois celle de la terre ; on n'en a pas observé de plus considérables. Herschel en a vu plusieurs qui n'avaient pas de noyau solide apparent ; ce sont des collections de vapeurs condensées autour d'un centre. Cette observation fait naître l'idée que leur destination est encore un mystère ; que l'on doit considérer ces objets célestes comme des instrumens désignés probablement à quelque fin salutaire, dont la production serait effectuée par leur intermédiaire, et dirigée vers quelque partie des cieux.

LEÇON XVIII.

Des éclipses.

Une éclipse est une privation de la lumière du soleil, par l'interposition d'un corps opaque.

Les anciens avoient des idées terribles sur les éclipses; ils supposaient qu'ils annonçaient toujours quelque événement déplorable. Plutarque nous assure qu'à Rome, il était défendu de parler publiquement des causes naturelles des éclipses. L'opinion du vulgaire était tellement prononcée en faveur de la production surnaturelle de ce phénomène, particulièrement les éclipses de la lune, qu'il était dangereux d'en parler : quant à celles du soleil, ils avaient l'idée qu'elles pouvaient être occasionées par l'interposition de la lune, entre nous et le soleil. Ils ignoraient entièrement quel pouvait être le corps qui se plaçait entre nous et la lune, ne pouvant pas s'imaginer que les éclipses de la lune pussent se produire autrement; ils les attribuaient en conséquence à des causes surnaturelles.

Cette espèce de superstition céda quelques siècles après, à la vraie cause des éclipses.

La terre et la lune étant des corps opaques et

recevant leur lumière du soleil, doivent nécessairement projeter derrière elles, une ombre dont l'étendue et les dimensions sont proportionnelles à celles de ces deux planètes.

Le soleil étant beaucoup plus considérable que la terre ou la lune, les ombres auront la forme de cônes.

L'ombre de la terre s'étend beaucoup au-delà de l'orbite de la lune, et quand par suite des mouvememens des deux corps, ce satellite entre dans l'ombre de la terre, on dit qu'il est éclipsé.

Lorsque tout le corps de la lune entre dans l'ombre de la terre, on dit alors que l'éclipse est totale; quand il n'y a qu'une partie qui s'y plonge, c'est un éclipse partielle. Ainsi, quand la totalité du disque du soleil ou de la lune n'est pas obscurci, c'est ce qu'on appelle une *éclipse partielle.*

Quelquefois l'ombre de la lune atteint la surface de la terre, et produit une éclipse totale de soleil, pour les lieux où cette ombre porte; le diamètre de la lune paraissant alors égal ou même plus grand que celui du soleil.

Lorsque l'ombre de la lune n'atteint pas la terre, il ne peut y avoir éclipse totale du soleil; mais pour tous les lieux, compris dans la route centrale de la lune sur le disque du soleil, il y aura une éclipse annulaire; c'est-à-dire que l'on y verra un anneau lumineux du soleil, déborder le disque de la lune de toutes parts.

Les éclipses du soleil ne peuvent arriver que dans les conjonctions, et celles de la lune vers le temps de l'opposition.

Les éclipses de lune sont visibles dans toutes les parties de la terre qui ont ce satellite au-dessus de leur horizon ; elles sont partout de la même grandeur et de la même durée.

Dans une éclipse de lune, soit partielle ou totale, il y a perte absolue de lumière; par conséquent, le phénomène n'est nullement affecté par la parallaxe. *V. leçon* 21.

Les éclipses de lune commencent au côté gauche, au bord oriental de ce satellite, et finissent au bord opposé.

Il est difficile d'observer exactement le commencement et la fin d'une éclipse de lune, même avec le secours d'une bonne lunette, par rapport à la pénombre qui environne l'ombre de la terre. La lune devient sensiblement de plus en plus obscurcie avant qu'elle n'entre dans l'ombre vraie, et après être sortie de cette même ombre, elle passe par les mêmes teintes, mais dans un ordre décroissant, avant d'être parfaitement claire.

On divise le diamètre de la lune, ainsi que celui du soleil, en douze parties égales qu'on appelle des *doigts*; c'est par le nombre de ces doigts qui entrent dans l'ombre de la lune ou de la terre, que l'on mesure la grandeur d'une éclipse.

Quand la lune est totalement éclipsée, elle n'est point pour cela totalement invisible, sur-

tout avec une atmosphère claire ; on la distingue
d'une couleur brune, cuivreuse. Cet effet est dû
à l'inflexion des rayons solaires, produite par l'atmosphère terrestre ; celle-ci étant plus dense
près de la terre qu'à des hauteurs considérables, elle réfracte ou courbe plus intérieure-
ment les rayons solaires, proportionnellement
à leur distance de la surface ; quelques-uns de
ces rayons, se dirigeant sur la lune, lui donnent
la couleur qu'on observe généralement dans ce
cas.

Suivant l'illustre Delambre, lorsque l'opposition moyenne du soleil ou de la lune a lieu à
moins de 7° 47′ de distance du nœud de la lune,
il doit y avoir éclipse ; mais si la distance est de
plus de 13° 21′, il ne peut plus y en avoir. Par
conséquent, entre 7° 47′ et 13° 21′, il peut y
avoir une éclipse ; comme il peut ne pas y en
avoir : la dernière distance est nommée la *limite écliptique de la lune*.

Quand la conjonction moyenne du soleil et
de la lune a lieu à 15° du nœud de la lune, il
doit y avoir une éclipse du soleil ; mais si cette
conjonction moyenne a lieu à une plus grande
distance que 21° de ce nœud, ce phénomène ne
peut plus avoir lieu. Par conséquent entre les
15° et 21° il peut y avoir une éclipse, comme il
peut ne pas y en avoir : cette dernière distance
est appelée la *limite écliptique du soleil*.

Nulle éclipse de soleil ne saurait être univer-

selle, c'est-à-dire qu'aucune ne peut être vue de
tout un hémisphère de la terre; le disque de la
lune est trop petit et trop rapproché de la terre,
pour cacher le disque entier, ou pour cacher
une partie du soleil à tout le disque de la terre.
L'espace circulaire couvert par l'ombre de la
lune ne saurait jamais avoir plus de 60 lieues de
diamètre, lorsque la distance du soleil est la plus
grande et celle de la lune la plus petite.

Le mouvement de l'ombre de la lune sur la
surface de la terre est égal au mouvement de la
lune par rapport au soleil; il est de près de 760
lieues par heure.

Une éclipse de soleil ne paraît pas la même
dans toutes les parties de la terre où elle est visible; dans un lieu elle peut être totale, et dans
beaucoup d'autres, partielle.

Cette éclipse n'a pas lieu non plus à la même
distance, dans tous les lieux où elle est vue; elle
paraît plutôt dans les parties occidentales et plus
tard dans les parties orientales, puisque le mouvement de la lune, et par conséquent celui de
son ombre, a lieu de l'ouest à l'est.

Toutes les éclipses, tant celles de lune que de
soleil, ainsi que les occultations d'étoiles, sont
d'un grand usage dans les déterminations des
longitudes.

Si les éclipses de lune étaient plus fréquentes,
et que le temps de leur premier et dernier contact pût être rigoureusement observé, elles se-

raient du plus grand service pour trouver les différences des méridiens , c'est-à-dire les longitudes : car , comme les phases de la lune dans
une éclipse arrivent au même instant pour tous
les observateurs , la différence des temps, marquée aux différentes phases , donnerait la différence des longitudes demandée.

Quoique l'observation détermine assez bien
le commencement et la fin d'une éclipse solaire ,
ainsi que l'immersion et l'émersion d'une étoile
derrière le corps de la lune , cependant pour en
déduire la longitude , la parallaxe occasionne
beaucoup de calculs , et rend cette méthode
moins utile en pratique.

Le nombre des éclipses qui peuvent arriver
dans une année ne peut jamais être moindre de
deux, toutes les deux du soleil ; et jamais plus de
sept, dont cinq du soleil et deux de la lune ,
celles-ci étant totales. Le nombre ordinaire est
de quatre , et il est très rare d'en compter plus
de six.

Les éclipses totales du soleil sont très rares ;
on leur attribuait presque toujours les grands
événemens qui les suivaient quelque temps après.

Dans l'année 431 avant l'ère chrétienne , il y
eut une éclipse totale du soleil et une apparence
de comète, cause supposée de la peste qui rava-
gea Athènes à cette époque: dans l'année 1133
de notre ère, il y eut une éclipse totale du soleil,
qui laissa distinguer les étoiles ; la superstition

attribua ce phénomène au schisme produit par la création de trois papes à la fois : on multiplierait beaucoup ces sortes de citations.

Ainsi donc l'ombre de la terre, réfléchie sur la lune, produit une éclipse de lune, de même que. l'ombre de la lune, tombant sur la terre, cause une éclipse sur cette partie de notre planète où elle tombe ; comme la lune est beaucoup moins considérable que la terre, elle ne peut comprendre tout le disque de cette dernière dans son ombre, mais seulement une très faible partie. Il suit de là que toutes les éclipses de la terre sont partielles et non totales ; que ces éclipses ne produisent d'obscurité que sur les endroits où l'ombre est portée : c'est dans ces lieux seulement que les habitans voient l'entier obscurcissement du soleil, qu'on a nommé éclipse du soleil. C'est à tort cependant que l'on attribue cette éclipse au soleil, qui a toujours les mêmes feux ; il n'y a jamais que les habitans de la terre qui se trouvent sous l'ombre de la lune, qui soient éclipsés et compris dans l'obscurité.

Les diamètres de la terre et du soleil, vus de la lune en opposition, et à sa distance moyenne, sont de près de 31' 58" pour le soleil, et de 1° 55' 18" pour la terre. Nous avons vu que la terre, comme tous les autres corps opaques, intercepte la lumière du soleil. Elle forme derrière elle, relativement à cet astre, une ombre qui, à raison des grosseurs respectives du soleil et de la terre, se termine à un point éloigné de la terre d'environ 300,000 lieues, et par conséquent beaucoup au-delà de la lune, qui n'est éloignée de la terre que de 86,000 lieues environ. Ainsi, le cône de l'ombre terrestre est au moins trois fois plus long que la distance de la lune à la terre; sa largeur, aux points où elle est coupée par la lune, est de plus du double du diamètre lunaire; donc, la lune serait éclipsée toutes les fois, c'est-à-dire tous les mois qu'elle se trouverait en opposition avec le soleil, si le plan de l'orbite coïncidait avec l'écliptique; mais en conséquence de l'inclinaison mutuelle de ces plans, il arrive souvent que la lune, lorsqu'elle est dans son opposition, se trouve au-dessous ou au-dessus du cône d'ombre formé par la terre; dans ce cas, il y a pleine lune et point d'éclipse. Lorsque tout le disque lunaire est plongé dans l'ombre, on dit que l'éclipse est totale; elle est partielle s'il n'y a qu'une partie du disque dans l'ombre; on peut concevoir que le plus ou le moins de rapprochement des nœuds, au moment de l'opposition, produit toutes les variétés que l'on observe dans ces éclipses.

Chaque planète du système, soit primaire, soit secondaire, tirant sa lumière du soleil, doit jeter une ombre vers cette partie de la sphère des étoiles fixes qui est opposée au soleil; il en résulte donc qu'une ombre n'est que *la privation de la lumière du soleil, qui reste caché par le*

corps opaque qui intercepte ses rayons. Une ombre sera en conséquence proportionnelle aux
grandeurs relatives du soleil et de la planète. Si
ces deux corps étaient du même volume, la forme
de l'ombre produite par la planète serait, dans
ce cas, cylindrique, de la même grandeur que
chacun des deux corps, et continuerait sa projection dans l'espace, sans jamais se terminer
en pointe. Si le soleil était plus petit que la
planète, alors l'ombre de celle-ci augmen-
terait en avançant sa progression : mais comme
au contraire le soleil est plus considérable que
les planètes les plus volumineuses, et même que
la masse de toutes les planètes réunies, il en résulte que l'ombre formée par une de ces planètes', doit être proportionnée à ses dimensions
et à sa distance du soleil, et doit nécessairement
se terminer en une pointe, comme toutes les
formes coniques.

Tel est le volume du soleil, que l'ombre projetée par chacune des planètes premières, se termine à une distance beaucoup plus petite que la
distance de chacune des autres planètes, de manière à ce que jamais aucune de ces planètes premières ne saurait en éclipser une autre ; cette
ombre ne peut atteindre que leurs satellites ou
lunes, ce qui n'a encore lieu que lorsque le soleil,
la planète et le satellite, se trouvent sur une même
ligne droite, et à peu près dans le même plan.

Il y aurait une éclipse régulière de lune, toutes

les fois que ce satellite se trouve en opposition, sans l'inclinaison de l'orbite lunaire sur l'orbite terrestre, qui l'élève à chaque demi-lunaison et l'abaisse à l'autre, au-dessus ou bien au-dessous du centre de la terre.

Ce n'est donc qu'à l'époque des nouvelle et pleine lunes, et quand la lune traverse en même temps le plan de l'orbite terrestre ou l'écliptique, que les éclipses peuvent avoir lieu ; comme cette situation n'arrive communément que quatre fois chaque année, il suit qu'il ne peut y avoir que deux éclipses de lune et deux de soleil, quelquefois il y en a trois de lune et deux de soleil, mais très rarement davantage.

Le soleil a à peu près 315,000 lieues de diamètre, et la lune seulement 781 lieues, d'où il résulte que l'étendue plus considérable du diamètre du soleil, fait terminer cette ombre, que la lune laisse derrière elle, vers un point très-rapproché et proportionné à sa distance du soleil. On a fait le calcul suivant le volume immense du soleil : son diamètre comprend 111 diamètres de la terre ; la distance de son centre au bord du disque, étant de 158,000 lieues, comprend près de deux fois la distance de la lune à la terre, qui n'est que de 84,000 lieues ; tout le diamètre du soleil est égal à trois fois et demie la distance du centre de la lune au centre de la terre. La longueur de l'ombre de la lune est de 84,000 lieues, distance de la lune à la terre ; en conséquence, dans une éclipse totale du soleil, lorsque tout le corps est caché à nos yeux, ce qui ne peut arriver que lorsque le centre de la lune est sur la ligne des centres du soleil et de la terre, le point extrême de l'ombre de la lune ne fera qu'atteindre la surface de la terre, dans la supposition où elle ne sera qu'à sa distance moyenne, et ne restera par conséquent qu'un seul moment au même endroit, par rapport aux mouvemens combinés des deux planètes. Il suit de là que, si une éclipse a lieu lorsque la lune est à plus de sa distance moyenne de la terre, le sommet de son ombrage conique n'atteindra pas la surface et se terminera dans l'espace entre le soleil et la terre ; sa masse n'étant pas assez considérable pour nous cacher tout le corps du soleil (même lorsque les centres de l'astre et de ces deux planètes se trouvent sur une même ligne droite), la lumière du soleil est laissée tout autour de la lune en forme circulaire ; c'est ce qu'on appelle une éclipse annulaire du soleil, du latin *annulus*, anneau.

On a calculé que le cône d'ombre de la terre est à peu près trois fois et demie plus long que celui de la lune, ou d'environ 300,000 lieues de longueur ; mais, comme l'atmosphère de la terre en diminue l'intensité, et que le sommet du cône se trouve écarté par la propriété qu'a notre atmosphère de réfracter les rayons solaires, il résulte que les bords de l'éclipse ne sont jamais aussi tranchés ; ainsi, quoique l'ombre de la terre s'étend beaucoup au-delà de la lune, la partie la plus obscure n'y arrive pas, et elle ne se trouve pas entièrement *invisible* pendant une éclipse totale, comme il 'a été observé ci-dessus.

Quoique la lune soit incomparablement plus petite que le soleil, cependant, par une circonstance remarquable, relativement à sa proximité, son diamètre apparent ne diffère que peu de celui du soleil ; il arrive même, par suite des variations des distances, qu'ils se surpassent occasionnellement l'un l'autre. Que l'on imagine le soleil et la lune dans la même ligne droite avec l'œil de l'observateur, celui-ci verra le soleil éclipsé ; et si le diamètre apparent de la lune surpasse celui du soleil, l'éclipse sera totale ; mais s'il est moindre, on observera alors un anneau lumineux formé par cette partie du soleil qui s'étend de toutes parts au-delà du disque de la lune, l'éclipse est donc annulaire. Si la lune ne se trouve pas sur la ligne droite qui passe de l'œil de l'observateur au centre du soleil, la lune ne cache alors qu'une partie du disque solaire et ne forme qu'une éclise partielle. Ainsi, la différence des distances du soleil et de la lune au centre de la terre, et la proximité des nœuds, doivent produire une grande variété dans les circonstances de l'éclipse solaire ; ajou-

tez l'élévation de la lune au-dessus de l'horizon,
élévation qui change l'angle de son diamètre
apparent, et qui, par l'effet, de la parallaxe
de la lune, peut augmenter ou diminuer les distances apparentes du soleil et de la lune, de
telle manière que, de deux observateurs, l'un
ne verra pas l'éclipse, tandis qu'elle sera parfaitement belle pour l'autre; ce qui n'a pas lieu
pour les éclipses de la lune, comme il a été dit ci-
dessus. Ces dernières sont les mêmes pour tous
les endroits de la terre.

Des Éclipses des Satellites.

Jupiter projette derrière lui, c'est-à-dire vers
le côé opposé au soleil, une ombre conique
dans laquelle ses satellites s'immergent quelquefois; ils disparaissent et se trouvent éclipsés,
comme la lune, en passant dans l'ombre de la
terre.

Avant l'opposition de Jupiter, les immersions
et les émersions se font vers l'ouest de cette
planète, et après l'opposition elles ont lieu vers
l'est.

Mais en faisant usage d'une lunette astronomique qui renverse les objets, l'apparence en
sera directement contraire. Le même effet sera
produit relativement aux configurations des satellites. Par exemple, le 31 décembre 1818,
à 6 heures du soir, la vraie configuration des
satellites était :

.2. 1. .3 ◯ 4

Trois vers l'orient de Jupiter et un vers l'occident, tandis que la lunette les montre dans
un ordre renversé.

.4 ◯ 3. .1 .2

Avant l'opposition on voit que les immersions
du premier satellite, et après l'opposition ses
émersions.

La même chose a généralement lieu pour le
second satellite, mais les immersions et les
émersions de la même éclipse sont fréquemment visibles dans les deux satellites extérieurs.

Les trois premiers satellites sont toujours
éclipsés quand ils sont en opposition avec le
soleil; mais quelquefois le quatrième, semblable
à notre lune, passe toute l'opposition sans
éprouver d'éclipses : la raison en est que ce dernier passe quelquefois à la distance de 27′ 58″,
soit au nord ou au sud de l'ombre de Jupiter.

Comme le commencement ou la fin d'une
éclipse d'un satellite ont lieu au même instant
absolu, pour tous les lieux de la terre, ce phénomène est du plus haut intérêt pour déterminer la longitude.

L'instant de l'immersion ou de l'émersion
est mieux déterminé ou marqué, que dans le
commencement ou la fin d'une éclipse de lune ;
on peut donc s'en servir avec beaucoup plus
d'avantages.

C'est pour cette raison que toutes les éclipses des quatre satellites sont données dans la Connaissance des Temps et l'Almanach Nautique. Les temps des immersions et des émersions sont calculés avec le plus grand soin pour les méridiens de Paris et de Greenwich, d'après les tables excellentes données par M. Delambre.

Le premier satellite est le plus convenable pour déterminer la longitude; ses mouvemens sont mieux connus et ses éclipses sont plus fréquentes.

Lorsque Jupiter est à une telle distance de sa conjonction avec le soleil, que son élévation au-dessus de l'horizon est de plus de huit dégrés tandis que le soleil est de huit degrés au-dessous, alors une éclipse de satellites sera visible en quelque lieu que ce soit.

Quand on a observé avec soin le temps de l'immersion et de l'émersion d'un satellite, en quelque lieu que ce soit, on a de suite la longitude du méridien de Paris, en prenant la différence de l'observation des temps correspondans, dans les éphémérides, que l'on convertit en degrés, minutes et secondes, à raison de 15° par heure; cette longitude sera orientale ou occidentale, suivant que le temps observé sera plus ou moins grand que celui donné par les éphémérides.

Quant aux satellites de Saturne, ils passent rarement dans l'ombre de cette planète, par rapport à l'inclinaison considérable des plans de leurs orbites ; ils ont été éclipsés en 1819 pendant que la tranche de l'anneau était tournée vers la terre.

Lorsque le plan des satellites d'Herschel passe par le soleil, ils sont éclipsés, mais ces éclipses ne peuvent être vues à moins que la planète ne soit dans son opposition.

L'inclinaison de leurs orbites et le lieu des nœuds des satellites ne sont pas assez bien déterminés pour pouvoir fixer avec certitude, les époques auxquelles ces éclipses ont lieu.

LEÇON XIX.

Des étoiles fixes et de leurs classifications.

PENDANT une nuit sans nuages, on voit le ciel rempli d'étoiles dont l'aspect change toutes les heures. De nouvelles étoiles semblent se lever vers l'est, et d'autres se coucher vers l'ouest ; ce qui est évidemment produit par le mouvement de rotation de la terre de l'ouest à l'est.

Les étoiles qui, vers le commencement de la nuit, se voyaient à l'horizon oriental, montent sans cesse, et atteignent le méridien ou le point le plus élevé de leur arc nocturne, vers le milieu de la nuit ; dès ce moment, elles s'abaissent graduellement vers l'ouest, jusqu'à ce qu'elles disparaissent sous l'horizon occidental, vers la fin de la nuit.

En regardant vers le nord, on aperçoit beaucoup d'étoiles qui ne se lèvent et ne se couchent jamais, c'est-à-dire qui se trouvent toujours sur l'horizon ; elles semblent décrire des circonférences de cercle autour d'un point, qui est le pôle. On trouve facilement cette dernière position, en observant une étoile remarquable de 3ᵉ grandeur, c'est l'*étoile polaire*. Plus les étoiles sont rapprochées de cette dernière, et moins leurs circonférences sont petites ; par la même raison, elles croissent en proportion qu'on s'en éloigne, jusqu'à ce qu'elles parviennent à l'équateur, où ces circonférences décrites sont les plus grandes de toutes.

Ainsi, la sphère céleste semble tourner autour de deux points fixes, qui sont les pôles.

En général, toutes les étoiles conservent leurs distances égales, les unes à l'égard des autres ; la ligne qui les joint peut prendre toutes les positions par rapport à la verticale ; mais par rapport à elles-mêmes, ni leurs distances, ni leurs positions ne sont affectées de changemens. C'est cette dernière raison qui leur a fait donner le nom d'*étoiles fixes*. Cependant, en comparant le résultat des meilleures observations modernes avec celui des observations anciennes, sur lesquelles on peut le plus se fier, il paraît qu'il y a eu un véritable changement dans la position de quelques-unes des étoiles fixes : déjà dans plusieurs étoiles de la première grandeur, on a observé un mouvement propre ; on en a supposé un semblable à d'autres étoiles, par suite du changement d'aspect ou d'autres considérations. Le docteur Herschel a observé que les distances de quelques-unes des étoiles doubles, sont différentes de ce qu'elles étaient autrefois, ce qui ne saurait être expliqué qu'en admettant un mouvement propre dans l'une ou l'autre de ces étoiles doubles, ou bien dans notre système solaire.

Dans la supposition que notre système solaire est en repos, et que l'une des étoiles est réellement en mouvement, il peut en résulter une variation dans leurs positions apparentes, proportionnellement à leurs distances de la terre ou à la vélocité de leurs mouvemens ; ou bien encore, en raison de l'inclinaison des plans de ces mouvemens sur le plan de notre orbite, qui en rend le phénomène plus ou moins visible.

Mais si l'on admet un changement à notre système solaire, relativement à l'espace absolu, il pourrait, avec le temps, occasioner un changement apparent dans les distances angulaires des étoiles fixes ; alors les positions des étoiles les plus rapprochées, se trouvant plus affectées que celles des plus éloignées, il pourrait en résulter des altérations dans leur position relative, quoique ces étoiles fussent elles-mêmes fixes.

Il est essentiel d'observer que les *causes connues* qui affectent les lieux de toutes les étoiles en général, telles que l'aberration, la nutation et la précession, proviennent des mouvemens de l'observateur, et non d'aucun mouvement réel dans les étoiles.

Les grandeurs apparentes des étoiles fixes sont très différentes ; cette différence provient non-seulement de la diversité dans leurs gran-

deurs réelles, mais principalement de leurs distances. Cette différence dans les grandeurs apparentes a servi à les classer par ordre.

Les étoiles les plus grandes, celles qui sont
le plus près de nous, sont appelées étoiles de
première grandeur ; on en compte de six grandeurs différentes, qui comprennent toutes les
étoiles visibles sans le secours du télescope. Pendant une nuit sereine de l'hiver, lorsque la lune se
trouve sous l'horizon, le firmament paraît semé
d'une quantité innombrable d'étoiles ; cependant le nombre qu'on en peut voir, à l'œil nu,
ne s'élève pas au-delà de deux mille. Depuis
l'invention du télescope, il est vrai que le nombre des étoiles a été considéré comme immense :
plus un instrument est parfait et plus on en découvre ; on a conclu de là, avec raison, que
l'on ne saurait assigner de limites à leur nombre
ni à leur distance : quelles réflexions cette idée
ne doit-elle pas faire naître sur la toute-puissance du Créateur ! Si on observe un nombre
donné de ces étoiles fixes, elles formeront à
notre vue un triangle ou toute autre figure régulière ou irrégulière ; et puisque ces étoiles ont
gardé la même situation relative depuis qu'on
les observe, et qu'elles ont paru aux astronomes
dans la même position, les unes relativement
aux autres, depuis les premières observations
connues, on peut conclure, par analogie,
qu'elles ont conservé ces positions dès le com-

mencement du monde, et qu'elles les maintiendront à l'infinie. Le peu de changements particuliers qui se sont effectués, doivent être
regardés comme des exceptions à cette règle
immuable. La différence des grandeurs dans les
étoiles fixes peut provenir de la différence de
leur volume, ou bien de leurs distances inégales;
encore ces deux causes peuvent se combiner
pour rendre leur apparence différente. Quelle
que soit la cause réelle, les astronomes ont distingué les étoiles, par rapport à leur grandeur
apparente, en six classes : la première comprend
celles qui ont le volume apparent le plus considérable; la seconde, celles qui en approchent
le plus; et ainsi de suite jusqu'à celles de la
sixième grandeur, qui comprend les étoiles que
l'œil voit à peine sans le secours des instrumens.
Les étoiles que l'œil n'aperçoit pas prennent la
dénomination d'étoiles télescopiques.

Les étoiles fixes sont à des distances si considérables de nous, qu'il n'existe aucune distance
dans notre système planétaire, qui puisse servir
de point de comparaison. Elles n'ont point de
parallaxe visible, et le diamètre de l'orbite
de la terre, de 70 millions de lieues, à peu
près, n'apporte aucune proportion sensible à
leur distance.

Les étoiles de chaque classe ne paraissent
pas exactement de la même grandeur; il y a
une différence considérable, provenant ou de

leur éclat ou de leur volume. Il y a aussi d'autres étoiles qui sont de grandeurs intermédiaires,
que les astronomes ne peuvent pas davantage
attribuer à une classe qu'à une autre. Dans le
catalogue de Michel Lalande, des 600 principales étoiles visibles sur l'horizon de Paris,
et qui ne contient pas d'étoiles au-delà de la
cinquième grandeur, il n'y en a pas moins de
126 de grandeurs intermédiaires. De sorte qu'au
lieu de 6 grandeurs, on pourrait presque dire
qu'il y en a autant que d'étoiles ; telles sont
les grandes variétés résultant de leur couleur
ou de leur éclat.

Dans le catalogue cité plus haut, il y en a 7
de 1re grandeur, 25 de la 2me, 112 de la 3me et
300 de la 4me. Il s'en trouve 3 entre la 1re et
la 2me grandeur, savoir : *Castor*, *Procyon* et
l'*Aigle* ; 20 entre les 2re et 3me grandeurs ; 62
entre les 3me et 4me grandeurs, et 39 entre les
4me et 5me grandeurs.

Quelques étoiles éprouvent des variations
périodiques dans leurs grandeurs ; on en compte
jusqu'à 15, où ce phénomène intéressant peut
être observé. Les plus remarquables sont *Algol*
(dans Persée), o de la Baleine, β de la Lyre,
n d'Antinoüs, α d'Hercule, δ de Céphée, χ au
cou et ν sur la poitrine du Cigne. Algol passe
de la 2me à la 5me grandeur dans une période de
2ʲ 20ʰ 49′, *n* de la Baleine passe de la 2me grandeur à l'état d'étoiles télescopiques en 334ʲ ; ς de

la Lyre change de la 3me aux 4me et 5me grandeurs en 6^j 9_h ; *n* d'Antinoüs passe de la 3me à la 5me grandeur en 7^j 4^h 15′ ; *δ* de Céphée change de la 4me à la 5mo grandeur en 5^j 8^h 37′ 30″ ; *χ* du Cygne passe de la 5mo grandeur à l'état d'étoile télescopique en 396^j 21^h, et *γ* qui se trouve au cou de la même constellation, change sa 3me grandeur en étoile télescopique en 18 ans.

Beaucoup d'étoiles qui sont données par les anciens catalogues ne se retrouvent plus ; tandis que d'autres, constamment visibles aux modernes, ne sont pas décrites par les anciens ; les plus remarquables de celles qui n'ont paru que pendant un certain temps, sont, celle de Cassiopée, vue par Tycho-Brahé en 1572, et celle du Serpentaire, observée par Képler en 1684. La première brillait comme Vénus pendant seize mois consécutifs ; vers la fin, elle diminua en éclat et en mars 1574 elle disparut entièrement, sans avoir altéré sa position. La dernière de ces deux étoiles surpassa Jupiter en éclat ; elle disparut vers la fin de 1605, et n'a plus reparu depuis.

Quelques étoiles, semblables à *β* de la Baleine, ont graduellement augmenté en éclat ; d'autres comme *δ* de la grande Ourse, perdent constamment cet éclat. Ces variations ont nécessairement produit différentes hypothèses pour expliquer ces changemens. On a supposé que les étoiles périodiques ont sur leurs disques, des grandes taches obscures et des mouvemens de rotation très lents, ce qui les fait presque disparaître lorsque le côté où se trouvent ces taches se tourne vers nous. Quant à celles qui offrent soudainement un très grand lustre, on pense que ce peuvent être des soleils dont la matière combustible se trouvant près de sa fin, sont alimentés de nouveau par l'addition de quelques-unes de leurs comètes, qui en seraient attirées : ceci expliquerait la destinée future de ces sortes de corps ; destinée inconnue puisqu'il est presque impossible qu'ils soient habités, quand on considère les mouvemens qui s'exécutent à toutes les distances du foyer principal, et qui ne permetteraient guère aux habitans d'y conserver la vie.

Comme il eût été impossible de donner des noms à toutes les étoiles fixes (même à celles qui sont visibles à l'œil nu), et de retenir ces noms, il devint nécessaire de déterminer non seulement leurs situations respectives exactes, mais aussi d'inventer une méthode par laquelle on put reconnaître les principales étoiles, sans leur appliquer à chacune un nom particulier. Les anciens parvinrent à ce but en divisant le firmament par parties, sous des dénominations de figures imaginaires d'oiseaux, d'animaux, de poissons, etc. , qu'ils appelèrent *astérismes*, *constellations;* ils marquaient ensuite le lieu de l'étoile, par sa position dans la constellation, comme l'œil du Taureau, le cœur du Lion.

Cette division du ciel en constellations est sans contredit très ancienne ; car Hésiode et Homère qui florissaient 2,000 ans avant Jésus-Christ, en font mention.

Arcturus, Orion et les Pléiades, sont indiqués deux fois dans le livre de Job, et dans la prophétie d'Amos, composée à peu près 800 ans avant l'ère chrétienne, on trouve cette belle exhortation : « O vous, qui changez en absinthe les jugemens et qui abandonnez la justice sur la terre, cherchez celui qui a créé les sept étoiles et Orion ; qui fait succéder aux ténèbres de la nuit, la clarté du matin, et la nuit au jour ; qui appelle les eaux de la mer et les répand sur la surface de la terre : son nom est *le Seigneur.* »

Dans ce passage, Amos, qui était un berger, parle des Pléiades et d'Orion, comme parfaitement connus à lui et au peuple, à qui cette prophétie était adressée ; l'invention des constellations n'était conséquemment pas nouvelle, puisque, déjà à cette époque, ce système se trouvait répandu dans les basses classes.

Comme la connaissance des étoiles devint plus étendue, le nombre des constellations augmenta, et en même temps un nombre d'autres étoiles furent introduites dans chaque constellation, ce qui détermina plus exactement leurs positions. Ptolémée a donné les longitudes et latitudes de plus de mille étoiles. Les étoiles qui, à cette époque, n'étaient pas comprises dans des constellations, prenaient le nom d'*informe, sporades* ou *sparsiles.*

Les astronomes modernes ont non seulement réduit ces sortes d'étoiles en constellations, mais encore beaucoup d'autres, et il est probable que l'on continuera encore d'inventer de nouvelles figures de constellations. Ticho-Brahé est le premier qui détermina avec exactitude les situations des étoiles fixes. Après Ticho, on doit mentionner Bayer, comme l'auteur de l'augmentation la plus considérable qui ait été faite au catalogue des étoiles. Il ne distingua pas seulement avec soin, le volume relatif et la situation de chacune d'elles, mais il marqua les étoiles de chaque constellation, par une lettre prise dans l'alphabet grec ou romain, en commençant par la lettre grecque α pour la principale étoile de chaque constellation, β pour la seconde, etc.; ensuite, après avoir parcouru tout cet alphabet, il passait aux lettres a, b, c, de l'alphabet romain, et ainsi de suite. Cette méthode utile de noter et de décrire les étoiles, a été adoptée par tous les astronomes depuis le temps de Bayer, et ils l'ont augmentée, en ajoutant les nombres ordinaux 1, 2, 3, etc., lorsque les constellations contenaient plus d'étoiles que les deux alphabets réunis n'ont de lettres.

Indépendamment de ces marques littérales et numériques, beaucoup d'étoiles ont des noms particuliers, tels qu'Arcturus, Aldébaran, Procyon, Sirius, Canopus, Régulus.

On peut aussi comprendre la voie lactée parmi les constellations; car il est maintenant reconnu que ce n'est qu'un assemblage d'étoiles fixes, innombrables, trop petites pour être observées sans le secours des meilleurs télescopes. Cette voie a l'apparence d'une zone blanchâtre dont la largeur varie de 4° à 20°; elle passe dans Cassiopée, Persée, les pieds des Gémeaux, la massue d'Orion, la queue du grand Chien, le pied du Centaure, etc., après quoi elle se divise en deux parties; la partie orientale passe dans la queue du Scorpion, le pied oriental du Serpentaire, l'arc du Sagittaire, l'écu de Sobieski, les pieds d'Antinoüs et du Cygne; la partie occidentale, sur la partie supérieure de la queue du Scorpion, la droite du Serpentaire et du Cygne, et finit ses courses dans Cassiopée.

Le tableau suivant contient les noms des principales constellations et le nombre des étoiles observées dans chacune d'elles.

Constellations zodiacales.

Le Bélier	42	La Balance	66
Le Taureau	207	Le Scorpion	60
Les Gémeaux	64	Le Sagittaire	94
L'écrevisse	85	Le Capricorne	64
Le Lion	93	Le Verseau	117
La Vierge	117	Les Poissons	116

Constellations boréales des anciens.

La Petite Ourse	24	Le Serpent	61
La Grande Ourse	87	La Flèche	18
Le Dragon	85	L'Aigle ou le Vautour	
Céphée	58	volant	26
Le Bouvier	70	Le Dauphin	19
La Couronne	35	Le Petit Cheval	10
Hercule	128	Pégase , ou le Grand	
La Lyre	21	Cheval	91
Le Cygne	85	Antinoüs	27
Cassiopée	60	Andromède	71
Persée	65	Le Triangle boréal	15
Le Cocher	69	La Chevelure de Béré-	
Ophiucus, ou le Serpen-		nice	43
taire	85		

Constellations boréales des modernes.

Le Petit Lion	55	Le Lézard	12
Les Lévriers	38	Le Petit Triangle	4
Le Sextant d'Hévélius	54	La Mouche, ou le Lys	5
Le Rameau et Cerbère	13	La Renne	12
Le Taureau royal de		Le Messier	7
Pouiatowski	18	La Giraffe	69
Le Renard et l'Oie	35	Le Linx	45

Constellations australes des anciens.

La Baleine	102	L'Hydre femelle	52
L'Éridan	85	La Coupe, ou le Vase	15
Orion	90	Le Corbeau	10
Le Lièvre	20	Le Centaure	48
Le Petit Chien	17	Le Loup	34
Le Grand Chien	54	L'Autel	8
Le Vaisseau, ou le Na-		La Couronne australe	12
vire	117	Le Poisson austral	52

Constellations australes des modernes *.

Le Fourneau chimique	39	Le Réticule rhomboïde	7
L'Horloge, ou Pendule	24	Le Burin du Graveur	15

* M. l'abbé La Caille, pendant son séjour au cap de Bonne-Espérance,
a formé ou imaginé plusieurs constellations, qu'il a ajoutées aux anciennes
dans l'hémisphère austral; savoir : le Fourneau chimique, le Réticule, le
Burin du grav ur, le Chevalet du peintre, le Télescope, le Compas, le
Triangle, la Montagne de la Table, l'Octant, le Microscope.

Suite des Constellations australes des modernes.

La Machine pneumatique..............	22	Le Chevalet du Peintre.	4
Le Solitaire (oiseau des Indes).............	22	La Licorne d'Hévélius.	31
La Croix australe.....	6	La Boussole..........	14
La Mouche, ou l'Abeille.............	4	La Montagne de la Table............	6
Le Caméléon........	7	L'Écu de Sobieski....	16
Le Poisson volant.....	6	L'Indien............	4
Le Télescope........	8	Le Paon.............	11
La Règle et l'Equerre.	15	L'Octant...........	7
Le Compas..........	2	Le Microscope.......	8
Le Triangle austral....	5	La Grue.............	12
L'Oiseau de Paradis...	4	Le Toucan..........	11
La Dorade..........	6	L'Hydre mâle........	18
La Colombe	37	L'Atelier du Sculpteur.	28
		Le Phénix...........	11

Le nombre des constellations données par le petit catalogue ci-dessus est de 94, qui comprennent plus de 3,700 étoiles, mais qui ne sont pas toutes visibles à l'œil nu.

L'inspection de la carte polaire, qui se trouve en tête de ce volume, donnera facilement les moyens de reconnaître les principales constellations de l'hémisphère nord.

Différens astronomes ont donné des catalogues d'étoiles; l'ordre des constellations, les ascensions droites, les déclinaisons, les longitudes et les latitudes s'y trouvent toujours au degré de perfection que les instrumens permettaient d'atteindre.

Dans un catalogue donné par Bayer, on trouve :

17 étoiles de la première grandeur.
63 *id.* de la deuxième.
196 *id.* de la troisième.
415 *id.* de la quatrième.
548 *id.* de la cinquième.
341 *id.* de la sixième.
526 *id.* informes.

Total......... 1,706

Hipparque est le premier qui entreprit de faire un catalogue d'étoiles ; il y comprit 1026 étoiles ; il y a 1950 ans qu'il est fait, et ce travail fut suggéré à ce philosophe astronome par l'apparition d'une étoile nouvelle, qui eut lieu de son temps.

Ulug Beig, roi des Parthes, forma un catalogue de 1022 étoiles, rapportées au méridien de Samarcande.

Tycho Brahé détermina le lieu de 777 étoiles vers la fin de 1600.

Képler, d'après les observations de Tycho, augmenta ensuite ce nombre jusqu'à 1,000.

Halley fit un catalogue de 350 étoiles méridionales invisibles sur notre horizon.

Lacaille, en 1751, au cap de Bonne-Espérance, fit des observations très soignées de 10,000 étoiles, près du pôle sud ; son catalogue fut publié dans les mémoires de l'Académie française des sciences de 1752.

Bayer et Hévélius publièrent aussi des cata-

logues d'étoiles, et Flamstead fit paraître un catalogue complet de 3,000 étoiles, observées par
lui-même.

En 1782, M. Bode, de Berlin, publia un catalogue très étendu de 5,058 étoiles fixes, d'après
les observations de Flamstead, Bradley, Hévélius, Mayer, Lacaille, Messier, Monnier, d'Ar-
quier, et plusieurs autres astronomes, toutes
rectifiées pour le commencement de 1780 ; ce
catalogue est accompagné d'un atlas céleste des
constellations, qui ne laisse rien à désirer sous
le rapport de la délicatesse et du fini.

M. Lalande a publié un nouveau catalogue
de plus de 12,000 étoiles, dont la presque totalité n'avait pas encore été observée.

Mais la liste la plus surprenante qui ait jamais été formée sur les étoiles fixes, est le catalogue de M. F. Lalande, qui détermine le lieu
de 50,000 étoiles, depuis le pôle jusqu'à 2° ou
5° au-dessous du tropique de Capricorne.

Pour reconnaître les étoiles, un des meilleurs
moyens est de fixer un globe céleste quelconque,
de manière à ce que le nord, le sud et les autres
points de l'horizon puissent correspondre à ces
mêmes points du monde. L'observateur peut s'i-
maginer qu'il se trouve placé au centre du globe ;
alors, on mène des rayons que l'on suppose pro-
longés jusqu'au ciel, aux différentes étoiles marquées sur le globe, qui indiqueront leurs correspondantes dans le ciel. Pour reconnaître les

étoiles du Taureau, on observe les Pléiades,
connues sous le nom des *sept étoiles*. En remarquant que sur la carte, et près de ces étoiles
un peu vers la gauche, se trouve une grande
étoile, de couleur rouge, on verra dans le firmament et vers le même côté, cette étoile qui
est *Aldebaran*, ou l'œil méridional du Taureau.
L'inspection de la carte montre ensuite cinq
étoiles à peu près placées comme la lettre V,
dont l'une est Aldébaran déjà trouvé ; en
dirigeant la vue vers le ciel, et considérant
Aldébaran comme une des sommités du V, on
trouvera les étoiles appelées les Hyades ; en ima-
ginant des lignes droites, tirées de l'angle de la
lettre V, le long des deux côtés, ces lignes pas-
seront un peu à l'extérieur des deux cornes du
Taureau. Qu'on suppose une ligne menée d'Aldébaran à travers les Pléiades et à une distance
double de cette constellation, la ligne rencon-
trera le triangle qui se trouve au-dessus du Bélier,
d'où, se référant au globe, on finira bientôt par
reconnaître les étoiles de cette constellation ; en
supposant des lignes tirées des Hyades aux
cornes du Taureau, et continuées à une distance
double, elles comprendront deux belles étoiles
nommées Castor et Pollux, qui feront connaître
toutes les étoiles des Gémeaux. C'est ainsi que
l'on parvient à reconnaître les différentes étoiles
avec le moins de difficultés.

Une méthode beaucoup plus préférable, serait

de pouvoir étudier les constellations au moyen
d'un globe creux, dont les dimensions seraient
assez considérables pour permettre de se placer
près de son centre; la représentation des constellations et de leurs étoiles, dans la partie intérieure, faite avec soin, et le mouvement circulaire de ce globe qu'on pourrait tourner par des
poulies, en l'inclinant toutefois suivant la latitude
du lieu, donneraient une idée plus prompte et
plus correcte des mouvemens apparens et des
aspects du ciel; les difficultés qui se rencontrent
dans la construction d'une pareille machine, les
dépenses qu'elle exigerait, sont cause que très
peu de personnes peuvent étudier le ciel avec
de pareils moyens. Des instrumens de cette espèce ont été construits à Gottorp, sous Frédéric III duc de Holstein, et à Paris, par les soins
du cardinal d'Étrées; mais ces machines étaient
de beaucoup inférieures à celle qui fut cons-
truite, il y a soixante ans, à l'université de
Cambridge, sous la direction du docteur Long;
on a peint à l'intérieur de cette machine, toutes les
constellations visibles sur l'horizon de Cambrige.

Lorsqu'on a déterminé avec soin les situations
respectives des étoiles, il devient nécessaire,
pour déterminer leurs situations à toute autre
époque de l'année, d'avoir égard aux effets de
leur mouvement apparent, particulièrement à
celui produit par la précession des points équinoxiaux : par ce dernier mouvement, les étoiles

paraissent se mouvoir de l'ouest à l'est, de la valeur d'un degré en soixante-onze ans et demi : en
conséquence de ce mouvement, les constellations du Zodiaque, qui sans doute répondaient
aux premiers points des signes respectifs de l'é-
cliptique, lors de son invention, ces constellations, disons-nous, ont tellement changé leur
position, qu'il s'en faut maintenant de plus d'un
signe, ou 3o°, dont ces points se sont écartés;
ainsi, on trouve la *constellation* du Bélier avancée
de 3° à 4° dans le *signe* du Verseau, celle du
Taureau dans le *signe* des Poissons, et la constellation des Gémeaux dans le signe du Bélier; de
manière, qu'au commencement du printemps,
l'almanach conventionnel maintient toujours le
soleil comme parcourant le *signe* du Bélier, tandis
qu'il décrit réellement les *constellations* des
Poissons et du Verseau; ce mouvement fait donc
augmenter continuellement les étoiles en longitude. Si on compte la précession à raison de
5o″ $\frac{1}{4}$ par an, lorsqu'on connaît une fois la longitude d'une étoile, on peut avec facilité trouver
la période antécédente ou là conséquente; par
exemple, en 169o, la longitude de Sirius était
de 9° 49′ 1″; en déduisant quatre-vingt-dix fois
5o″ $\frac{1}{4}$, ou 1° 15′ 22″, on aura 8° 33′ 3o″ pour la
longitude de cette étoile en 16oo; et en ajoutant cent dix fois 5o″ $\frac{1}{4}$ ou 1° 32′ 7″, la somme
donnera 11° 21′ 8″ pour la longitude de Sirius
en 18oo.

Quelques astronomes ont pensé que la latitude des étoiles fixes est invariable; mais cette supposition est erronée, car il faudrait d'abord que l'obliquité de l'écliptique fût toujours la même, ce qui n'est pas; cette supposition établirait que les étoiles ne changent jamais leurs positions relatives, ce qui n'est nullement certain, puisque les observations de Halley, et de beaucoup d'autres astronomes bons praticiens, nous conduisent à adopter une opinion contraire.

Il est reconnu qu'une variation en longitude doit produire un changement correspondant en ascension droite; et quoique des changemens en latitude, provenant de la première des causes énoncées ci-dessus, ne produisent aucune différence dans les déclinaisons, cependant, on a déjà trouvé nécessaire d'intercaler des colonnes particulières dans les tables des étoiles fixes, pour indiquer les variations annuelles d'ascension droite et de déclinaison.

On distingue les étoiles fixes des planètes, en ce qu'elles sont plus lumineuses, plus brillantes, et possèdent un mouvement continuel qu'on appelle *scintillation*, attribué à l'interposition des corps étrangers qui flottent toujours en grand nombre dans l'atmosphère, et qui nous privent de la vue de l'étoile pendant leur passage : comme le corps interposé change bientôt de place, il laisse l'étoile de nouveau à découvert; c'est à

cette succession perpétuelle que l'on attribue la
scintillation. Cependant on peut encore l'attribuer à de très courtes cessations du mouvement
ondulatoire des couches atmosphériques, qui se
répètent rapidement et suivant des densités plus
ou moins grandes.

Si l'on considère qu'à l'horizon la scintillation
est la plus grande et qu'elle est presque nulle au
zénith, on sera porté à admettre cette dernière
hypothèse, qui repose sur le système des inter-
férences des couches atmosphériques.

Une des propriétés les plus remarquables des
étoiles fixes, c'est qu'elles ne changent jamais
de situation respective apparente, ainsi que font
les planètes ; car quoique la révolution de la terre
sur son axe occasionne le mouvement diurne apparent de tout le firmament, lorsqu'on observe
deux étoiles fixes à des intervalles de temps
considérables, on les trouve toujours dans la
même position relative, pendant toute cette révolution.

On ne doit pas croire que les étoiles soient
placées dans une surface concave, et que leur
distance de la terre soit uniformément la même,
mais bien qu'elles sont dispersées dans l'espace
indéfini, de manière à ce que la distance de deux
d'entre elles soit aussi grande que celle qui
existe entre une de ces étoiles et notre soleil ; il
s'ensuit que si l'on se trouvait placé près d'une
de ces étoiles fixes, on regarderait celle-là seule

comme le vrai soleil, et les autres comme des points brillans, placés à des distances infinies dans le firmament.

Les étoiles les plus grandes, celles qui sont le plus près de nous, sont appelées étoiles de première grandeur; on en compte de six grandeurs différentes, qui comprenne toutes les étoiles visibles sans le secours du télescope. Pendant une nuit sereine de l'hiver, lorsque la lune se trouve sous l'horizon, le firmament paraît semé d'une quantité innombrable d'étoiles; cependant le nombre qu'on en peut voir à l'œil nu, ne s'élève pas au-delà de mille. Depuis l'invention du télescope, il est vrai que le nombre des étoiles a été considéré comme immense: plus un instrument est parfait et plus on en découvre; on a conclu de là, avec raison, que l'on ne saurait assigner de limites à leur nombre ni à leur distance: quelle réflexion cette idée ne doit-elle pas faire naître sur la toute-puissance du Créateur! Si on observe un nombre donné de ces étoiles fixes, elles formeront à notre vue un triangle ou toute autre figure régulière ou irrégulière; et puisque ces étoiles ont gardé la même situation relative depuis qu'on les observe, et qu'elles ont paru aux astronomes dans la même position, les unes relativement aux autres, depuis les premières observations connues, on peut conclure par analogie qu'elles ont conservé ces positions dès le commencement

du monde, et qu'elles les maintiendront à l'infini. Le peu de changemens particuliers qui se
sont effectués, doivent être regardés comme
des exceptions à cette règle immuable. La différence des grandeurs dans les étoiles fixes peut
provenir de la différence de leur volume, ou
bien de leurs distances inégales ; encore ces
deux causes peuvent se combiner pour rendre
leur apparence différente. Quelle que soit la
cause réelle, les astronomes ont distingué les
étoiles, par rapport à leur grandeur apparente,
en six classes : la première comprend celles qui
ont le volume apparent le plus considérable :
la seconde, celles qui en approchent le plus ;
et ainsi de suite jusqu'à celles de la sixième
grandeur, qui comprend les étoiles que l'œil
voit à peine sans le secours des instrumens.
Les étoiles que l'œil n'aperçoit pas, prennent
la dénomination d'étoiles télescopiques. Jusqu'à ce que cette distribution des étoiles soit
généralemet reçue, on ne doit pas croire que
toutes les étoiles de chaque classe soient exactement de la même grandeur apparente : il existe
au contraire une différence considérable relativement à la grandeur apparente, la couleur et
l'éclat. Les étoiles paraissent susceptibles de
beaucoup de changemens, car une étoile a souvent été comprise par les astronomes parmi
celles de la première classe, tandis que d'autres
la classaient dans la deuxième ou troisième. Ce-

pendant on peut considérer les divisions générales comme universellement reçues, puisque
les exceptions en sont rares.

La distance immense qui existe entre les étoiles,
fixes, et entre la terre et ces mêmes étoiles,
est, de toutes les considérations possibles,
celle qui doit nous donner la plus grande idée de
l'œuvre de Dieu et de l'étendue de la création.
L'étoile la plus rapprochée de notre terre, ou
bien la plus grande en apparence, est celle connue sous le nom de *Sirius* ou le Grand Chien ;
et cependant la terre, dans son mouvement annuel, se trouve être de 70,000,000 de lieues
plus près de cette étoile, dans une partie de son
orbite que dans la partie opposée, sans que la
grandeur apparente de l'étoile en soit affectée en
moins ; ce qui peut donner une idée de son immense distance. Le célèbre Huyghens croit, à
ce sujet, qu'il peut exister des étoiles à des distances si considérables de la terre, que leur lumière, qui parcourt 4,000,000 de lieues par
minute, peut n'être pas encore parvenue à
notre globe, depuis la création du monde !... Il
est donc impossible que les étoiles, étant à des
distances si prodigieuses du soleil, lui empruntent
la forte lumière qu'elles réfléchissent, ni même
un degré de lumière suffisant pour nous les faire
apercevoir ; car les rayons en seraient tellement
dissipées, avant qu'ils n'atteignissent des objets
si éloignés, qu'ils ne sauraient jamais être trans-

mis à nos yeux, pour en rendre ces objets visibles par la réflection. Les étoiles brillent donc d'elles-mêmes, et sont tout-à-fait différentes des planètes ; celle-ci sont opaques et sans autre lumière que celle qu'elles reçoivent du soleil.

L'opinion des philosophes les plus instruits, est que chacune de ces étoiles fixes est un soleil ayant des mondes qui circulent autour de lui, de même que notre terre et les planètes circulent autour du soleil. On ne doit pas croire que le Tout-Puissant, qui agit toujours avec une sagesse infinie et ne fait rien en vain, eût créé tant de soleils et les eût placés à d'aussi grandes distances les uns des autres, sans former en même temps d'autres objets placés assez près d'eux pour jouir de leur influence heureuse. Supposer que ces étoiles ne furent créées que pour procurer une lueur très faible aux habitants de notre globe, serait avoir une opinion indigne de la sagesse divine ; en effet, ces milliers d'étoiles sont non-seulement incapables de nous être utiles, mais encore elles restent invisibles sans le secours du télescope ; et la Divinité, en formant une seule lune additionnelle, aurait pu donner à notre terre une lumière plus forte. Il résulte donc que chaque étoile serait le centre d'un système solaire, entouré d'un nombre de mondes tels que notre terre, échauffés par leurs rayons, et accomplissant des révolutions dans des périodes de temps plus ou moins considérables, suivant l'ac-

tivité de leur influence. C'est ainsi que la toute-
puissance de Dieu se manifeste par l'étendue de
son empire. Sa toute-puissance et sa gloire ne
s'étendraient pas en effet que sur une seule
petite terre, tandis qu'il en existe des milliers;
et verrions-nous la plus petite goute d'eau peu-
plée à l'infini, sans que ces masses ne le fussent
de même? S'il était possible de parvenir à l'é-
toile la plus élevée en apparence, on y verrait
d'autres cieux, d'autres soleils, distribuant leurs
rayons inépuisables de lumière; de nouvelles
étoiles et d'autres systèmes établis dans les dimensions indéfinies de l'espace. Le domaine du
souverain universel se termine-t-il là? Il est
probable qu'arrivées à ces extrémités apparentes
de la création, nos facultés nous laisseraient
apercevoir le même espace, la même étendue
de cieux qui confond aujourd'hui notre imagination. Si toutes les parties de la création qui
nous entourent, sont animées, n'est-il pas raisonnable de supposer que ces globes innombrables servent de demeure à des êtres intelligens,
susceptibles des facultés de se mouvoir, d'aimer
et d'adorer le Créateur, pourvus des objets qui
peuvent les conduire au bonheur? Plusieurs
d'entre eux ne seraient-ils pas dans un plus grand
état de perfection que les habitans de notre
terre?

La distance considérable qui existe entre nous
et les étoiles fixes, peut se comprendre en con-

sidérant que le diamètre de l'orbite de la terre,
qui est de 70,000,000 de lieues à peu près,
n'apporte aucun changement sensible à cette
distance, dans quelque position de son orbite
que la terre se trouve. On a inventé différentes
méthodes pour déterminer cette parallaxe*, mais
aucune d'elle n'a pu encore atteindre ce but, à
une approximation même considérable ; cependant les méthodes pratiquées par Hook, Flamstead, Molineux et Bradley, nous ont donné une
idée plus exacte de la distance des étoiles que
toutes les autres pratiquées antérieurement.
Bradley dit que si cette parallaxe avait été d'une
seule seconde, ou de deux au plus, il l'aurait
découverte dans le grand nombre d'observations
qu'il fit sur les étoiles, près du zénith, particulièrement sur ɣ (gamma) du Dragon ; qu'il lui
paraissait probable que la parallaxe annuelle de
cet étoile n'est pas d'une seconde, et que par
conséquent elle se trouve à peu près quatre cent
mille fois plus éloignée de nous que le soleil.

M. Michel détermina la parallaxe probable et
la grandeur des étoiles fixes, par la quantité de
lumière qu'elles nous envoient et les circonstances particulières de leur situation. C'est au moyen
de cette théorie qu'il supposa qu'elles sont,

---

* La parallaxe d'un corps est l'angle sous lequel il est vu
d'un autre corps. Dans ce cas, la parallaxe des étoiles fixes
est l'angle que le diamètre de l'orbite terrestre mesurerait à
cette distance.

terme moyen, égales en grandeur et en éclat au
soleil, et il se demanda quelle serait la parallaxe
du soleil, s'il était placé assez loin de nous pour
que la quantité de lumière que nous recevrions
alors de lui, ne fût pas plus considérable que
celle que nous recevons des étoiles fixes; adoptant le principe reconnu que l'intensité de la lumière est en raison du carré de la distance du
point lumineux, il trouva que si le soleil était
reculé de deux cent vingt mille fois sa distance
actuelle, il paraîtrait encore aussi lumineux que
Saturne, et que toute sa parallaxe sur le diamètre de l'orbite de la terre serait de moins de 2″;
il prit donc ces 2″ pour la parallaxe des étoiles
fixes de 1re grandeur, sur la supposition que leur
lumière n'excède pas celle de Saturne. Cet astronome ingénieux imagina que la quantité de
lumière que nous recevons de Sirius n'excède
pas celle que nous donne la plus petite des étoiles
fixes de la 6e grandeur, dans une plus grande
proportion que celle de 1,000 à 1, ni moins
grande que 400 à 1; enfin, que les plus petites
étoiles de la 2e grandeur paraissent être à peu
près la moyenne proportionnelle entre les deux
autres. Il suivrait de là que la parallaxe de la
plus petite des étoiles de 6e grandeur, en les
supposant de la même dimension et du même
éclat que le soleil, serait à peu près de 2‴ à 3‴,
et leur distance de 8 à 12 millons de fois celle
du soleil; sur la même supposition, la parallaxe

des plus petites étoiles de la 2° grandeur serait à peu près de 12‴, et leur distance de près de deux millons de fois celle du soleil.

Herschel à qui l'astronomie doit tant de découvertes, a proposé la méthode des étoiles doubles, qui n'est pas affectée de la plupart des erreurs particulières aux autres méthodes, et qui est de telle nature, que la parallaxe annuelle, n'excédant même pas le dixième d'une seconde, peut devenir visible et être déterminée avec beaucoup plus de précisoin qu'auparavant. Cette méthode, qui fut proposée d'abord d'une manière imparfaite par Galilée, et dont Émerson a fait mention dans son Astronomie, est capable de tous les perfectionnemens que les télescopes ou le mécanisme des micromètres peuvent fournir. Herschel établit deux principes : 1° que chaque étoile est à peu près de la dimension du soleil, et 2° que la différence des grandeurs apparentes des étoiles, est due à leurs distances; de manière que les étoiles de la deuxième, troisième ou quatrième grandeurs, sont à peu près deux, trois ou quatre fois plus éloignées de nous, que celles de la première grandeur. Il est probable que toutes les personnes n'admettront pas ces principes; mais si l'on adopte le mode de raisonnement que l'on admet dans la doctrine des probabilités, ces principes auront une chance considérable en leur faveur et pourront être adoptés, en considérant que si le résultat n'est pas par-

faitement exact, ces principes n'affecteront en
aucune manière la vérité de notre raisonnement,
qui est entièrement indépendant de ce calcul. Il
est démontré que l'estimation de Bradley est
exacte, et que l'on peut considérer la distance
de γ (*gamma*) du Dragon, à 400,000 fois celle
du soleil, et la distance de l'étoile fixe la plus
rapprochée, à 80,000 fois cette distance, ou
40,000 celle du diamètre de l'orbite de la terre.
Ces distances sont immensément grandes, et se
calculent d'ordinaire en déterminant le temps
que mettrait un corps, mu avec une grande
rapidité, à arriver de ces étoiles à la surface
de notre terre : la lumière arrive du soleil à la
terre en huit minutes à peu près, et cette même
lumière mettrait plus de six ans à venir de γ
(*gamma*) du Dragon à la terre, et près de quinze
mois à venir de l'étoile fixe la plus rapprochée
de la terre ; de sorte que si quelque phénomène
visible arrivait dans une étoile, ce ne serait que
plusieurs années après qu'on en pourrait avoir
connaissance. L'anéantissement de Sirius ou la
formation d'une étoile nouvelle qui en serait
proche, ne serait visible à nos yeux que près
d'un an et demi après.

Les astronomes ont dans les différens temps
émis des opinions diverses sur les dimensions
des étoiles fixes. Albategnius estimait le diamètre
apparent des étoiles de première grandeur, de
45″ ; Ticho-Brahé le croyait de 1′ ; Galilée et

Képler étaient déjà persuadés que les étoiles étaient des soleils, et que leur diamètre apparent était d'une extrême petitesse. Galilée dit que la Lyre n'a pas plus de 5″. Képler, qui, avant la découverte des lunettes, donnait 4′ de diamètre à Sirius, fut persuadé ensuite que les étoiles n'étaient que comme des points, d'autant plus petits que les lunettes sont plus parfaites. Huygens, par des expériences très délicates, parvint au même résultat.

Les étoiles fixes se trouvant à de si grandes distances, tout notre système solaire peut avoir été en mouvement pendant des siècles, et dans une même direction, avec une rapidité même considérable, sans avoir produit un changement sensible dans la position relative des étoiles. Cependant Mayer, Maskelyne et Herschel, en comparant leurs propres observations avec celles de Bradley, Flamstead et Roëmer, pensèrent que plusieurs d'entre ces étoiles ont un mouvement qui leur est propre. Maskelyne trouva le mouvement propre annuel en ascension droite, des étoiles suivantes : Sirius — o″ 63, Castor — o″ 28, Procyon — o″ 8, Pollux — o″ 93, Régulus — o″ 41, Arcturus — 1″ 4, l'Aigle — o″ 57 : en distance polaire, Sirius 1″ 2 et Arcturus 2″ 01, vers le sud.

Il y a beaucoup d'autres étoiles qui paraissent avoir un mouvement propre, et dans quelques-unes, ce mouvement s'accorde très bien avec le mouvement supposé de notre système solaire; mais cela n'a pas lieu dans tous les cas. Herschel pense que le soleil et tout son système de planètes tend vers λ d'Hercule, et d'après ses observations sur Arcturus, ce mouvement n'est pas moins grand que celui de la terre dans son orbite, c'est-à-dire de près de 25,000 lieues par heure.

Le nombre des étoiles fixes, visible à l'œil nu, dans les deux hémisphères, n'est pas de plus de 2,000; mais vers quelque partie du ciel que l'on dirige une lunette, on découvre un nombre infini d'étoiles qui, sans le secours de cet instrument, restent invisibles. En termes moyen, une personne ne saurait voir plus de mille étoiles à la fois au-dessus de l'horizon.

Des 3,000 étoiles que contient le catalogue de Flamstead, il y en a beaucoup que l'on ne peut voir qu'avec une bonne lunette. La cause qui tend à nous faire croire que les étoiles que l'on voit pendant une belle nuit d'hiver, sont innombrables, vient de leur scintillation, et de la confusion dans laquelle notre œil nous les fait voir, sans aucune espèce de classement.

La lunette ouvre un champ immense à la contemplation; elle nous fait voir des milliers d'étoiles, que nos organes seuls ne nous permettent pas d'apercevoir, et, en augmentant la force de l'instrument, des étoiles de plus en plus nombreuses s'offrent à la vue, de sorte que l'on peut croire que le nombre en est infini.

Le docteur Hooke, au moyen d'une lunette de douze pieds, vit 78 étoiles dans les Pléiades, et ce nombre augmente proportionnellement à la force de ces verres. Reita affirme qu'il observa plus de 2,000 étoiles dans la constellation d'Orion, et plus de 188 dans les Pléiades.

L'étoile qui paraît seule au milieu de l'épée d'Orion est composée de 12 étoiles très rapprochées. Galilée en vit 80 dans la ceinture d'Orion, et près de 500 dans une autre partie de la même constellation, qui n'avait qu'un ou deux degrés de diamètre; il en vit aussi plus de 40 dans l'étoile nébuleuse, dite *Præsepé*.

Herschel, au moyen de ses fortes lunettes, a surpassé tous les autres astronomes, dans ses découvertes. Le nombre d'étoiles qu'il a vues passer dans le champ de sa lunette est vraiment étonnant. C'est ce que nous allons considérer dans la leçon suivante, où les découvertes de cet illustre astronome sont classées d'après ses propres publications.

Nous terminerons cette leçon en observant qu'il ne faut point penser que les étoiles d'une constellation forment exactement la figure exprimée par leur nom; il suffit que ces noms les distinguent entre elles. Pour l'explication des motifs qui leur ont fait imposer ces noms, il faudrait parcourir les mythologies égyptienne et grecque, et ce serait outre-passer les bornes prescrites à un livre élémentaire. Voir la figure ci-jointe qui montrera suffisamment comment il faut entendre les configurations des constellations, par rapport aux noms qu'on leur a imposés.

CONSTELLATION DU BELIER Fig.12.

CONSTELLATION DE LA LYRE

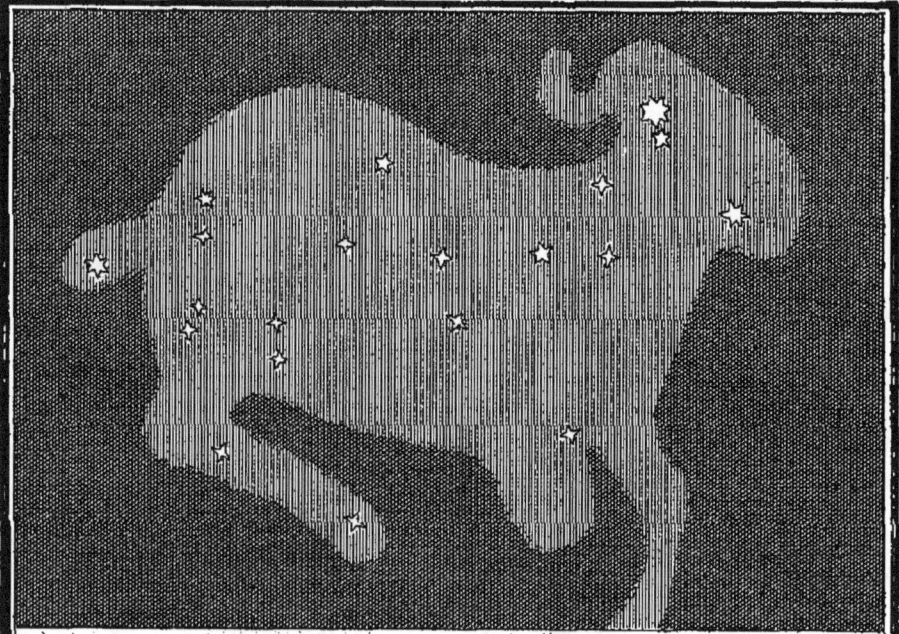

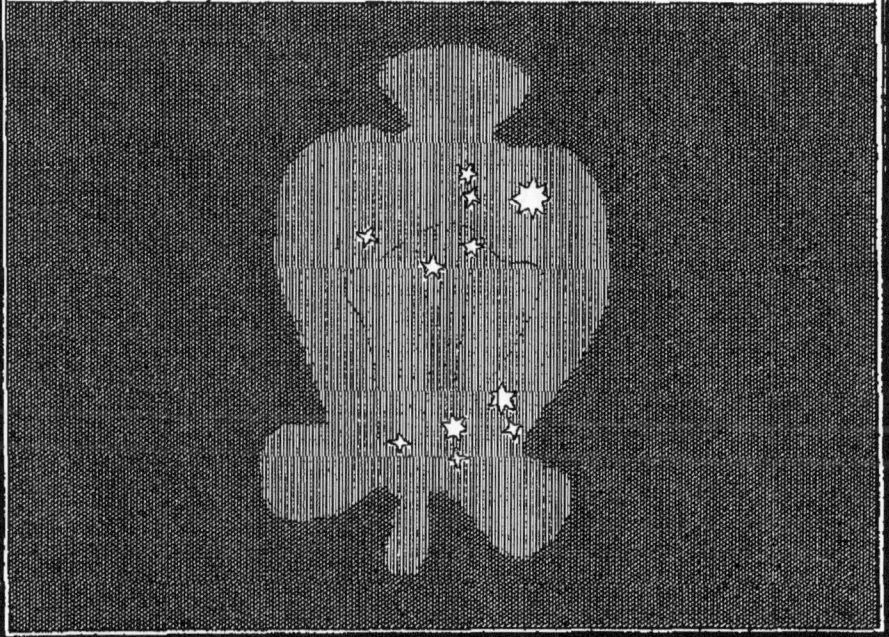

Gravé par Berthe.

LEÇON XX.

Des découvertes d'Herschel parmi les étoiles fixes; des étoiles doubles, triples, quadruples, etc.; des nébuleuses et des phénomènes qui en dépendent.

DANS certaines parties de la voie lactée, Herschel a souvent compté 580 à 590 étoiles fixes à la fois dans le champ de la lunette; ce nombre prodigieux restait le même pendant plusieurs minutes, de sorte qu'en un quart-d'heure de temps, il n'en passait pas moins de 116,000 devant son objectif.

Beaucoup des étoiles qui paraissent seules, à la vue simple, sont doubles ou triples, lorsqu'on les regarde avec une bonne lunette; souvent ce sont des assemblages de beaucoup d'étoiles très rapprochées, que l'œil confond en une seule.

Plusieurs de cette espèce d'étoiles ont été observées par Cassini, Hooke, Maskelyne, Mayer, etc., et surtout par Herschel qui a été le plus heureux dans ce genre de découvertes.

Les pouvoirs amplifians dont il a fait usage sont représentés par les nombres 146, 227, 278, 460, 754, 932, 1159, 2010, 3168, et

même 6450. Il a déjà formé un catalogue con-
tenant 269 étoiles doubles, dont 227 n'avaient
pas encore été aperçues par aucun autre observateur.

Parmi ces étoiles, il y en a quelques-unes qui
sont triples, double-doubles, quadruples, double-
triples et multiples; 24 de celles-ci requièrent une
très forte lunette et l'atmosphère la plus pure,
pour pouvoir les distinguer; 38 que l'œil mesure
facilement, et dont les distances se mesurent par
des opérations très délicates de micromètre; 46
sont à 15″ de distance; 44 sont de 15″ à 30″ de
distance, 51 sont de 30″ à 1′ de distance, et
66 ont une distance de 1′ à 2′.

Il résulte d'une série d'observations faites sur
les étoiles doubles, par Herschel, qu'un grand
nombre de ces étoiles ont changé leurs situations respectives; qu'une de ces étoiles accomplit sa révolution autour de l'astre, et que le
mouvement de quelques-unes est direct, tandis
que celui des autres est rétrograde. Cet astronome illustre a observé un changement dans
plus de cinquante étoiles doubles, soit dans la
distance qui sépare les deux étoiles, ou bien
dans l'angle que forme la ligne qui les joint avec
celle de leur mouvement journalier.

Les observations qui ont été publiées sur les
six étoiles doubles, α les Gémaux (Castor),
γ du Lion, ε du Bouvier, ζ d'Hercule, δ du
Serpent, et γ de la Vierge, sont les principales

sur lesquelles l'attention se fixe le plus. Pour ce qui regarde Castor, Herschel pense qu'il est plus que probable que les orbites dans lesquelles ces deux étoiles se meuvent autour de leur centre commun de gravité, sont à peu près circulaires, et à angle droit avec la ligne menée de notre œil à ces étoiles. Il croit encore que le temps de la révolution entière de la plus petite étoile autour de Castor, est de près de 342 ans 2 mois, dans une direction rétrograde.

Des deux étoiles qui composent γ du Lion, la plus petite tourne autour de la plus grande dans une orbite elliptique apparente, et produit une révolution entière et rétrograde en 1200 ans.

La belle étoile ε du Bouvier est composée de deux étoiles, dont une est d'un rouge léger et l'autre d'un bleu tendre, ce qui lui donne l'aspect d'une planète et de son satellite. Herschel conclut, d'après ses observations, que l'orbite de la plus petite est elliptique, et que cette étoile opère sa révolution directe en 1681 ans.

L'étoile double ζ d'Hercule est composée d'une grande étoile et d'une beaucoup plus petite. La première étant d'un aspect blanc-bleuâtre, et l'autre d'une belle couleur cendrée. La plus petite tourne autour de la plus grande à peu près dans le plan du spectateur. Le 11 avril 1803, elle était entièrement occultée par la plus grande.

L'étoile δ du Serpent, semblable à ε du Bouvier, a éprouvé un changement considérable dans son angle de position, sans aucune variation dans la distance qui sépare les deux étoiles. Herschel a calculé que la période de temps que la plus petite prend pour faire sa révolution autour de la plus grande est de 375 ans.

L'étoile double γ de la Vierge, qui est connue depuis long-temps, est composée de deux étoiles à peu près semblables; la plus petite, suivant Herschel, prend près de 708 ans pour achever une révolution entière autour de la plus grande.

Lorsqu'on considère combien est petit l'angle que mesure la distance des étoiles doubles et la lenteur de leurs mouvemens, on doit conclure que la période de leurs révolutions respectives ne peut être déterminée avec un grand degré d'exactitude.

Des Nébuleuses, des Nébulosités, et des Phénomènes qui en dépendent.

Les *étoiles nébuleuses* sont celles qui ont une lumière très pâle et comme douteuse; elle sont moins grandes que celles de la sixième grandeur, et par conséquent très rarement visibles à l'œil nu; la voie lactée peut être considérée comme une immense nébuleuse; que le docteur Herschel a vue composée d'un nombre considérable d'autres nébulosités.

La plupart des nébuleuses, vues avec un bon

télescope, consistent en des amas d'étoiles très
petites.

Mais il y a dans le ciel d'autres phénomènes
que le docteur Herschel appele des étoiles nébuleuses ; celles-ci se trouvent environnées d'une
atmosphère faible, lumineuse et très étendue.

Cette atmosphère est probablement la vraie
matière nébuleuse, rassemblée autour d'un point
central d'attraction, qu'Herschel n'a jamais pu
réduire en étoiles, quelle que fût la force de
ses instrumens. Ses observations sur les nébuleuses furent faites avec un réflecteur newtonien
de vingt pieds de longueur focale, ayant dix-
huit pouces d'ouverture.

C'est avec ce puissant télescope qu'il commença l'inspection de la voie lactée, et qu'il
trouva que cet instrument transformait entièrement ces apparences blanchâtres en belles étoiles, tandis que les télescopes précédens n'avaient
pu rien distinguer par défaut de lumière. La partie
qu'il observa d'abord est celle de la tête et de
la massue d'Orion, dans laquelle il vit une multitude étonnante d'étoiles, dont il tâcha d'estimer le nombre en comptant plusieurs champs,
et en déterminant, d'après un terme moyen,
combien une portion donnée de la voie lactée
pouvait en contenir.

Ces premiers succès, qui furent publiés dans
la *Connaissance des temps* de 1783 et 1784,
conduisirent bientôt l'astronome à tourner son

attention vers les autres parties nébuleuses du
ciel. La plupart cédèrent au réflecteur newtonien de vingt pieds de distance focale et de
douze pouces d'ouverture : il découvrit qu'elles
étaient composées d'étoiles, ou du moins qu'elles
contenaient des étoiles.

Dans un catalogue de cent trois nébuleuses,
fait depuis les observations de Messier, en 1784,
publié par Brewster, dans son édition de l'astronomie de Ferguson, on savait que dix-huit de
ces nébuleuses consistaient en petites étoiles,
mais le docteur Herschel en a trouvé depuis vingt-
six autres, qui ne sont que des groupes d'étoiles ;
dix-huit composées de petites étoiles accompagnées de matière nébuleuse ; le restant paraît
formé entièrement de cette matière nébuleuse
dans laquelle il a été impossible de découvrir
des étoiles jusqu'à ce jour.

Les nébuleuses, dit Herschel, sont arrangées en
couches et s'étendent à de grandes distances ; il a
pu en suivre quelques-unes très bien, et il en a conjecturé la forme et la direction. Il est probable
qu'elles enveloppent toute la sphère étoilée du
ciel, semblables à la voie lactée, qui sans contredit n'est autre chose qu'une couche d'étoiles
fixes. Comme cette dernière bande étoilée n'est
pas d'une largeur uniforme, ni d'un éclat égal
dans chacune de ses parties, et que la direction
ne s'étend point en ligne droite, mais en ligne
courbe, et se divisant même en deux bandes

pendant un espace très considérable, on doit
s'attendre à trouver la plus grande variété dans
les couches nébuleuses supérieures.

Une de ces couches nébuleuses est si riche, que
dans une observation de trente-six minutes seulement, Herschel a reconnu trente-une nébuleuses ; leur situation et leur forme paraissent offrir
la plus grande variété possible. Dans une autre
couche, ou peut-être une branche différente de
la même, le docteur a souvent vu des nébuleuses doubles et triples arrangées différemment ; les grandes paraissaient suivies d'un certain nombre de plus petites ; plusieurs étaient
étroites, alongées et brillantes; d'autres paraissaient comme en sillons, ou ayant la forme cométaire, avec un noyau mobile à leur centre, ou
bien, comme des étoiles nébuleuses, environnées d'une atmosphère nébuleuse ; une autre
sorte contenait une nébulosité semblable à celles
de la voie lactée, comparable à ce phénomène
inexplicable et merveilleux de l'o d'Orion ; enfin
d'autres produisaient une lumière beaucoup plus
foible.

La publication d'Herschel sur la construction
du ciel et l'organisation des corps célestes, in-
sérée dans les Transactions philosophiques de
1811, contient des observations intéressantes
sur la matière nébuleuse des cieux, depuis l'état
le plus diffus jusqu'à sa condensation finale en
étoiles.

On pourrait aussi soupçonner que les nébuleuses ne sont que des amas d'étoiles, que leur distances empêche de distinguer; mais une longue expérience et une meilleure connaissance de la nature des nébuleuses, ne permettent pas d'admettre ce principe, quoique sans aucun doute, un amas d'étoiles peut avoir l'apparence nébuleuse, lorsqu'il est trop éloigné de nous pour permettre d'en distinguer les étoiles qui le composent.

Persuadé que les nébuleuses proprement dites étaient des amas d'étoiles, Herschel avait l'habitude d'appeler *résoluble,* la nébulosité dont elles étaient composées, lorsqu'elle avait une certaine apparence; mais lorsqu'il vit qu'en ajoutant plus de lumière, loin de résoudre ces nébuleuses en étoiles, il semblait que leur nébulosité n'était pas différente de celle qu'il avait jusque-là appelée *laiteuse*, il fut obligé d'abandonner cette hypothèse; il s'ensuivit que les nébuleuses, que l'on soupçonnait consister en étoiles, ou dans lesquelles on en voyait, furent désignées sous l'appellation de *facilement résolubles;* cette expression ne doit cependant être admise qu'avec précaution, parce qu'un objet peut non seulement contenir des étoiles, mais aussi de la nébulosité dépourvue d'étoiles.

Pour mieux entendre la nature et la construction de ces objets astronomiques, Herschel les a divisés en différentes classes.

La nébulosité étendue et diffuse. Ce phénomène n'a pas été beaucoup observé, et ne peut
être aperçu qu'au moyen des meilleurs instrumens, qui peuvent *rassembler* une lumière considérable. Son existence est néanmoins démon-
trée aux astronomes. Dans la description d'une
de ces apparences, Herschel s'explique ainsi :
« Nébulosité extrêmement faible et en ramifi-
cation ; la blancheur en est entièrement laiteuse,
plus brillante dans certains endroits que dans
le reste. Les étoiles de la voie lactée se trouvent
dispersées sur cette matière comme sur le reste
du ciel. Son étendue parallèle est de près d'un
degré et demi, et sa direction méridionale est
de 52'. » Cette nébulosité diffuse est très grande ;
car Herchel trouve que 52 nébuleuses de cette
espèce, qui n'avaient jamais été observées, occupent 152° carrés.

Les nébulosités jointes aux nébuleuses. Le
même astronome donne quatorze variétés différentes de cette classe.

Les nébulosités détachées. Les nébulosités précédentes ne sont pas restreintes à une diffusion
étendue ; on les rencontre aussi en amas déta-
chés.

Les nébuleuses laiteuses. Lorsque les nébulosités détachées sont petites, il est reçu de les
appeler des nébuleuses ; et lorsque en outre elles
ont l'air de la nébulosité diffuse, on leur donne
la dénomination de *laiteuses.*

Les nébuleuses laiteuses avec condensation.
En regardant la belle nébuleuse d'Orion, qu'il
faut prendre pour modèle, parce que tout bon
télescope la représentera assez bien pour ce dessein, on s'aperçoit qu'elle n'est pas également
brillante dans toutes ses parties, mais que sa lumière est plus condensée dans certains endroits
que dans d'autres. L'idée de la condensation
nous vient naturellement lorsqu'on voit une
augmentation graduelle de lumière ; de sorte
que l'on peut à peine trouver un mode plus in-
telligible de s'exprimer, qu'en appliquant l'épi-
thète de condensation. En suivant les circonstances du volume et de la figure de cette nébuleuse, on parvient à rendre raison, de la manière la plus simple, de l'excès de clarté dont
elle jouit vers son milieu, en supposant que la
matière nébuleuse dont elle est composée remplit un espace solide irrégulier, ou bien qu'elle
est un peu plus profonde dans l'espace le plus
éclairé, ou bien encore que la nébulosité y est
un peu plus comprimée.

*Les nébuleuses qui sont plus éclairées dans
plusieurs endroits.* Cette apparence provient
sans doute de plusieurs siéges d'attraction dus à
une prépondérance plus grande de la matière
nébuleuse dans ces endroits, qui en occasione
une division, et d'où résulteront trois ou quatre
nébuleuses distinctes.

Les nébuleuses doubles, avec une nébulosité

continue; *les nébulosités doubles qui ne se trou-*
vent qu'à deux minutes de distance; celles qui
sont à une plus grande distance; celles qui sont
triples, quadruples, et sextuples ne sont en général que des condensations de la matière nébuleuse, en nébuleuses sphériques séparées.

Herschel explique ensuite *les nébuleuses lon-*
gues et étroites; celles qui sont étendues, d'une
forme irrégulière; celles d'une figure ronde ir-
régulière; les nébuleuses rondes, celles qui sont
remarquables par quelques particularités dans
la configuration ou l'éclat, enfin celles qui
sont graduellement plus éclairées vers le milieu.

La seule remarque à faire est relative à la
force de condensation, qui, dans ces nébuleuses,
paraît n'avoir produit que très peu d'effet. On
peut l'attribuer à ce que la forme de la matière
lumineuse n'est pas déterminée; il faudrait
beaucoup de temps avant qu'elle pût prendre
une forme centrale, soit en longueur, soit en
longueur et largeur, ou enfin en ses trois dimensions de longueur, largeur et profondeur.
On peut l'attribuer aussi aux petites quantités
de la matière prépondérante, qui se trouve être
centrale et attractive, ou même à la brièveté du
temps de son action; car, dans ce cas, des
milliers d'années ne sont que des momens.

Les nébuleuses qui sont graduellement plus
brillantes vers le milieu. Il est probable que
l'effort du principe gravitant de ces nébuleuses,

est dans un état plus avancé que dans celles de l'article précédent.

Les nébuleuses qui ont l'apparence de comètes. La grande ressemblance qu'ont ces nébuleuses avec les comètes télescopiques, fait naturellement naître l'idée que ces sortes de comètes, qui visitent souvent notre voisinage, peuvent être composées de matière nébuleuse, ou plutôt que ce sont de ces nébuleuses très condensées.

Les nébuleuses qui sont subitement plus éclairées vers le milieu. Un noyau, auquel ces nébuleuses paraissent approcher, est une indication de consolidation; on aurait peut-être raison, de conclure qu'un corps solide peut être formé de matière nébuleuse condensée; la qualité brillante en a seule jusqu'à ce jour fait soupçonner la nature.

Les nébuleuses qui ont un noyau; celles qui sont étendues et qui montrent les progrès de la condensation, et celles qui sont circulaires et qui montrent le même progrès, sont toutes plus condensées que les précédentes, et paraissent environnées de la matière nébuleuse la plus rare, qui, n'ayant pas encore été à même de se consolider avec le reste, se trouve déployée ou étendue autour du noyau en forme d'atmosphère considérable.

Les nébuleuses circulaires qui ont presque une lumière uniforme, et celles qui tirent progressivement vers une fin de condensation. Dans le cours d'une condensation graduelle de la matière nébuleuse, on peut s'attendre à voir arriver un temps où la compression sera désormais impossible; et la seule cause probable que l'on puisse supposer à cette fin de compression est celle de la consolidation parfaite de la matière.

La manière dont les nébuleuses se présentent et leur volume apparent, ne peuvent pas faire juger du volume original de matière nébuleuse qu'elles contiennent; mais en admettant, d'après l'estimation la plus rapprochée, que la nébulosité d'une certaine nébuleuse, lorsqu'elle était dans l'état le plus diffus, occupait un espace de 10′ dans chaque direction cubique de son expansion, alors, comme nous la voyons maintenant rassemblée en une forme globulaire de moins d'une minute, elle doit par conséquent être plus de dix-neuf cents fois plus dense que dans l'origine de son état. Cette proportion de la densité est plus du double de celle de l'eau à l'air atmosphérique.

Les nébuleuses planétaires. Ces corps ont tellement l'apparence planétaire, que la dénomination est la plus exacte possible; car, indépendamment de leur aspect, une espèce de brouillard restant les accompagne et les environne plus ou moins, ce qui démontre leur origine nébuleuse.

Lorsqu'on réfléchit sur ces circonstances, on conçoit que peut-être, dans la suite des temps, ces nébuleuses, qui sont déjà dans un état de compression, peuvent être condensées, jusqu'à se transformer en étoiles. On pourrait penser que l'analogie de leur lumière avec celle de notre soleil (supposée vue à la distance des étoiles) devrait à peine être admise même par la condensation de la matière nébuleuse ; mais, si on considère l'immensité qu'il en faudrait pour remplir un espace cubique qui mesurerait 10' à la distance d'une étoile de 8e ou 9e grandeur ; et si on compare exactement le très petit angle que notre soleil mesure à cette même distance, on trouvera que, quelque peu dense que soit la matière nébuleuse à laquelle on a recours ici, elle ne pourra être une objection à la solidité nécessaire pour la construction d'un corps de la grandeur de notre soleil.

Une circonstance qui lie ces nébuleuses très comprimées au caractère de beaucoup de corps célestes très bien connus, tels, par exemple, que quelques-unes de nos planètes, le soleil ou toutes les étoiles périodiques, c'est que très probablement la plupart, sinon toutes, tournent sur leurs axes. De ces nébulosités planétaires, sept sur dix ne sont pas parfaitement sphériques, mais un peu elliptiques. Ne doit-on pas attribuer cette figure à la même cause qui a aplati le diamètre polaire des planètes : savoir, le mouvement de rotation ?

De la distance de la nébuleuse dans la constellation d'Orion.

Le 4 mars 1774, Herschel observa l'étoile nébuleuse, dans l'épée d'Orion, qui est la 43ᵉ de la *Connaissance des Temps*, et qui n'est que de quelques minutes au nord des grandes nébuleuses; il en remarqua en même temps deux autres semblables, mais beaucoup plus petites; une de chaque côté de la grande, et à peu près à la même distance.

En 1783, en examinant l'étoile nébuleuse, il trouva qu'elle était faiblement environnée d'une couronne circulaire de nébulosité blanchâtre, qui la joignait à la grande nébuleuse.

Vers la fin de la même année, il remarqua qu'elle n'était pas également environnée, mais qu'elle était plus nébuleuse vers le sud.

En 1784, cet astronome commença à soupçonner que l'étoile n'était pas liée avec la nébulosité de la grande nébuleuse d'Orion, mais qu'elle était semblable à celles qui se trouvent dispersées dans toute l'étendue des cieux.

En 1801, 1806 et 1810, cette opinion fut confirmée par le changement graduel qui arriva dans cette grande nébuleuse, à laquelle appartient la nébulosité qui environne cette étoile; car l'intensité de la lumière de l'étoile nébuleuse s'était, pendant ce temps, considérablement réduite, par suite d'atténuation ou de disper-

sion de la matière nébuleuse, et il paraissait
alors très évident que l'étoile était loin derrière
cette matière nébuleuse, et que par conséquent, la lumière la traversant, se trouvait dé-
viée et dispersée, de manière à produire l'apparence d'une étoile nébuleuse.

Lorsque Herschel revit cet intéressant objet
en décembre 1810, il dirigea particulièrement
son attention vers les deux petites étoiles nébuleuses aux côtés de la grande, et il trouva qu'elles
étaient parfaitement dégagées de toute apparence nébuleuse; ceci ne confirma pas seulement son opinion première sur la grande atténuation ou disparition de la nébulosité, mais lui
prouva aussi que leur apparence nébuleuse avait
entièrement été produite par le passage de leur
lumière à travers la matière nébuleuse qui les
occulta en quelque sorte.

Le 19 janvier 1811, il eut un autre bel examen du même objet, avec un très bon télescope de quarante pieds; malgré la lumière supérieure que cet instrument produisait, il ne put
apercevoir aucun reste de nébulosité près des
deux petites étoiles, qui étaient parfaitement
brillantes et dans la même situation où il les
avait vues comprises dans la nébulosité trente-
sept ans auparavant. S'il est donc prouvé que la
lumière de ces trois étoiles a subi une modifi-
cation visible pendant son passage dans la matière lumineuse, il s'ensuit que la situation de

Fig. 1.

Fig. 2.

Fig. 3.

Fig. 4.

Fig. 5.

Fig. 6.

Fig. 7.

Fig. 8.

Fig. 9.

Fig. 10.

Fig. 11.

celle-ci parmi les étoiles est moins éloignée de
nous que la plus grande des trois, qu'on peut
supposer être de la 8ᵉ ou 9ᵉ grandeur. La plus
grande distance à laquelle on peut par conséquent placer la partie la plus faible de la grande
nébuleuse d'Orion, à laquelle appartient la nébulosité qui environnait l'étoile, ne saurait excéder la distance des étoiles de 7ᵉ et 8ᵉ grandeurs, mais peut être aussi beaucoup rapprochée.

Cette grande nébulosité d'Orion a subi des
changemens considérables depuis le temps d'Huygens. La figure, telle qu'il nous l'a représentée
dans son *Systema Saturnium*, est très différentes de celle qu'Herschel a publiée en 1774.
Il est évident, d'après cela, que la matière nébuleuse tend à se contracter ou à se concentrer
en un corps sphérique, pour sa destination
ultérieure voir la figure ci-annexée.

On a différentes descriptions des *nébulosités
stellaires*. Dans quelques-unes d'entre elles, ce
qui les distinguait des étoiles fixes, était dû à
leur figure ou à leur aspect. Dans d'autres,
cette distinction se faisait par quelque différence entre la clarté du centre et des bords;
plusieurs furent nommées stellaires, parce qu'il
était évident que ce n'était pas des étoiles parfaites.

On les distingue en ce qu'elles ont l'apparence d'étoiles. Il faut se garder de les confondre avec les *nébulosités douteuses*, qui deman-

dent beaucoup de temps et d'attention pour les observer, avant de prononcer si ce sont des étoiles ou des nébuleuses.

La figure première, planche 13, représente une étoile brillante au milieu d'une nébuleuse de près de 10′ de longueur et 2′ de largeur.

La figure 2 montre une nébulosité extrêmement faible, qui s'étend d'une étoile à une autre étoile plus petite, à près de 2′ de distance.

Deux grandes étoiles se trouvent comprises dans une nébulosité très faible, figure 3.

La figure 4 offre une nébulosité brillante jointe à une belle étoile, ce qui lui donne l'aspect d'une brosse.

Une petite étoile attachée à une nébulosité extrêmement faible, offre l'aspect d'une houppe, figure 5.

En s'étendant davantage, et en prenant la forme d'un évantail, l'étoile et la nébulosité se montrent quelquefois comme on les voit fig. 6.

La figure 7 montre une étoile de la 8e et 9e grandeur au milieu d'une nébuolsité très faible qui s'étend des deux côtés dans la direction du méridien ; chaque branche ayant à peu près 1′ de longueur.

La fig. 8 offre une étoile de la 8e grandeur à peu près, dans le centre d'une atmosphère circulaire, lumineuse, de près de 3′ de diamètre ; cette atmosphère apparente est si faible et si égale de

AMAS D'ÉTOILES

Fig. 1.

Fig. 2.

Fig. 3.

Fig. 4.

Fig. 5.

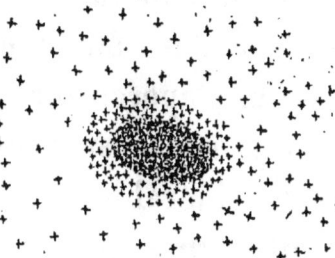

Fig. 6.

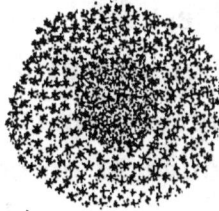

toutes parts, qu'on ne peut pas s'imaginer qu'elle est composée d'étoiles ; on ne peut pas douter non plus de la liaison qui existe entre l'atmosphère et l'étoile.

Une étoile placée sur un fond d'une nébulosité extrêmement faible, laiteuse, se voit fig. 9. Une chevelure laiteuse l'environne de toutes parts, qui est plus brillante que la nébulosité du fond, mais qui se perd insensiblement et finit par se confondre avec la matière nébuleuse dont la teinte est extrêmement faible.

La fig. 10 offre cinq ou six étoiles formant un parallélograme, et comprises dans une nébulosité extrêmement faible, de 3' à 4' de long sur 1' de large.

La fig. 11 offre une nébuleuse ronde, extrêmement faible de lumière, qui ne contient point d'étoiles.

La fig. 1re planche 14 offre une nébuleuse, qu'il est facile de résoudre en étoiles, étendue et comprenant des étoiles faciles à apercevoir.

Fig. 2 : amas d'étoiles, largement espacées et couvrant un espace assez considérable.

Fig. 3 : amas d'étoiles irrégulièrement placées; la couleur et la grandeur de ces corps paraissent être uniformes dans tout le groupe.

Fig. 4 : groupe d'étoiles très comprimées, comprenant des étoiles infiniment petites, et d'autres d'une dimension beaucoup plus grande : la partie la plus comprimée a à peu près 8' de

long sur 2' de large, sans comprendre les nombreuses étoiles qui paraissent semées de toutes
parts, mais très au loin.

La fig. 5 offre un beau groupe, d'une forme
ronde, irrégulière, de 12' à 15' de diamètre ; les
étoiles qui sont de différentes grandeurs, sont
graduellement plus comprimées vers le milieu.

La fig. 6 montre un amas d'étoiles dont le centre
est extrêmement condensé et dont les bords di-
minuent graduellement.

La planche 15 offre l'aspect de la grande nébuleuse de l'épée d'Orion, et le changement considérable qu'elle paraît avoir subi de 1656 à 1774.

A nos yeux, la plus considérable des nébuleuses, est la voie lactée, qui traverse tout le
ciel en coupant l'écliptique vers les deux solstices.
La queue du Scorpion y est placée. De là cette
bande se partage en deux branches : l'une, montant au nord-est, se dirige vers l'arc du Sagittaire, l'Aigle et la Flèche ; l'autre va au nord,
en passant sur le pied et l'épaule orientale d'O-
phiucus, et retrouve, à la queue du Cygne, la
1re dont elle s'est peu écartée. La voie lactée passe
ensuite sur la couronne de Céphée, sur Cassiopée, Persée, les deux côtés inférieurs du penta-
gone du Cocher, les pieds des Gémeaux, la Li-
corne, le Vaisseau, la Croix du sud, α et β du
Centaure, et revient enfin à la queue du Scorpion.

La lueur blanchâtre de la voie lactée est produite par la multitude infinie d'étoiles qui la for-

APPARENCE DE LA NEBULEUSE D'ORIEN
observée en 1656 et 1774.

Page 430

Planche 15.

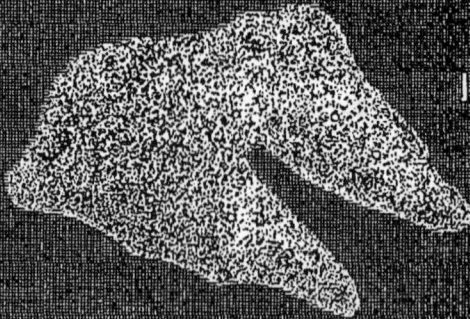

ment, et qui sont tellement petites, qu'il faut de très forts télescopes pour les apercevoir. Dans un espace de 15° de long sur 2° de large, Herschel en a compté jusqu'à 50,000. A mesure que les télescopes deviennent plus forts, le nombre de ces étoiles s'accroît. Il est certain qu'elles sont toutes très éloignées les unes des autres dans la profondeur de l'espace, et il est probable que chacune est le soleil central d'un système planétaire ; car, sans cela, à quoi serviraient-elles, puisque leur distance nous empêche même de les voir ?

La voie lactée ne doit être considérée que comme une nébulosité, infiniment plus rapprochée de nous que les autres ; de là son étendue.

Notre soleil, et les corps que nous nommons étoiles de 1ʳᵉ à 9ᵉ et 12ᵉ grandeurs, forment sans doute un amas semblable *qui sera une voie lactée* pour les planètes de la voie lactée, et *une nébuleuse*, pour les planètes qui circulent dans les milliers de nébuleuses que les bons télescopes nous montrent, et qu'un fil d'araignée peut cacher à nos yeux. Que de systèmes divers ! Que de mondes ! Quelle est la puissance du Créateur céleste, et quel est notre néant : Lorsque l'imagination pénètre dans ces immenses profondeurs, elle ne peut plus concevoir de bornes à l'univers, et la pensée se reporte involontairement sur la très petite place que nous y occupons.

LEÇON XXI.

De la parallaxe, des réfractions, et de la lumière zodiacale.

Des parallaxes.

·La parallaxe est un arc du ciel compris entre le lieu vrai d'un corps céleste, et son lieu apparent.

Le lieu vrai de la lune ou d'une étoile, et le point du ciel où l'on verrait ces corps, en supposant l'œil de l'observateur placé au centre de la terre, différent en cela du lieu apparent, qui est le point céleste où ces corps paraissent, lorsqu'on les observe de la surface de notre globe.

On entend par parallaxe de hauteur, l'angle sous lequel on voit le rayon terrestre, en supposant l'observateur transporté à la lune, au soleil et aux étoiles ; ces corps se trouvant élevés de quelques degrés au-dessus de l'horizon.

La parallaxe est la plus grande de toutes, quand le corps céleste se trouve à l'horizon ; elle diminue au fur et à mesure de l'approche au zénith, où elle est nulle.

Plus un corps est rapproché de la terre, plus la parallaxe est grande ; delà la parallaxe lunaire qui est la plus grande toutes et celle des étoiles, qui par leur distance immense, est nulle ; le demi diamètre de la terre n'étant qu'un point pour cette distance.

La parallaxe abaisse un corps céleste sous son lieu vrai, puisqu'on observe ce corps, d'un lieu plus élevé qu'il ne devrait l'être ; cette abaissement affecte à la fois son ascension droite, sa déclinaison, sa latitude et sa longitude.

La parallaxe d'un corps céleste qui se trouve à l'horizon, se nomme *parallaxe horizontale* ; elle est la même quand le corps se trouve dans l'horizon vrai ou l'horizon apparent.

Lorsqu'on connait la parallaxe de hauteur de la lune ou d'un corps céleste, et que son lieu vrai dans le ciel soit au même temps connu, on peut en déterminer la parallaxe en latitude, longitude, ascension droite et déclinaison.

Il est de la plus grande utilité, en astronomie, de bien savoir déterminer les parallaxe vraies du soleil, de la lune, et des planètes ; plusieurs méthodes ont été proposées pour obtenir ces résultats, par les mathématiciens les plus célèbres.

Voici le moyen ordinaire qui conduit à la détermination de la parallaxe lunaire.

On observe les hauteurs méridiennes de la lune, lorsque ce satellite se trouve à ses plus grandes latitudes nord et sud, et on les corrige de la réfraction : la différence des hauteurs ainsi corrigées, serait égale à la somme de deux latitudes de la lune, s'il n'y avait pas de parallaxe ;

en conséquence, la différence entre la somme des deux latitudes et la différence des hauteurs, sera celle qui existe entre les parallaxes des deux hauteurs. Maintenant pour déduire delà la parallaxe elle-même, supposant que s S soient les Sinus des plus grandes et plus petites distances zénitales apparentes; P et p les Sinus des parallaxes correspondantes; alors, la distance étant connue, comme la parallaxe varie proportionnellement au sinus de la distance zénitale, on aura,

$$S : s :: P : p, \text{ d'où on tire}$$
$$S - s : s :: P - p : p = \frac{s(P-p)}{S-s},$$

la parallaxe de la plus grande hauteur. Ceci suppose que la lune est à la même distance dans les deux cas, mais comme cela n'arrive nécessairement pas, on doit corriger une des observations pour la réduire à ce qu'elle aurait offert, dans la supposition où la distance eût été la même.

Quand les observations sont faites dans des lieux où la lune passe au zénith, pendant une d'elles, la différence entre la somme des deux latitudes et la distance au zénith de l'autre observation, sera la parallaxe de cette hauteur.

Ainsi, pour trouver la parallaxe du soleil, de la lune ou des planètes, on choisit sur le méridien, deux lieux quelconques, de manière à ce qu'à l'un des deux, le corps passe sur son zénith, et à l'autre, on observe la distance zénithale : alors, connaissant la distance des deux lieux en degrés, on en déduira facilement la parallaxe à cette hauteur (après avoir fait la correction de réfraction), et ensuite la parallaxe horizontale.

Parallaxe moyenne de 5° à 5° de hauteur.

HAUTEUR.	PARALLAXE du SOLEIL.
0	8.60
5	8.57
10	8.47
15	8.31
20	8.08
25	7.79
30	7.45
35	7.04
40	6.59
45	6.08
50	5.53
55	4.93
60	4.30
65	3.63
70	2.94
75	2.26
80	1.49
85	0.75
90	0

Par suite des recherches qu'on a faites des parallaxes du soleil et de la lune, on a trouvé que celle du premier de ces deux corps ne s'élève pas à plus de 8″ 60, déduite du passage de Vénus sur le disque du soleil; et que celle de la lune a pour valeurs extrêmes, 53′ 85 et 61′ 48, pour le rayon terrestre qui passe par les latitudes de Paris; car comme la parallaxe horizontale change avec les lieux d'où l'on observe, on en a conclu que le disque apparent de la terre, vu de la lune, n'a pas la même longeur dans tout son contour; cette inégalité des demi-diamètres terrestres, conclue de celles des parallaxes observées, est une preuve de l'aplatissement de la terre sous les pôles.

La parallaxe des étoiles fixes a aussi été l'objet des soins particuliers des astronomes; et quoique le résultat n'ait pas été aussi satisfaisant qu'on avait droit de l'espérer, les méthodes employées ont du moins fait réussir à tel point, qu'on a été à même de donner la plus belle idée de la vaste étendue du ciel étoilé, en montrant que tout le diamètre de l'orbite de la terre, et même celui de tout notre système solaire, vu à la distance d'une étoile de 1re grandeur, ne mesurerait pas un angle d'une seconde de degré, en sorte qu'il se trouverait caché par le fil de soie le plus fin. Quant aux objets plus éloignés, tels que les plus petites étoiles et les amas supérieurs, soit d'étoiles ou de nébulosités, la méthode des parallaxe est entièrement insuffisante,

De la réfraction.

Pour compléter ce qui a été dit, page 224, qu'il soit par exemple demandé de trouver la réfraction d'après l'observation, et de la calculer pour une hauteur déterminée.

On prend les plus grandes et plus petites hauteurs d'une des étoiles circompolaires, qui passe le plus près possible du zénith; ensuite, ayant la latitude du lieu, on connaîtra la distance apparente de l'étoile au pôle pour chaque observation, et la différence de ces distances sera la réfraction de la plus petite hauteur.

Il y a beaucoup d'autres méthodes pour trouver la réfraction, mais celle-ci est la plus simple de toutes.

Posons une exemple pour entendre plus clairement l'énoncé ci-dessus. En 1817, γ du dragon passait 2′ au nord du zénith de 51° 29′ et parconséquent à 58° 29′ du pôle. La hauteur méridienne sous le pôle, fut de 13° 4′ 13″; mais la hauteur déduite de la distance polaire de l'étoile est de 13°. Delà 13° 4′ 3″ — 13° donne 4′ 3″ pour la réfraction à la hauteur apparente de 13° 4′ 3″.

Ayant ainsi obtenu les réfractions pour plusieurs hauteurs, il devient nécessaire de connaître la loi de variation qui existe entre elles, pour les déterminer pour toutes les hauteurs au-dessus de l'horizon. On a trouvé que la réfraction était en rapport avec le cotangente de la hauteur apparente du corps céleste. Cette règle ne donne cependant pas très exactement la réfraction pour les petites hauteurs.

Réfractions astronomiques moyennes , pour tous les degrés de hauteur.

HAUTEUR APPARENTE.	RÉFRACTION.	HAUTEUR APPARENTE.	RÉFRACTION.
1	24′ 29″	23°	2′ 14″
2	18 35	24	2 7
3	14 36	25	2 2
4	11 51	26	1 56
5	9 54	27	1 51
6	8 28	28	1 47
7	7 20	29	1 42
8	6 29	30	1 38
9	5 48	31	1 35
10	5 15	32	1 31
11	4 47	33	1 28
12	4 23	34	1 24
13	4 3	35	1 21
14	3 45	36	1 18
15	3 30	37	1 16
16	3 17	38	1 13
17	3 4	39	1 10
18	2 54	40	1 8
19	2 45	41	1 5
20	2 35	42	1 3
21	2 27	43	1 1
22	2 20	44	0 59
		45	0 57

Suite des réfractions astronomiques moyennes, pour tous les degrés de hauteur.

HAUTEUR APPARENTE.	RÉFRACTION.	HAUTEUR APPARENTE.	RÉFRACTION.
46	55″	69	22″
47	53	70	21
48	51	71	19
49	49	72	18
50	48	73	17
51	46	74	16
52	44	75	15
53	43	76	14
54	41	77	13
55	40	78	12
56	38	79	11
57	37	80	10
58	35	81	9
59	34	82	8
60	33	83	7
61	31	84	6
62	30	85	5
63	29	86	4
64	28	87	3
65	26	88	2
66	25	89	1
67	24	90	0
68	23		

De la lumière zodiacale.

Ce phénomène se manifeste par une apparence lumineuse, ressemblant à une *aurore boréale;* elle s'offre sous forme pyramidale, avec la base sur le disque du soleil, et l'axe incliné vers l'horizon, à peu près dans le plan de l'écliptique. La lumière zodiacale s'observe quelquefois le matin avant le lever du soleil, et souvent aussi le soir, après le coucher de cet astre.

Ce phénomène fut d'abord observé par Cassini en 1684, quelque temps après l'équinoxe du printemps, vers le soir; la lumière, en partant du soleil, s'étendait tout le long de l'écliptique. Cet astronome pense cependant que la lumière zodiacale a été observée avant lui.

La saison la plus favorable pour observer ce phénomène est le mois de mars, après le coucher du soleil, ou bien au mois de septembre, avant son lever. Dans la première saison, on le voit après le crépuscule par un temps très clair, étendant son axe vers *aldébaran.*

La longueur de l'axe de la lumière zodiacale varie depuis 45° à 100° et même 120°. Elle incline sur le plan de l'écliptique de 7° à peu près, et le coupe vers le 18° des gémeaux, de sorte qu'elle est dans le plan de l'équateur solaire ou perpendiculaire à son axe de rotation. On croit encore que ce phénomène est dû à des molécules détachées du soleil par l'effet de la rotation de cet astre sur son axe.

Ce phénomène est beaucoup plus considérable et plus distinct dans une année que dans une autre : celui qu'on observa le 16 février 1769, est particulièrement remarquable dans les annales de l'astronomie.

LEÇON XXII.

Du temps, de ses différentes mesures et de sa conversion en dégrés; du calendrier et des réformes qu'il a éprouvées depuis Jules-César jusqu'à nos jours.

La constante égalité de la révolution apparente des fixes, nous offre l'unité de temps la plus parfaite que l'on puisse désirer, car le type de cette unité est commun à toute la terre, et par son inaltérabilité, il offre encore un avantage précieux.

L'*unité* de temps est donc l'intervalle de deux retours exécutifs d'une même étoile au même plan vertical, corrigé de la précession, de la nutation et de l'aberration. Cet intervalle se nomme *jour sidéral;* il est partagé en 24 heures. L'auteur de la *mécanique céleste* a prouvé que la durée du jour sidéral n'a pas varié d'un centième de seconde depuis Hipparque jusqu'à nous.

C'est donc aux révolutions des fixes, comme unité de temps, que l'on a été naturellement porté à comparer les horloges astronomiques, de leur avance ou de leur retard, lesquels sont déterminés par le complément à 24$_h$ d'intervalle, marqué par la pendule entre deux passages consécutifs de la même étoile.

Les retours consécutifs d'une étoile au même plan vertical, font donc connaître la marche diurne de l'horloge. Les passages successifs des étoiles différentes, apprennent ensuite si cette marche est uniforme dans les diverses parties; car les intervalles de ces passages pour deux étoiles quelconques, mais toujours les mêmes, sont égaux entre eux.

Lorsque l'horloge dont on fait usage, diffère beaucoup, dans la marche, du temps sidéral, on peut la corriger en élevant la lentille du pendule si elle retarde, et en l'abaissant si elle avance, opération qui rend le pendule plus long ou plus court. Quelques-uns de ces essais suffisent pour amener l'horloge à suivre exactement le temps sidéral.

L'arc diurne compris entre le méridien et le plan horaire d'un astre, étant converti au temps, exprime le nombre d'heures écoulées depuis le passage : l'angle qui mesure cet arc se nomme *angle horaire.*

Dans le monde, l'usage de compter le temps est généralement établi à partir du passage du soleil au méridien inférieur, ou minuit, et de compter ensuite 24 heures d'un minuit à l'autre. Mais comme ces passages sont sujets à quelques inégalités, dues à la variation en ascension droite de cet astre, les astronomes prennent pour commencement des heures sidérales, le passage au méridien d'une étoile connue, ou d'un point du ciel déterminé, et continuent ensuite de compter les heures à partir de l'instant de ce passage. Le nombre d'heures, écoulées depuis cette première époque, donne ce que l'on nomme le *temps absolu* et *l'heure qu'il est.*

On sait que les étoiles devancent le soleil d'environ 4' par jour, à raison de l'espace apparent que cet astre décrit vers l'orient. Cette différence s'accumulant de jour en jour, après un an ou une révolution entière dans l'écliptique, l'étoile se retrouve dans la même situation à l'égard du soleil, et a passé une fois de plus au méridien : le *jour solaire est donc plus long que le jour sidéral.*

Si l'on conçoit une horloge d'une exécution parfaite, en donnant au pendule la longueur convenable, on pourra la mettre d'accord avec le soleil pour une époque désignée, et la régler de manière à s'y trouver encore un an après. Dans l'intervalle, l'horloge avancera et retardera, mais au bout de l'année, tout sera compensé et l'accord rétabli. Les heures indiquées par cette horloge, est ce qu'on nomme le *temps moyen.*

Il est ordinaire aux astronomes de comparer es mouvemens irréguliers à un état moyen et réglé, qui donne par un calcul simple, des résultats approchés, qu'on corrige ensuite en considérant les différences comme de petits écarts, dans tous les livres d'astronomie; les valeurs numériques , qui y sont données, se rapportent donc au jour moyen.

Il y a trois manières de mesurer le temps.

1°. L'*heure sidérale*, qui est régulière et que donnent les étoiles.

2° L'*heure moyenne*, qui est également régulière et qui est donnée par l'horloge, réglée comme ci-dessus.

3° L'*heure solaire ou vraie*, qui est un peu inégale et que marque le soleil.

Pour comparer le temps moyen *au temps solaire vrai*, on doit convenir d'une époque de départ.

En supposant qu'un mobile parcourt *uniformément* l'écliptique , et arrive à l'apogée et au périgée au même temps que le soleil vrai , sa vitesse constante devra se trouver intermédiaire entre celles que le soleil prend en ces deux points. Le soleil et le mobile partent de l'apogée où la vitesse solaire est plus lente, comme il a été exposé précédemment ; le mobile devancera d'abord le soleil, qui accélère de plus en plus sa marche tandis que celle du mobile demeure la même ; les vitesses deviennent bientôt égales et celle du soleil continuant à croître jusqu'au périgée , l'intervalle qui les sépare, commence dès lors à diminuer , pour devenir nul au périgée vrai, où le soleil atteint le mobile, pour le devancer à son tour. Mais puisque le soleil rallentit sa marche apparente de plus en plus ; il arrivera le contraire de ce qui a eu lieu, c'est-à-dire qu'à mesure que les deux corps se rapprocheront de l'apogée, leur distance décroîtra pour arriver ensemble à ce point.

L'arc qui sépare ainsi ces deux corps se nomme *équation du centre* ou *de l'orbite*, parce qu'en astronomie on nomme *équation*, les nombres qu'on doit ajouter ou ôter à des valeurs moyennes, pour obtenir les véritables.

Le mobile partagera donc l'écliptique céleste en 365 arcs égaux, et il restera enfin un petit arc provenant de l'excès de l'année sur 365 jours, chacun de ces arcs est de 59′ 13883.

On peut donc maintenant évaluer *l'équation du temps*, ou la différence entre le temps vrai et le temps moyen, pour chaque jour. On calcule d'abord le lieu du mobile qui décrit uniformément l'écliptique, en considérant que depuis le périgée, il a parcouru autant d'arcs de 59′ 13883, qu'il y a eu de jours écoulés depuis l'instant où le soleil vrai a passé par ce point. Or, la distance du périgée à l'équinoxe est connue, et on en conclut l'époque où le mobile passe par cet équinoxe; la soustraction de ces deux valeurs donne l'équation demandée.

Une horloge qui marque le temps moyen, peut bien se trouver d'accord avec celle qui donne l'heure vraie ou solaire; mais dans les jours suivans, l'accord cesse d'avoir lieu et la différence est variable. Les *pendules à équation* donnent ces deux heures et leur différence ; elles ont deux aiguilles des minutes, dont l'une, par la marche uniforme, indique le temps moyen ; l'autre marque le temps vrai, à l'aide d'un mécanisme particulier, destiné à l'accélérer ou à le retarder, précisément comme cela arrive au soleil.

Le *temps sidéral* se compte de o à 24ʰ, à partir de l'instant ou l'équinoxe du printemps passe au méridien supérieur ; ce point n'est distingué par aucun astre ; mais comme l'ascension droite d'une étoile quelconque est l'arc de l'équateur qui s'étend de l'origine de l'équinoxe au cercle horaire de l'étoile, cet arc est compté de l'ouest vers l'est, est l'espace qui reste à parcourir pour que l'étoile arrive au méridien, lorsque le point de l'équinoxe s'y trouve ; instant où l'on compte zéro heure. L'ascension droite de cette étoile, exprimée en temps, à raison de 15° par heure, est donc le temps sidéral à écouler jusqu'à ce passage : ainsi, l'étoile sera au méridien à l'heure même désignée par son ascension droite en temps. Voilà pourquoi le temps sidéral exprime l'ascension droite du zénith ou du milieu du ciel.

Dans les observatoires, on emploie de préférence le temps sidéral, parce qu'on a de fréquentes occasions de s'assurer de la marche de la pendule. On note l'heure, la minute et la seconde du passage d'une étoile aux cinq fils du réticule de la lunette méridienne, et prenant la moyenne, la pendule sidérale devra marquer à cet instant, l'heure connue d'avance par l'ascension droite à temps.

On peut encore régler la pendule sidérale sur le soleil, car la *Connaissance des temps* donne la distance de cet astre au point de l'équinoxe pour le midi de chaque jour; cette distance est l'arc de l'équateur compris entre le point de l'équinoxe et le cercle horaire du soleil, arc qui est compté dans le sens du mouvement diurne, et qui par conséquent est le complément à 24ʰ de l'ascension droite de cet astre. Cette ascension droite est l'heure sidérale de son passage méridien. On observe les instants où les bords occidental et oriental viennent en contact avec les fils de la lunette méridienne; la moyenne est l'heure marqué à l'instant du passage du centre, laquelle doit être donnée par la pendule sidérale, égale à l'ascension droite du soleil.

L'heure solaire vraie, s'obtient par le passage du centre du soleil au méridien, comme il vient d'être dit. On peut aussi lire cette heure sur un cadran solaire bien construit, mais ce procédé est très peu précis.

Les grandes irrégularités du temps solaire vrai, empêchent les astronomes de s'en servir.

Le *temps moyen* se trouve en cherchant le temps vrai, et ayant égard à sa différence avec le temps moyen. Lorsqu'on a observé le passage du soleil au méridien, la pendule moyenne doit au même moment marquer le temps moyen à midi vrai.

Pour qu'une pendule moyenne soit bien réglée, il faut qu'elle retarde chaque jour sur les étoiles de 3' 55", 9. On dirige à un instant quelconque, une lunette vers une étoile et on remarque l'heure à la pendule moyenne. Elle devra le lendemain marquer 3' 55", 9 de moins quand l'astre reviendra au fil du réticule. On corrige ce pendule en montant ou en descendant un peu la lentille, jusqu'à ce que cette condition soit rigoureusement obtenu, même après 20 ou 30 jours.

Conversion des degrés en temps et réciproquement.

Cette réduction se fait à raison de 15° par heure, ou 360° par 24ʰ; pour convertir un nombre de degrés donné, on pose cette proportion.

360 : 24 :: le nombre de degrés donnés : x, ou bien 15 : 1 :: y : x. Cette opération consiste donc à diviser par 15, le nombre de degrés proposés qu'il s'agit de réduire en temps; qu'il faille par exemple réduire 35° 50' en temps, on posera 15 : 1 :: 35° 50 : (35° 50' $\div$ 15) = 2ʰ 23' 20".

Réciproquement pour convertir le temps en degrés, on pose 1 : 15 :: y : x, ce qui se réduit à multiplier le nombre proposé par 15; pour cet effet, on réduit le nombre proposé à sa plus petite expression, on fait la multiplication demandée et on extrait ensuite les parties supérieures par des divisions opérées au moyen des subdivisions de la partie principale, considérées comme dividendes, dans l'exemple ci-dessus, on posera 1 : 15 :: 2ʰ 23′ 20″ : x. Le troisième terme réduit en secondes donne le chiffre 8600 ; celui-ci multiplié par 15, produit 129,000 secondes de degrés. On multiplie d'abord par 60, pour extraire les secondes ; on a pour quotient 2150, sans reste, ce qui indique qu'il n'existe pas de secondes de degrés dans les nombres cherchés ; on divisa ensuite ce premier quotient par 60 pour extraire les minutes, et l'on obtient pour résultat, un quotient 35 qui exprime les degrés cherchés, et un reste 50, qui donne les minutes du même terme.

Du calendrier.

On a facilement remarqué que c'est le soleil qui détermine les diverses périodes employées dans la société pour la distribution du temps. Le choix de ces périodes et l'ordre de cette distribution, composent ce que l'on appelle le calendrier.

Le temps que le soleil emploie à revenir au même équinoxe, forme *l'année tropique*. Sa division en 365 jours, résultat de l'observation de ses hauteurs solsticiales, amena bientôt des erreurs sensibles, puisque en observant le même solstice pendant plusieurs années consécutives, on le voit arriver plus tard qu'il ne devrait, si l'année était exactement de 365 jours; l'erreur est de 15 jours en 60 ans: On a connu par là, que l'année était plus grande·d'un quart de jour, qu'on ne l'avait faite d'abord, et l'on a pris pour sa durée 365ʲ, 25.

Cette valeur beaucoup plus rapprochée que la première, est encore loin d'être exacte. Hypparque, en comparant une observation de solstice, faite par lui avec une autre faite par Aristarque, 145 ans auparavant, trouva que le dernier solstice était arrivé un demi-jour plutôt qu'il n'aurait dû, si l'année eût été de 365ʲ, 25; c'était donc oʲ 5 d'erreur en 145 ans; ou oʲ,00345 par année; de là résulte la·longueur de l'année égale à 365ʲ,24655.

Feu M. Delambre a corrigé encore cette valeur, et a donné pour véritable année moyenne, 365ʲ,242264.

Les inégalités tant périodiques que séculaires du soleil, sont causes que l'observation de deux équinoxes ne suffit pas, pour avoir la véritable longueur de l'année: l'astre ne revient pas toujours aux mêmes équinoxes après des intervalles de tem ps parfaitement égaux: la terre, dans sa révolution annuelle, oscille de part et d'autre de son écliptique ou orbite; elle produit les·inégalités périodiques, qui se développent tout entières dans l'intervalle d'une année ou d'un petit nombre d'années, et après cet intervalle de temps, elle se compensent d'elles-mêmes, en repassant par les mêmes valeurs. Les inégalités séculaires vont au contraire toujours en croissant ou en décroissant depuis les plus anciennes observations jusqu'à celles de nos jours. Les effets accumulés se font sentir dans la comparaison des anciennes observations avec les nôtres.

Pour appliquer ces résultats à la vie civile et rendre leur usage vulgaire, il faut les présenter dégagés des fractions qui les accompagnent et qui les rendraient trop difficiles à retenir.

On ne faisait autrefois les années que de 365 jours, mais on s'aperçut bientôt de l'inexactitude de ce nombre, dont l'inconvénient porte principalement sur l'origine successive de l'année dans les diverses saisons, car la petite différence de 0j,242264 produit à très peu près un jour en quatre ans et une année de 365j, en 1508 ans; de sorte qu'après cet intervalle, on aurait une année de moins et l'on se retrouverait dans la même saison.

Pour éviter l'embarras qui résulte de cet état de choses, on a inventé la méthode dite des *intercalations*. Elle consiste à donner à l'année commune, 365 jours, en prenant soin de corriger l'erreur annuelle, en ajoutant un jour de plus, lorsque cette erreur accumulée, produit un jour.

L'intercalation la plus simple est donc d'ajouter un jour tous les 4 ans.

Elle suppose l'année moyenne de 365 jours

un quart, ce qui est peu différent de la vérité.
Cette intercalation fut prescrite par Jules-César,
et prit de lui le nom de *Correction Julienne*.
Suivant cette manière de compter, les *années
communes* sont de 365 jours; elles sont parta-
gées en douze mois de trente ou trente-un jours,
à l'exception du mois de février qui n'en a que
vingt huit. Le jour intercalaire se place tous les
quatre ans à la fin de février, l'année est alors de
366 jours et prend le nom de *Bissextile*, ensorte
qu'il y a toujours trois années communes entre
deux bissextiles.

L'assemblage de cent années juliennes de
365^j $\frac{1}{4}$ forme le siècle, qui est la plus longue des
périodes employées dans la société pour mesurer
le temps.

On ne doit pas confondre la correction Julienne avec la *période Julienne* inventée par Sca-
liger; celle-ci est une période artificielle qui sert
à fixer la date des événemens historiques, d'après
les positions simultanées du soleil et de la lune.

L'intercalation s'est transmise à toutes les nations, mais leur *ère* est différente de celle des
Romains, qui comptaient depuis la fondation de
Rome. Dans l'*ère chrétienne*, on compte les années depuis la naissance de Jésus-Christ.

On a continué de compter ainsi jusqu'en
1582; mais comme on supposait l'année de
365^j,25, tandis qu'elle n'est réellement que de
365^j,242264, la petite différence annuelle de

0,007736 s'était accumulée et avait produit en
1257 ans, 9^j,72415, c'est-à-dire environ 10
jours dont on était en retard sur l'année solaire.
Ce fut le pape Grégoire XIII qui fit au calendrier un nouveau changement, auquel on donna
le nom de *Réforme Grégorienne*.

Le retard de 10 jours fut réparé en ordonnant
que le lendemain du 4 octobre 1582, s'appel-
lerait non le 5, mais le 15 octobre. On continua
ensuite à employer l'intercalation Julienne,
d'un jour tous les 4 ans ; ensorte que toutes les
années dont le nombre est divisible par 4, sont
bissextiles ; mais on convint de supprimer ce
jour intercalaire dans les années séculaires
1700, 1800 et 1900, en le laissant subsister
dans l'an 2000, et ainsi de suite, à perpétuité ;
de sorte que trois années séculaires communes
sont toujours suivies d'une année séculaire bissextile. La petite erreur qui reste encore après
l'intercalation séculaire, n'est plus que de
0,0944 en 400 ans ou de 0^j,944 en 4000 ans.
Elle est par conséquent plus que suffisante pour
tous les besoins, et en convenant de supprimer
encore une bissextile tous les 4000 ans, elle sera
long-temps suffisante pour les siècles à venir.

Cette manière de compter les années, constitue ce qu'on appelle le *Calendrier Grégorien*,
suivant lequel l'équinoxe arrive toujours du 19
au 21 mars. Il est des états en Europe, où ce
calendrier n'a pas encore été adopté, ce qui

occasione une différence dans la manière de compter les dates. Ceux qui conservaient le Calendrier Julien, comptaient 10 jours de moins que les autres depuis 1582 jusqu'à 1700, 11 jours depuis 1700 jusqu'à 1800, et ainsi de suite : c'est encore la méthode suivie en Russie.

L'année est partagée, comme nous l'avons vu dans une des leçons précédentes, en *saisons*, analogues aux travaux de l'agriculture : ce sont le *printemps*, l'*été*, l'*automne* et l'*hiver*. Cette grande subdivision de l'année mène à celle de douze mois. On a choisi l'ordre suivant, qu'on a supposé s'accorder avec la marche apparente du soleil, et amener à la même date, le passage de cet astre dans les divers signes.

HYVER.	PRINTEMPS.
1. Janvier, 31 jours.	4. Avril, 30 jours.
2. Février, 28 ou 29 jours.	5. Mai, 31 jours.
3. Mars, 31 jours.	6. Juin, 30 jours.

ÉTÉ.	AUTOMNE.
7. Juillet, 31 jours.	10. Octobre, 31 jours.
8. Août, 31 jours.	11. Novembre, 30 jours.
9. Septembre, 30 jours.	12. Décembre, 31 jours.

La semaine est une subdivision du mois, dont il est inutile de rapporter les noms que chacun connaît. Comme l'année est composée de 52 semaines chacun de ces noms revient ainsi 52 fois ; mais comme 52 fois 7, ne donnent que 364 jours, le jour qui commence l'année se reproduit une 53e fois pour la terminer, ; si l'année est bissextile, le 2 janvier porte alors le nom de jour terminal. La dénomination du 1er jour de l'an, est donc la même que celle du 30 décembre suivant, ou du 31 si l'année est bissextile. La même chose a lieu pour toute autre date.

LEÇON XXIII.

Des marées.

————

Les flux et reflux périodiques, occasionés par l'action combinée du soleil et de la lune, mais plus particulièrement par celle de ce dernier corps, sur les eaux de l'Océan, est ce qu'on désigne sous le nom de marées.

On reconnaît deux espèces de marées qui s'écoulent en près de vingt-quatres heures de temps; c'est-à-dire que la haute mer a lieu pour un même lieu tous les douze heures vingt-cinq minutes quatorze secondes ($12^h\,25'\,14''$) ce qui fait deux marées en $24^h\,50'\,28''$, ce qui s'accorde avec l'intervalle moyen de temps du passage méridien de la lune.

Le retard dans le temps de la haute mer ou de la marée, varie avec celui des phases de la lune; il est le plus petit près des syzygies, lorsque les marées sont à leur maximum, et le plus grand vers les quadratures, lorsque les marées sont à leur minimum d'élévation.

La variation dans les distances du soleil et de la lune à la terre, ainsi que leurs déclinaisons, ont un effet très marqué sur le retard des marées.

Les marées sont les plus fortes aux nouvelles et pleines lunes, et les moindres aux premiers et derniers quartiers. Les plus grandes de toutes ont lieu vers le temps des équinoxes.

Quant la déclinaison de la lune est septentrionale, les marées sont plus considérables dans les latitudes nord, lorsqu'elle passe au méridien au-dessus de l'horizon (méridien supérieur), que lorsqu'elle passe au méridien au-dessous de l'horizon (horizon inférieur); mais, lorsque au contraire, la lune prend une déclinaison australe, les mêmes phénomènes ont lieu dans un ordre contraire; les effets de l'action lunaire, aussi bien que cette action elle même sur les différentes parties de la terre, ne sont pas uniformément égales. Par suite des lois générales de la gravitation, celles qui sont les plus rapprochées de la lune étant plus fortement attirées que les parties qui en sont les plus éloignées; et les parties qui sont à une distance moyenne, sont attirées par une force moyenne proportionnelle. Indépendamment de cet effet, toutes les parties ne sont pas attirées parrallèlement, mais suivant des lignes qui tendent vers le centre de la lune; de là vient que la figure sphérique des fluides qui couvrent la terre, doit éprouver quelques changemens de la part de l'action lunaire, de manière qu'en tombant ou en avançant par la puissance d'attraction de la lune, les parties les plus rapprochées étant plus attirées que les

autres, tombent le plus rapidement possible , et
les parties les plus éloignées étant les moins fortement attirées , tombent le plus lentement ; ainsi
la masse fluide tend évidemment à s'allonger et
à prendre la forme sphéroïde.

Il paraît de là que ce n'est pas l'action de la
lune elle-même , mais bien les inégalités de l'action produites sur la surface des eaux, qui est
cause que la forme sphérique se trouve altérée ;
et que si cette action était la même sur toutes les
molécules , comme au centre, en agissant dans
la même direction , il n'y aurait aucun changement.

Admettons maintenant que toutes les molécules terrestres tendent à se précipiter vers leur
centre ; comme cette gravitation excède de beaucoup l'action de la lune , et excède de beaucoup
plus les différences de ses actions sur les différentes parties de la terrre, l'effet qui résulte des
inégalités de ses actions de la lune , ne produira
qu'une petite diminution de la gravité de ces
parties terrestres, que dans la première supposition cet effet tendait à séparer de leur centre ;
il s'ensuit donc que les parties de la terre qui
sont les plus rapprochées de la lune et celles qui
en sont les plus éloignées, éprouveront une diminution dans leur gravitation , pour ne rien dire
des parties latérales: de sorte qu'en supposant
la terre transformée en une masse fluide, les colonnes du centre aux parties les plus rapprochées

et les plus éloignées, s'élèveront, jusqu'à ce que par leur excès d'élévation, elles puissent balancer les autres colonnes, dont la gravité est moins altérée par les inégalités de l'action lunaire, et ainsi la figure de la terre doit nécessairement affecter celle d'un sphéroïde allongé.

D'après le raisonnement précédent, il est évident que les parties de la terre qui seront immédiatement sous la lune, ainsi que celles qui sont diamétralement opposées à ce satellite, éprouveront la marée, ou la haute mer, en même temps; tandis que celles qui se trouvent à 90° de distance, dans les parties où la lune paraît à l'horizon, auront la marée basse. Il suit de là, que comme la terre tourne sur son axe et qu'un de ses points court alternativement vers la lune et la fuit l'instant d'après , pendant un temps moyen de 24ʰ 50′ 28″, cette masse d'eau est forcée d'obéir à cet état de choses, et d'offrir deux hautes et deux basses mers dans le même espace de temps.

Les marées qui arrivent vers le temps des nouvelles et pleines lunes, sont plus élevées que celles qui ont lieu vers les quartiers et les quadratures.

Ce qui vient d'être dit sur le phénomène des marées, suppose que le globe de la terre est entièrement couvert d'eau jusqu'à une grande profondeur : Mais les continens qui arrêtent les marées, les détroits qui se trouvent entre eux, les îles et les nombreux bas fonds qu'on rencontre dans quelques endroits de la mer, sont autant d'obstacles à la course des eaux, qui donnent lieu à beaucoup d'exceptions, qu'on ne saurait expliquer que par des observations particulières sur la nature des marées dans les différens lieux.

La force moyenne de la lune qui met la mer en mouvement, est à celle du soleil à peu près comme $4\frac{1}{2}$ à 1. Il s'ensuit que si l'action du soleil produit elle seule une marée de deux pieds, comme il a été observé, celle de la lune sera donc de 9 pieds, ce qui fait 11 pieds pour les marées syzygies et 7 pieds pour les marées quadratures.

Quant aux élévations qui excèdent ces limites, elles proviennent du mouvement des eaux contre quelque obstacle, ou de l'entrée subite de la mer dans une mer intérieure, un détroit, un golphe, où la force des eaux n'est rompue que lorsqu'elles ont atteint de grandes hauteurs. A Saint-Malo, par exemple, les marées excèdent quelquefois 45 pieds.

Il est inutile d'ajouter que les vents, par leur direction et leur force, doivent considérablement ajouter aux phénomènes des marées; et que relativement au retard qu'elles éprouvent, par suite de la configuration des côtes, les causes de ce retard étant constantes, l'effet l'est nécessairement aussi; le retard éprouvé dans chaque lieu sur le passage méridien de la lune, est toujours le même dans un même lieu; il est de 3h 3o′

à Brest, de 6ʰ à Saint-Malo, de 10ʰ 30ʹ à Dieppe,
c'est ce qu'on nomme l'*établissement du port.*

Les résultats précédens, quoique très étendus,
sont donc restreints par la supposition qu'un
fluide, couvrant régulièrement la terre, est assujetti à de très petites résistances dans ses mouvemens. L'irrégularité de la profondeur de l'O-
céan, la position et l'inclinaison des côtes, leur
situation relativement aux côtes voisines, le frot-
tement des eaux au fond de la mer et la résis-
sance qu'elles rencontrent, tous ces cas, qu'il
est impossible de réduire au calcul, peuvent mo-
difier les oscillations de cette grande masse de
fluide. Tout ce qu'il est possible de faire, c'est
d'analyser les phénomènes généraux des marées, qui résulteraient des forces d'attraction
du soleil et de la lune, et tirer de l'observation, telles conséquences qui seraient indispen-
sablement nécessaires pour compléter la théorie
des marées, pour chaque port en particulier.
Ces conséquences seront comme autant de quantités arbitraires, dépendant de l'étendue de la
mer, de sa profondeur, et des circonstances locales du port. C'est sous ce point de vue, que
nous avons considéré les oscillations de l'Océan,
et leur correspondance avec les observations.

Par suite du retard qu'apporte la configuration des rivages à l'époque du flux, et de
l'effet constant qui en résulte, il s'ensuit que
pour prédire l'heure de la haute mer, pour un

port donné, on doit avoir égard aux trois conditions suivantes.

1° *Le passage de la lune au méridien du lieu*,
qui donne la position approchée de la résultante
des attractions qui causent la marée, et la re-
tardent chaque jour de 5o′ $\frac{1}{2}$ en termes moyens.
on peut sans erreur sensible déduire cette heure
de celle *h* du passage au méridien de Paris, en
la corrigeant à raison de 21′ 1 par heure de différence en longitude : ainsi, $h \pm l.$ 2′, 1 est
l'heure corrigée, *l* étant la longitude exprimée
en heures et rapportée au méridien de Paris.

2° *La correction*, due aux variations lunaires,
d'où résulte un changement d'intensité d'action,
selon que la lune est périgée ou apogée, et la
direction de la résultante des forces attractives,
ce qui altère le moment du phénomène. La
Connaissance des temps fait connaître ces distances par la parallaxe horizontale lunaire, qui
est de 61′ au périgée et de 53′ à l'apogée, ou bien
par le demi-diamètre qui varie de 14′ à 17′. La
table suivante donne la correction qui s'y rapporte.

3° *L'établissement du port*, qui est un retard
constant; c'est l'heure de la pleine mer dans le
port cité, les jours de la pleine et nouvelle lune.
Ce nombre est donné dans la table pour les ports
les plus considérables de France. Donc *l'heure
de la haute mer* $= h \pm l.$ 2′, 1 $+$ *correction* $+$
établ. du port.

Les signes $+$ et $-$ sont compris ; les heures se comptent de o à 24ʰ à partir du méridien supérieur ; quand la somme passe 12ʰ ou 24ʰ, on a la pleine mer du matin ou soir. Si on obtient la pleine mer du matin, celle du soir s'en déduit en ajoutant la demi-différence des deux passages au méridien (environ 25′) : de là également celle du matin lorsqu'on a celle du soir. On sait d'ailleurs que deux marées consécutives sont distantes de 12ʰ 25′, 2 en termes moyens.

On demande, par exemple, l'heure de la haute mer à Brest, le 13 octobre 1821 : on fait le calcul pour le 12, la parall. horiz. étant de 61′, la long. oʰ 27′ 16″ ouest. Le 12 octobre ☾ passe au méridien de Paris

à. . . . . .13ʰ 28′

$l = $ oʰ 45′ ; $l \times$ 2′, 1 =.   1

Correction pour 1ʰ 29′, ☾ périgée. . —   24

Établissement du port. 3 3o

Pleine mer le 13 à 4ʰ 35′ du matin, ou. 16. 35

Demi-diff. du passage ☾ au méridien. $+$ 3o

Pleine mer le 13 au soir à. 5   5

Pour trouver l'établissement d'un port proposé, il faut remarquer l'heure de la haute mer et calculer la correction pour le même jour. On fait d'ailleurs plusieurs épreuves, et on prend une moyenne entre les résultats : celles qu'on fera aux syzygies donneront sans calcul l'heure cherchée.

TABLEAU POUR TROUVER L'HEURE DE LA PLEINE MER.

PASSAGE de la ☾ au méridien.	PARALAXE HORIZONTAL.			ÉTABLISSEMENT DU PORT.
	61′ Périgée.	57′ Moy. dis.	53′ Apogée.	
0. 0′	— 4′	0′	+5′5	Dunkerque, Calais. . 11ʰ 45′
0. 40	—12,5	—10,5	— 8	Gravelines. 11. 30
1. 20	—22	—22	—21	Boulogne. 10. 45
2. 0	—31,5	—33,5	—36	Dieppe, Tréport. . . . 10. 30
2. 40	—40	—44	—49,5	Le Havre, Honfleur. . 9. 15
3. 20	—48	—53,5	—61,5	Rouen. 2. 45
4. 0	—55	—62	—72	La Hogue. 8. 0
4. 40	—59,5	—67	—78	Cherbourg. 7. 45
5. 20	—60,5	—68,5	—80	Granville, Pontorson. 6. 30
6. 00	—55,5	—62,5	—72,5	Saint-Malo, Nantes. . 6. 0
6. 40	—43	—47	—53	Gersey, Guernesey. . 6. 0
7. 20	—22	—22	—22	Morlaix, S.-Paul de L. 5. 0
8. 0	— 1	+ 3	+ 9	Brest, Concarneau. . 3. 30
8. 40	+11,5	+18,5	+28,5	Lorient, Belle-Ille. . 3. 30
9. 20	+16,5	+24,5	+36	Port-Louis, Bourgneuf. 4. 0
1. 0 0	+15,5	+23	+34	Ile d'Aix, Royan. . 3. 40
1. 040	+11	+18	+28	La Rochelle, le Croisic. 3. 45
1. 120	+ 4	+ 9,5	+17,5	Rochefort. 4. 15
1. 2 0	+ 4	0	+ 5,5	Bordeaux. 7. 14
				Bayonne, Cordouan. 3. 45
Demi-diam. ☾ = 17′	16′, 15′		14′	Mont-Saint-Michel. . 6. 50
				Embouch. de la Loire. 3. 45

LEÇON XXIV.

Des phénomènes attribués par Newton, à la gravité et à l'attraction.

———

Dans un sens général (si comme propriété pareille chose existe) , la gravité est la tendance ou l'inclination apparente de plusieurs corps , les uns vers les autres. Les expressions de *gravité*, *poids*, *force centripète* et *attraction*, désignent en effet toutes la même chose, différant seulement sous le rapport de leur liaison ou de la manière de la considérer : on employe très souvent toutes ces expressions pour désigner une même chose, en les confondant sans distinction. Mais à parler exactement, la *gravité*, la *force gravitante* ou la *force de gravité* est cette tendance qui possède un corps, lorsqu'on peut le considérer comme tendant vers la terre ; et on l'appelle *force centripète*, lorsqu'on la considère comme tendante vers le centre ; mais lorsqu'on considère la masse vers laquelle le corps tend à s'unir, on l'appelle alors *force attractive* ou *force d'attraction* ; et lorsqu'un autre corps se trouve sur le chemin ou route de cette tendance, l'effet sur ce corps s'appelle *poids*.

· Tous les corps sont également affectés par la gravité, sans considération pour leur volume, leur figure ou leur matière ; car on a trouvé par expérience, que les corps les plus compacts comme les moins denses, les plus considérables comme les plus petits, parcourent dans le vide la même longueur dans le même espace de temps. Pour nos latitudes, cet espace parcouru en termes moyens, est de 16 $\frac{1}{12}$ pieds pendant la première seconde de temps, et pour les autres temps, des espaces ou plus grands ou plus petits que celui-là. Ces espaces parcourus sont dans la proportion des carrés des temps, quand le corps n'est pas à une grande distance de la surface de la terre.

Comme les corps gravitent vers la terre, celle-ci à son tour gravite vers ces corps. La force de gravitation des corps entiers existe en celle de toutes leurs parties ; car en ajoutant ou en retranchant une partie de la matière d'un corps, sa gravité en est augmentée ou diminuée proportionnellement à la quantité de cette partie et à la masse entière. De là résulte enfin, que les pouvoirs gravitans des corps, à la même distance du centre, sont en proportion avec les quantités de matières qui existent en eux.

On a trouvé que l'existence du même principe de gravitation ou d'inclination des corps les uns pour les autres, s'étend beaucoup au-dessus de la terre, à la lune et même jusqu'à la planète la plus reculée du système solaire ; considérée sous ce rapport, on l'appelle *gravitation universelle*.

Une loi de la nature généralement admise par tous les philosophes , c'est que tous les corps s'efforcent de continuer sous le même état, soit qu'ils se trouvent en repos, ou bien qu'ils se meuvent uniformement dans des lignes droites, à moins qu'ils ne soient forcés de changer cet état par des forces nouvelles qui leur sont imprimées. Mais de là il suit, que les corps qui décrivent des courbes et qui par conséquent devient sans cesse des lignes droites , qui sont des tangentes de leurs orbites, se trouvent retenus dans ces courbes par une puissance dont l'action est permanente. Puisque les planètes se mouvent dans des orbites circulaires , il doit exister une force ou puissance quelconque , dont l'action est continuelle , pour les faire dévier de · leurs mouvemens rectilignes.

Tous les astronomes avouent que les planètes primaires qui opèrent leurs révolutions autour du soleil, et les planètes secondaires ou satellites qui tournent autour des premières , opèrent ces mouvemens proportionnellement au temps; il ·suit donc de là , que les forces ou puissances qui les font dévier de la route tangentionelle en leur faisant décrire des courbes , sont dirigées vers les corps qui sont situés dans les centres des orbites.

Il est reconnu , par ce qui vient d'être dit, que

les planètes sont retenues dans leurs orbites par
une force qui agit continuellement sur elles ; et
que la direction de cette force est toujours dirigée vers le centre de leurs orbites ; que son
efficacité est augmentée en approchant vers le
centre , et diminuée en s'en éloignant ; enfin ,
qu'elle est augmentée proportionnellement au
carré de la distance.

Si on compare la force centripète des planètes à la force de gravitation de la terre , on
trouve une similitude parfaite ; l'exemple en est
frappant pour la lune. ·

Les espaces rectilignes décrits dans un temps
donné , par un corps grave sur lequel agissent
certaines forces , en comptant depuis le commencement de la chute , sont proportionnels à
ces forces. Par cette raison , la force centripète
de la lune en mouvement dans son orbite, sera,
à la force de gravité sur la surface de la terre ,
comme l'espace que la lune parcourrait dans sa
chute vers la terre , par sa tendance centripète
et dans un court espace de temps , est à l'espace
qu'un corps décrirait , par la force de sa gravitation près de la terre , dans le même espace
de temps donné.

Maintenant , comme la chute de la lune ,
dans un petit intervalle de temps donné , est
égal au sinus verse de l'arc que la lune décrit
dans le même temps (en supposant que son mouvement circulaire est continué) , et comme le

temps périodique de la lune dans son orbite est connu, ainsi que sa distance de la terre., ce sinus verse se déduit aisément par le calcul, qui donne pour cette chute à très peu près 16.082 pieds en une seconde de temps; nombre qui approche très près de ceux déduits de l'observation, quoiqu'on n'y ait pas eu égard au mouvement de la terre.

Il est donc démontré que la force centripète qui altère le mouvement tangentionnel de la lune, et qui la retient dans son orbite, est la même que la gravité terrestre, qui s'étend jusqu'à notre satellite.

Le même raisonnement peut s'appliquer aux autres planètes; car comme les révolutions des planètes primaires autour du soleil, et celles des satellites autour des corps de Jupiter, Saturne et Herschel, sont des phénomènes analogues à la révolution de la lune autour de la terre; et comme les forces centripètes des planètes primaires sont dirigées vers le centre du soleil, et celles des satellites vers les centres de leurs planètes respectives, d'une manière analogue à la direction de la force centripète de la lune vers le centre de la terre, et enfin, comme en outre toutes ces forces sont réciproquement proportionnelles aux carrés des distances de leurs centres, on peut conclure avec raison, que la force et la cause sont les mêmes dans tous les corps.

Quoique les lois de ce grand principe de la gravitation soient bien connues, cependant on est loin de s'accorder sur la véritable cause de ce phénomène; plusieurs théories ont été produites par les hommes les plus instruits, à différentes époques, qui, jusqu'à présent, n'ont point répondu à ce qu'on en attendait.

Copernic considère la gravité comme un principe inné de la matière; Képler, Gassendi, Gilbert et plusieurs autres attribuent la gravité à une certaine attraction magnétique de la terre. Descartes, Rohault et d'autres, attribuent ce même principe phénoménique, à une impulsion extérieure d'une matière subtile; Hook et Vossius furent de la même opinion. Halley et Clarke désespérant de trouver une théorie satisfaisante, préférèrent de l'attribuer à un phénomène occulte; S'gravesande, Newton et Cotes furent d'ailleurs à peu près du même avis.

Sir Rich Philips a publié une nouvelle théorie des phénomènes attribués à la gravité, fondée sur les principes de la mécanique, dans laquelle il attribue la chute des corps graves aux effets combinés des deux mouvemens de la terre, les mouvemens orbiculaire et de rotation; et les mouvemens des planètes du système solaire, à l'impulsion du soleil sur l'espace universel.

Cette théorie qui attribue tous les mouvemens locaux ou particuliers, à des mouvemens généraux d'un ordre supérieur, a été si récemment publiée, que quelles que soient ses droits à motiver son adoption par les savans, on ne saurait l'admettre jusqu'à présent dans un traité élémentaire. On est forcé en quelque sorte d'en retarder l'explication, jusqu'à ce qu'elle soit reconnue par les corps savans de l'Europe.

En attendant, la question de savoir si les forces admises de l'attraction et de projection, ne méritent pas une considération particulière, se présente naturellement d'elle-même, puisque les démonstrations données jusqu'à ce jour, ne semblent pas expliquer d'une manière satisfaisante, le résultat des phénomènes observés.

Depuis le siècle de Copernic, tous les hommes sont à peu près d'accord sur l'histoire des phénomènes célestes. On a en général admis les vérités suivantes : que la terre tourne autour du soleil dans un orbite à peu près circulaire, et donne ainsi naissance à la période connue sous le nom d'*année*, et aux saisons diverses ; que cette même planète tourne sur son axe en 24 heures à peu près, et occasione ainsi le phénomène des jours et des nuits, dont le développement a été donné précédemment. Mais il était réservé à l'esprit ingénieux et persévérant de Képler, de déterminer la *loi générale* par laquelle ces mouvemens étaient produits ; ce célèbre astronome trouva :

1° Que les rayons vecteurs décrivent des aires proportionnelles au temps;

2° Que les orbites des planètes sont des ellipses dont le soleil occupe le foyer commun; et non des circonférences de grands cercles.

3° Que les carrés des temps des révolutions sont entre eux, comme les cubes des grands axes des orbites.

Ces trois faits, connus sous le nom de lois de Képler, causent toujours un étonnement nouveau par leur justesse et leur exactitude. Ce fut une inspiration de génie, qui porta cet illustre astronome à comparer les dimensions des orbites et les temps des révolutions, et à admettre surtout dans ce calcul, des carrés et des cubes.

Dans le siècle suivant, Newton démontra géométriquement que ces lois s'accordaient avec tous les phénomènes observés.

Après la détermination des phénomènes et celle des lois qui les gouvernent, s'est élevé la question purement philosophique, relative à la *cause* par laquelle les forces de mouvement sont propagées de corps à corps, dans tout le système solaire, et suivant les lois ci-dessus mentionnées. Il a été démontré que les corps gravitent vers le centre de la terre, parce que chaque corps est soumis à ses mouvemens, et que c'est la tendance de ses deux mouvemens qui précipite les corps vers le centre, en raison de leur densité.

Il est également démontré que la loi naturelle qui opère les mouvemens planétaires, est la même qui sert à propager la lumière, la chaleur, les odeurs, etc., c'est-à-dire que l'intensité est en raison inverse du carré de la distance, parce que la force se trouve propagée dans un milieu fluide et divergent, et que cette loi de divergence est celle par laquelle tout dans la nature paraît diffus et affaibli. Richard Philips en infère que comme les forces solaire et planétaire sont sujettes à cette loi, elles sont propagées dans un fluide gazeux, et qu'aucune autre condition n'est nécessaire pour lier tout dans la nature d'après cette loi, sinon que l'espace dans lequel les corps planétaires circulent soit rempli d'un médium gazeux: qui agit comme un grand levier ou propagateur des forces, et d'après les lois de Képler.

Ces vérités n'ont cependant été bien reconnues que dans ce siècle; car Képler lui-même croyait que les étoiles avaient des influences morales et personnelles sur le genre humain. Il adoptait la notion que tous les atomes et les masses de matière possédaient un principe inné d'*attraction*, dans certaines circonstances, et de *répulsion* dans d'autres, donnant par là des qualités intellectuelles et morales à la matière. Cette hypothèse fut en quelque sorte adoptée par Newton, car en considérant la chute d'une pomme comme une évidence du *pouvoir de l'attraction* possédé par la terre, sa doctrine tend à prouver que la même force d'attraction s'étend jusqu'à la lune, et de même entre le soleil et les planètes. Il s'aperçut aussi que cette puissance attractive universelle ferait tomber toutes les planètes sur le soleil; mais pour prévenir cette chute, il conçut et démontra que chaque corps céleste possédait une *force de projection*, ou une tendance à se mouvoir suivant la *tangente* de son orbite, et que les deux forces agissant de concert, produisaient les orbites curvilignes.

Il n'existe en effet pas de meilleure raison, pour admettre la force attractive, plutôt que la force répulsive : rien ne paraît plus impossible qu'une force qui agit d'une manière égale contre une autre force, qui varie à chaque instant sa ligne de direction, soit dans les différentes planètes, soit dans chaque planète et ses satellites, qui se trouvent sur des plans ou lignes différentes dans chaque partie de l'espace. On admet donc généralement que cette force tangentionnelle leur a été imprimée dès la création, lorsque ces corps furent lancés dans l'espace par la main de Dieu, c'est la crainte de la voir diminuer, qui a fait supposer le vide de l'espace.

Richard Philips démontre combien il est plus simple d'attribuer la force centrale du système solaire au mouvement du soleil; propagé par le milieu de l'espace, et celle qui agit sur les satellites, au mouvement de leurs planètes respectives ? L'homme se trouve sans cesse surpris par les préjugés du siècle où il vit, et quoiqu'il eût été beaucoup plus facile et plus naturel d'attribuer tous les phénomènes matériels ou les mouvemens de la matière, à d'autres mouvemens, cependant on a généralement admis le principe de l'attraction et de la répulsion, ainsi que le miracle de la force projectile, parce qu'ils furent expliqués par un homme doué du plus grand génie. Il est même quelquefois dangereux, aujourd'hui, d'exprimer des doutes sur les chimères des siècles passés. Beaucoup d'astronomes rejetèrent l'hypothèse de la liaison intime et mécanique qui existe entre les corps, qui agissent les uns sur les autres. Chaque branche de la philosophie paraît entachée de ses attractions et de ses répulsions, comme propriétés innées : les termes sont admis comme exprimant des puissances *sui generis*, dont il est inutile d'examiner et de déterminer l'origine mécanique.

C'est par la série de travaux dont l'explication a été donnée dans les leçons précédentes, que l'homme est parvenu à calculer et à prédire les phénomènes qui se reproduisent journellement sous ses yeux. En les portant vers le ciel, l'imagination se confond en effet dans la profondeur de l'espace ; on s'étonne à l'aspect de l'étendue et de la beauté de l'ordre qui y règne : mille questions se présentent relativement à la distance des étoiles, leur grandeur, le but de leur création, leur nombre, leur arrangement. L'espace est-il partout rempli de gaz semblable à notre atmosphère? Quelles sont les bornes de cet espace immense, et où sont-elles? Nous espérons que les notions précédentes mettront sur la voie de les déterminer et de les concevoir avec facilité.

L'homme comparé à l'immensité, doit se rendre justice : le maitre de la terre, l'orgueilleux atôme qui ose se croire quelque chose, qu'est-il dans la création? moins que la mouche éphémère dont l'existence se termine en quelques heures, comparé au créateur de toutes choses, dont la durée embrasse l'éternité.

La distance qui nous sépare des étoiles a été traitée dans une leçon precédente; celle que l'on suppose la plus rapprochée, est au moins à trois milliards de lieues de distance; distance si considérable, qu'il faudrait à un boulet de canon des milliers d'années pour franchir l'espace qui nous sépare d'elle. La distance réciproque et angulaire de ces étoiles, les unes relativement aux autres, est peut-être de mille et de millions de fois cette première distance. Il a été dit qu'il ne fallait pas croire que les étoiles fussent placées sur une surface concave, mais bien qu'elles se trouvent toutes à des distances différentes.

Les volumes et les fonctions des étoiles sont, sans aucun doute, semblables à ceux du soleil. Elles brillent de la lumière qui leur est propre, et servent à éclairer, à échauffer, à mouvoir et à animer des millions de mondes, dont l'arrangement général est probablement analogue à celui de notre système solaire.

Il a été dit précédemment, comment on avait groupé les principales étoiles du ciel ; combien il était difficile d'en fixer le nombre, puisque le perfectionnement de nos instrumens en fait toujours découvrir de nouvelles ! On en reconnaît des milliers avec de bonnes lunettes, dans tous les endroits du ciel où l'œil n'en aperçoit aucune, et on en reconnaît encore des milliers, rassemblées comme par groupes, là où l'œil ne croit voir qu'une seule étoile. L'arrangement de ces corps dans l'espace, paraît affecter la forme distincte d'*assemblages* ou de *rassemblemens*, dont chacun est composé de plusieurs milliers d'étoiles, et si éloignées les unes des autres, que leur lumière leur est réciproquement inconnue ; comment concevoir d'après cela, l'immensité d'étendue de ces groupes et l'immensité bien plus grande de l'espace qui contient plusieurs milliers de ces groupes ? L'esprit se perd en étonnement et en conjectures.

L'espace ne saurait avoir de bornes ; car on peut constamment ajouter des distances à des distances, une quantité à une autre quantité, en quelque direction que ce soit ; mais ce sera long-temps une question de savoir si cet espace est ou non rempli de groupes de soleils.

Le télescope ferait croire à l'affirmative, car
il nous montre des groupes d'étoiles infiniment
variés. Dans une leçon précédente, on a fait
voir combien ces groupes pouvaient varier de
formes; cependant, il est probable qu'il y a
dans la profondeur de l'espace telle variété d'existence et de phénomènes, que l'homme ne pourra
jamais concevoir. Chaque groupe peut contenir
des gaz plus denses et plus actifs que les gaz qui
se trouvent dans l'espace qui les sépare les uns
des autres; quelques-uns de ces groupes semblent
indiquer que le gaz y est assez dense pour réfléchir
la lumière des soleils environnans; ce qui pro-
duirait le phénomène merveilleux d'un espace
lumineux et entièrement éclairé. Il est probable
encore que le gaz renfermé dans les groupes, est
assez dense pour transmettre le mouvement d'une
de leurs parties à une autre, de leur faire effectuer par ce moyen toutes les circulations et les
révolutions, qui sont essentielles à l'existence de
leurs différentes parties.

Tout ce qui est commensurable sous le rapport
de la longueur, de la largeur et de la profondeur,
tout ce qui possède les dimensions des masses,
constitue l'espace; il importe peu que ces corps
soient remplis de matières fixes ou solides,
de matières fluides ou gazeuses. Comme dans
la nature universelle il est impossible de déterminer les dimensions, mais que l'on peut
en ajouter continuellement dans toutes les

directions, on doit par conséquent concevoir que l'espace a une étendue infinie et sans
bornes.

FIN.

TABLE DES LEÇONS

CONTÈNUS

DANS CE VOLUME.

TABLE DES MATIÈRES

CONTENUES

DANS CET OUVRAGE.

A.

F.

G.

H.

I.

J.

N.

FIN DE LA TABLE DES MATIÈRES.